国际时尚设计丛书·服装

【英】苏·詹金·琼斯　著
张翎　译

时装设计
（第2版）

中国纺织出版社

内 容 提 要

这是一本全面阐述时装设计的书，它详细地描述了时装设计师应具备的技能和素质。书中审视多变的职业机会，从一个公正的内行角度出发，对今天的时装行业提出了独特的观点。书中连接历史、理论和实践，内容涉及如何理解设计任务书、草图绘制、织物选择、服装裁剪与制作以及时装营销等方面，并为时装设计初学者的职业规划提出了指导和建议。作为极具价值的职业指南，时装设计（第2版）旨在对新一代设计师进行引导、激发和训练，可以作为时装设计师的从业必备书。

原文书名：Fashion Design (Third Edition)
原作者名：Susan Jenkyn-Jones

Third edition published in 2011 by Laurence King Publishing in Association with Central Saint Martins College of Art & Design.
This book has been produced by Central Saint Martins Book Creation, Southampton Row, London,WC1B 4AP, UK

著作权合同登记号：图字：01–2011–4026

图书在版编目(CIP)数据

时装设计/（英）琼斯著；张翎译. --2版. --北京：中国纺织出版社，2013.11
（国际时尚设计丛书. 服装）
ISBN 978-7-5064-9823-4

Ⅰ.①时… Ⅱ.①琼…②张… Ⅲ.①服装设计 Ⅳ. ①TS941.2

中国版本图书馆CIP数据核字（2013）第114505号

策划编辑：张　程　　责任编辑：韩雪飞　　责任校对：余静雯　　责任设计：何　建　　责任印制：何　艳

中国纺织出版社出版发行
地址：北京市朝阳区百子湾东里A407号楼　邮政编码：100124
邮购电话：010—67004461　传真：010—87155801
http://www.c-textilep.com
E-mail: faxing@c-textilep.com
北京昊天国彩印刷有限公司印刷　各地新华书店经销
2009年3月第1版　2013年11月第2版第3次印刷
开本：635×965　1/12　印张：24
字数：307千字　定价：78.00元

目录

简介

第一章 背景

第二章 从生产到市场

第三章 人体及时装绘画

第四章 色彩和织物

第五章 工作室

第六章　项目实践

第七章　毕业汇展及其他事项

附录

简介

时装关乎某种浓厚的兴趣。在世界的各大中心城市里，时尚广为传播，尤其受到年轻人的追捧。对服装和休闲品的购买行为目前已经被当作一种文化和金融现象被研究，这种研究因其魅力和普遍的接受度而与文学、戏剧和绘画的研究地位等同。

时装是一种国际语言和一项全球性事务，时装设计师和模特所获得的赞誉和名气如同政治家、运动员及电影明星一样多。对于涉世未深的少女来说，时装界的生活似乎永远是五光十色、光彩照人和无忧无虑的；而实际上，只有一小部分最有才华和最幸运的专业人士才能过上这样的生活，其余的大多数人则不得不非常辛苦地工作着，期待“一夜成名”的时刻早日到来。

许多年轻人进入时装界，是为了寻求能够表达和印证自我的方式，然而时尚之中却有那么多未解之谜：优雅、漂亮和昂贵已经不能代表所谓的“酷”；在T型台上赢得喝彩的衣装，放在商店里却乏人问津；在职场和休闲场合，传统的着衣规范已经改变或荡然无存；人们在刚刚适应了一种“外观”之后，却发现其对立的形象又开始悄然流行。为何人们总是需要或希望持续不断地进行自我认定和自我欣赏？是谁制定了时尚的标准，然后又去打破它们？也许时装应该对这种“故意破坏”承担责任，但另一方面，它也带来了令人激动的款式以及巨大的财富。那么，如何才能成为时装界的专业人士？是凭运气、天赋、个性，还是所受的教育？我们该如何选择？

纪昀·拉普松（Jiyun Lapthorn）设计的女装。

时装业是一个深受人们青睐的行业，时装设计也是高等教育中最供不应求的专业之一。尽管的确有一些20世纪最伟大的设计师仅受过很少或几乎未受过正式的专业训练，但在今天，这一领域里已经几乎没人能不做准备就取得成功了。一张大学文凭仍然是求职者装备中的最佳武器。那些不愿承担额外培训费用的雇主越来越倾向于招聘来自正规院校的毕业生。高等教育课程的目的在于教授和培养市场需求的技能，虽然不能保证人人都获取成功，但却能提供全面且适应市场的培训。此外，院校与企业和成功设计师之间的密切联系使这些高等教育课程对学生未来的职业生涯大有裨益。想要成为一名专业的时尚界人士——无论将来从事的是零售、管理、设计或是营销——都并非一蹴而就的事情，创造力、个性、智力、技巧以及健康状况都将成为考量的重点。

“设计师必须扮演很多角色——艺术家、科学家、心理学家、政治家、数学家、经济学家、推销员——还要具备长跑运动员的体力。”

——设计师海伦·斯托里（Helen Storey）

大多时装从业人员都从未有过名气和财富，但他们却能在或高或低的薪金水平上找到工作的乐趣。而且，若是被人请去做最爱的工作，这也未尝不是件乐事。

本书的目标读者

罗翰·凯尔（Rohan Kale）设计的男装。

本书主要是供有远大志向的学生们以及时装爱好者阅读使用。本书试图从客观、专业的角度看待时装和时装设计教育，并详细介绍了学生在进入时装产业工作前必须具备的才能、技术和职业精神。在此之前，大部分的时装书籍几乎不涉及职业基础训练、现代时装产业以及由灵感到产品的创作过程，它们大多偏向于文化历史、设计师个人经历和工艺技术等方面的内容，而本书将介绍设计师和经销商如何将流行美学加以调整，并以令人接受的市场化的方式将富有想象力的成果运用到人体上。

从20世纪80年代后期开始，大部分欧美时装厂商将生产的重心逐步移到了东亚、北非及南美地区。目前在西方国家，时装业俨然已经成为一种服务性产业，它们通常和创意商店、环球贸易及综合技术联系在一起。本书探索了不同类型市场及制造商之间的区别，还有传统方法和当代计算机辅助系统之间的不同之处。

尽管本书涉及很多方面，但也仅能提供一个概要，而对于打板、制衣和市场实践等内容恕不能一一详述，因为这方面的很多技能要靠实践积累，而不是从书上获得。尽管本书没有为读者提出具体的从业方案，但是提供了许多关于思考、深入阅读和调查的建议。本书也没有给出如何穿衣的建议以及对未来时装发展的预测，而是为那些想投身于服装业的人提供了一些见解，并意图用走过这条职业道路的人们的证言，来启发、引导读者走向成功。

如何使用本书

本书既是一本手册又是一本职业指南，尽管其中的一些信息来自实践，但成为一个时装专业人员或产生一个有效的时尚方面的成果并无正确或错误的道路可言。时装的从业人员通常是一些打破已有规矩的叛逆者，就我的经验而论，每一个学生和学生团队都是独一无二的——无论是他们的个性，还是他们对这个世界做出的回应。同一个创作主题，会因为不同的创作者在不同的时间进行而结果迥异。做学生的最大乐趣，其实也是做老师的最大乐趣，就是分享那些惊喜、成功和错误，并从中进行学习。主题创作训练、讲授和学习时尚风格的方法、获得消息的渠道和教学大纲都不是固定不变的。我很荣幸能够享有对学生、同事和专业人士进行观察、参与及提建议的权利。

本版《时装设计》（*Fashion Design*）在前一版本的基础上进行了内容上的增补，并试图阐明传统教学所教授的“忠实于时间的时装业”与21世纪“快速反应的时装业”在生产、销售和推广方面的不同。时装不会停滞不前，学生必须适应时尚的潮流变化。目前，时装的发展空间、实践经验和技术能力都已经大大地提高，资料信息渠道、时装理论和工业生产的方法也变得更为复杂。那些即时完成的草图、艺术品和摄影技术都可以用来捕捉专业氛围。考虑到扩大的读者群以及正在蒸蒸日上的全球贸易，本版书拓宽了历史、地理和文化的探讨角度。在最后一章可以找到关于在时装业中如何把握就业机会和如何创造工作条件等这些笔者增补的内容，它们将有助于学生选择正确的深造形式和学位课程。

时装学位课程大纲的制定，是为了使学生熟悉日益复杂的实践和学术要求，课程模仿了一系列设计过程中设计师必须面临的任务和要掌握的技巧。本书用七章的内容涵盖了学生可能遇到的信息和概念，学生可以根据自己的阅读习惯到书中查询想要的信息。与其他行业一样，时装业也有自己的术语，此类词语在本书后的“术语表”或“制板和缝纫词汇”中都有解释说明。棕色的纸边有助于你迅速查找到目录、表格和插图等辅助性的学习内容；列表、细节信息和分类说明会在正文旁边以“文本块”的形式列出；在每一章的末尾，有相关的实用资讯列出；在全书的最后，还附有供货商、时装机构、教育机构以及与研究工作相关的部门资料和地址。

曼吉·迪伊尔（Manjit Deu，中间者)设计的亮片晚礼服。

你做好准备了吗

在走向这条或许是漫长艰辛的时装道路之前，你有必要试检一下，看自己是否具备相应的资质，且是否对自己的优缺点有现实的认识。以下所列出的就是进入这个领域所需要具备的个人素质和技能。对照此表，与你的朋友或老师讨论一下你的能力，然后找出你的优缺点。

首先，你需要天赋。时装设计天赋尽管包含了绘画或缝纫的才能，却远不止于此。你应该具备探索、吸收和将想法与技巧进行综合的能力。当代背景下的时尚创造力，就是指在遮蔽人体这一古老问题上能找到新的解决办法，从而开启和提升人们对于时装的认识。

“诀窍就在于给人们提供那些他们想要得到、却从未意识到的东西。”

——戴安娜·弗里兰（Diana Vreeland），1963～1971年任美国Vogue杂志主编

个人素质和技能表

志向和雄心	想要在实践上、观念上、财务上成功的强烈愿望
艺术上的二维能力	二维想象、素描和彩绘的能力
艺术上的三维能力	在三维空间运用材料构思和创造艺术品的能力
坚定	清楚地陈述观点；坚持自己的理念
商业头脑	具有一定的计算能力，能够抓住机会，有“成本”和“利润”观念及逻辑思维能力
个人魅力	和别人友好相处；良好的沟通技能和合作能力
色彩感觉	此种素质在确定色彩范围和印染时很重要，尤其对于童装和针织服装设计而言
全心投入	努力工作，善于学习，准备“走弯路”
交流技巧	接受委托、解释、倾听和协商的能力；向团队成员表达的能力
竞争力	凭能力而非恶意地获取优势
信心	相信自己和别人的想法及才能；在自大和谦卑之间取得平衡
诚恳	精细、勤勉、有职业道德；宠辱不惊
创造力	原创能力；经常产生新想法并乐于实践
好奇心	对社会、人群、设计、功能和形式等方面怀有好奇心；见多识广
决断力	快速决断并承担相关责任
效率	合理安排时间，能组织信息和资源；办事敏捷
精力	具备良好的体力、健康的体魄，能不懈地工作
讲究修饰	虽辛苦地工作，但看上去毫不吃力；修饰打扮得漂亮、时尚
灵活性	习惯于别人的品评；接受变化
健康	有耐力；没有吸毒、肥胖或酗酒等不良嗜好
谦虚	请求帮助的能力；承认缺点，明白自己的局限性
幽默感	能看到事物有趣的一面，不刻板，能创造轻松氛围
想象力	能将抽象的想法和激情很好地转化成任务所需
独立性	是指思维而非行为的独立性；能在没有监督的情况下工作的能力
主动性	想好就做，用实践而非思考解决问题
语言能力	流利地使用非母语的语言并乐于在出差旅行时使用
领导能力	具有发言人的地位或提建议的权威
文学能力	语言和文字修养良好，语调宜人
组织能力	对时间、计划、会议、工作等都有统筹安排
激情	对时装全心投入，用想法和服装激发他人
耐心	能看到事物的整体；能忍受重复性的任务；能忍受愚蠢的人
悟性	迅捷的洞察力；能眼疾手快地作图；能直击问题的要害
实践技能	有可以被学习的实际经验（但必须对工作适用）；技能范围广泛
准时	良好地把握时间很重要
应变能力	足智多谋，心灵手巧；横向思维；解决问题的能力
敢于挑战	大胆；具有前瞻力及创业能力
天赋	有不寻常的能力（尤其在速写和造型方面）及商人的素质
团队角色	喜分享，善于协作，能适应自己在宏伟蓝图前的角色分配
性格因素	对人态度友好，保持好情绪和平静心态
多才多艺	能接受不同性质的任务，泰然接受挑战
写作技能	良好的书面交流和书写报告的能力

第一步

如果这张列表还没有让你气馁，并使你更加相信时装事业适合你——那么就去干吧！一开始你要收集学校的简介和宣传手册，选择理想的学校，了解其入学资格。学校会在最后一学期为毕业生的毕业设计作品做一个展示，时装专业常常有时装秀以及作品展览，有时这是相互独立的，你需要和学校办公室联系并了解情况。别被毕业作品的标准吓倒，因为这是学生在校期间要追求的目标，而不是在第一年就必须要达到的。通过参观时装表演，可以知道该校未来的专业发展方向、课程的质量以及资源的范围。咨询一下已经在读的学生，他们的亲身感受是很好的参考。

院校的选择

时装课程的培训应尽可能地与这个行业的工作相关。然而，在培训的重点、方法和设施方面，不同院校之间的差别很大。有些院校有良好的技术设备，而有些院校则有充满激情和灵感的、技能高超的教员。囊括所有这些有利因素的学校虽然令人向往，但现实中往往无法实现。

如今，学校一般提供全日制和非全日制的课程。若课程安排紧凑，则学生们可有一段时间进行工作实习；若有国际认证的学分培养计划，则学生们可以在其他院校或是国外学习一段时间。有些课程偏重技术工艺，有些则强调实际技能；还有一些是结合商务及文化学习的课程。不同的课程在不同的工作室进行，各工作室用来指导学习及实践的时间长短不一，在取得资格证的时间安排上差别也很大。

学校热衷于向学生展示其硬件设备，以此展现自己的实力。在学生提交入学申请书之前，为达到展示的目的，学校在开放日往往会精心布置展厅。因此，在选择学校的时候，不要仅凭宣传册内容或口头之言。通过参观学校，才能对校园的位置、氛围和基础设施做到心中有数。参观者最好争取看看一般情况下不对外开放的校园部分。通常，对没有事先参观过校园就直接参加面试的考生，导师不会留下什么深刻印象——当然，除非你住在国外。

课程的选择

大学或者学院的网站会告知你何时以及如何填报一份申请书。学校说明书中通常会列出一长串令人目眩的课程，要在众多可能性中选择你要走的路非常困难——除非你一直就有想做针织品设计师或女帽制造商的强烈愿望。在申请任何课程之前，你应该了解课程申请资格、课程计划、全部课程内容、学习方式、专业方向或其他可能的选择、学费以及课程的日期安排和时间跨度。很多学校会要求你在申请表上就确定自己的专业方向；但另一些学校也会提供阶段式的学历证明（例如证书或是文凭），以帮助你在确定专业之前的第一学年能够发现自己擅长的领域。

在英国，大学和学院招生服务中心（Universities and Colleges Admissions Service，简称UCAS）集中负责所有本科学历以下的荣誉文学学士学位的课程管理，并严格控制课程的截止日期。UCAS会将你的申请转递给你所选择的学校，在他们的

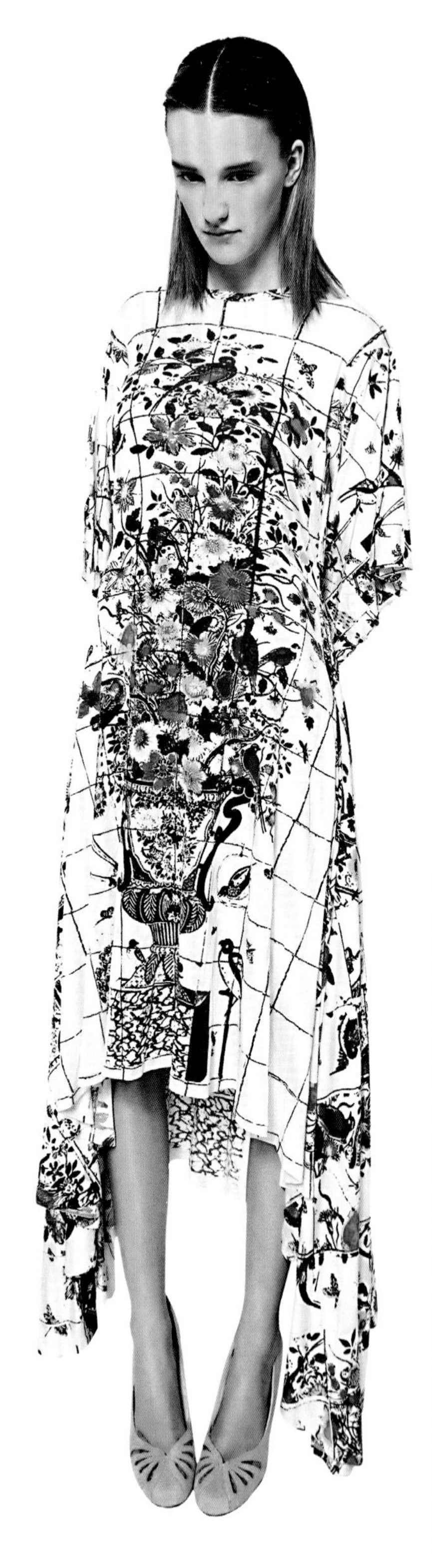

安吉莉娜·阿曼特（Adelina Amante）设计的面料，灵感来自于葡萄牙的陶瓷制品。

网站上你可以查询或是链接到所有院校（包括英国各所大学授权经营的海外分校）的课程表，上面清楚地标有课程代码以及所需的教育资格。一些学士学位课程会在确定专业方向之前的第一年提供一种称为“诊断”的课程模式；如果想要攻读预科生课程或是假期课程，那么你需要直接向这些学院递交申请表（你完全可以选择在线提交）。如果你在美国、亚洲或是欧洲已经取得了一定的学历（譬如学士学位），那么你所选择的大学会指导你如何获取适合你目前知识水平的课程。总体看来，最热门的课程选择是女装设计，在这一领域申请培训的人通常是申请其他专业方向的人数的七倍，因此，有一些规模较小的学院或大学会将办学的重点甚至只集中在这一门科目上面。诚然，专业热门也预示着日后竞争的激烈——那将是一份高淘汰率和极其不稳定的工作。

如果你对除女装设计之外的其他时装类科目感兴趣的话，你可以向那些由专家组成的更大的专业机构递交申请。大型院校的艺术系一般都开设男装设计专业，配有印染、针织、刺绣工业设备的面料设计专业，时装商业、营销和零售专业等。有一些学校会专门设立童装设计、鞋类设计及服饰品设计等科目，另一些则设有内衣及运动装设计的课程。相关的专业，例如时尚新闻、造型、推广、媒体或是戏装、美发、化妆、模特表演等课程在一些大学里都可以找到，一般设有此类科目的院校都配套有专业的摄影棚。

在一些专业的学习中，通常会有史论、当代多媒体、社会学和时装绘画等辅修课，上这些课是为了获取足够的学分，也有少许的课程则取决于学生本人的兴趣了。大一点规模的院校可能会开设人数较多的大课，一些大学还会允许学生将不同的主、辅学科合并学习以取得“联合学位”(Joint Honours Degree)。

致电学校或者点击学校的网站索要招生手册，确保你的申请表填写正确，尤其要注意各项收费状况及额外的那些要求。

语言要求及学习难点

沟通能力是“教”与“学”的先决条件，理解对方的期望、读懂任务分配并且用本地的语言将之反馈给对方是基本技能，对于任何一门课程来说语言都是必备的基础环节。所有的大学都欢迎国际学生并且会帮助你取得留学通行证，一些大学还设有语言训练课程以帮助你通过“雅思考试”（International English Language Testing System，简称IELTS)。绝大多数的院校还会为残疾人以及非正常状况的人士提供特殊的场所和奖学金。如果你是在海外填报的申请表或是不能够亲自到场，你可以选择通过电话或是视频的方式来接受面试。

学分制

欧洲国家一直都在致力于推行联合学分制。从2006年开始，学分转换与积累体系（Credit Accumulation Transfer System，简称CATS），亦称为欧洲学分转换与积累体系（European Credit Transfer and Accumulation System，简称ECTS）逐步被全世界的教育机构所认可，这个系统可以让你通过单个科目来累计学分，或是以学年为单位累计学分，也可以是终身制的学习过程，它允许不同体制内或者国家里学生求学所得的学分互相转换或累计。绝大多数（并非全部）的进修教育（Further Education，简称FE）或是高等教育（Higher Education，简称HE）学院都会提供技术上的或是理论研究方面的职业资格认定学分体系（通常偏向于一种实践能力）。

大学的面试教师总是希望能看到学生记录作品的速写簿、草稿以及实物作品。

面试前的准备

各学校的申请程序差别很大。一般地，除要求列出学历资格和工作经历外，还要求申请者写一份简历，介绍其兴趣、取得的成就和申请理由。为此你应准备一份草稿。写简历要力求简洁，避免陈词滥调。要仔细检查拼写，尤其是激发你灵感的设计师的名字，并在正式填表之前找个人看一看，听听他的意见。保留好备份，在面试之前看一遍，因为考官很可能根据你写的简历来提问。他还可能会要求你提供相关教师或雇主的证明信或参考意见。

一般情况下，大多数艺术学校要求学生在面试时交一份作品集，以评估其成绩。不同学校的面试方式，尤其是在所需的面试时间上互不相同。有时申请者不被接见，只由教师组成的专家组审查其作品集。因此，应重视作品集中作品的数量和种类（参见下文）。大多数申请人利用作品集，或通过参加其他的预科课程使简历显得更有分量。一些学校开设作品集展示的短训班或夏季课程，帮助学生找到其兴趣所在，并协助设计其作品集。

面试作品集

在大学低年级入学考试或者第一学位水平的面试中，考官会关注学生广泛的艺术才能，而不仅仅局限于其对时装领域的兴趣。学生需要对真实生活进行观察和研究，比如说对人体三维进行认识以及绘制出体现流动性和运动性的速写线条。对色彩的研究（不是学院练习）、彩绘和素描的水平可以说明你对多种媒介的控制能力。

速写草图本（Sketchbooks）表明了你在视觉上的探索、构思和实验，会帮你加分。可以在草图本中记录织物的使用情况和构思，以表明你对织物的感受。作品集中可以有时装素描，但并非必需。千万不要从印制的照片、插图或其他资料中抄袭。要运用你自己的素描技巧，试着表现对线条和比例的良好感觉，即使它们还没有成熟。

你的作品集里应该有些什么

- 线描的或是色彩的人体素描作品
- 时装设计草图和时装效果图作品
- 色彩设计、纺织品图案设计、面料创新和拼贴作品
- 作品构思介绍和3D设计作品
- 成型作品的正视图及背视图
- 成衣作品的照片，包括服装细节或制作过程的展示照片
- 对其他设计师的研究报告、店铺调查报告以及专业文字写作

如果你有三维的作品或雕塑，那就出示照片，无需带着实物；同样，如果你做了服装，也不要用实物展示，出示照片即可。总之，教师基本上对你的专业技术不感兴趣，而只会对你的想法感兴趣。

组织一下作品，使其较易浏览，可以用系列的形式排列，也可按照重要性而不是时间顺序排列作品。不要对作品装裱、加框或润饰，这会让作品看起来太精致或沉重。把木炭画或蜡笔画放在塑料套中或夹在纸夹中防止弄脏。熟悉你作品集的组织方式，你可能被要求指出最喜欢的作品，或要对某个设计进行解释说明。你需要准备好谈论自己的设计过程，并说明如何找到解决方案。

面试教师可能会使你觉得，自己是在批评的审视下或一定压力下进行自我表达或应对。他们可能会问及你所欣赏的服装设计师以及崇拜他的理由，并且还会要求你描绘一下自己的未来。面试时你可以表现出自己独特的着装风格，整洁的外表容易得到认同，切忌“奇装异服”。尽量使整个过程在轻松的气氛下进行，同时也要认真回答所有问题。

在第七章有一个部分是关于如何整理出专业的作品集，这也许会对你有所帮助。但是要注意，在这个职业生涯的早期时刻，面试教师寻求的是你尚不成熟的潜力，而不是熟练的“全知”表现。

何帼姿（Connie Ho）设计的休闲装

院校教学大纲

教学大纲的内容根据专业和学生的特殊需要和兴趣编制。不同科目的学时长短不同，导师会把他们个人的专业技能融入课程中。

大致地说，一个综合性的时装设计教学大纲旨在传递以下内容：

- 对服装史及现代时尚的了解
- 视觉媒介及文化的熏陶
- 调研技巧和方法
- 绘画及绘制服装效果图的能力
- 将设计深入化的技能
- 对面料性能、类型、特征和开发的认识
- 时装的设计法则：轮廓、比例、色彩、细节处理
- 制板及立体裁剪的技术
- 简单的服装缝纫、构造和技术处理

- 技术说明、排料及成本核算
- 构造一个小型的产品系列
- 计算机辅助设计（CAD/CAM）
- 作品发表（或是作品集展示）以及口头沟通能力
- 独立研究的能力
- 团队协作能力
- 营销、品牌推广和商务能力
- 利用社会或道德事件感动业界及消费者的才能
- 写作诸如报告和文化研究的论述文章
- 个人及职业发展

可以向学院索要课程时间表并了解课程是如何建构的。通常时装设计专业的学制是三年（尽管两年、四年或五年制的课程也存在），每年分为2～3个学期。

第一学年

第一年，课程的安排通常紧凑而多元化，这样可以使学生在与时装相关的不同领域打下一个广泛的基础。其重点是强化学生吸纳信息和进行研究的能力，这些积累日后可能转变成原创性的设计作品。用一部分时间让学生完成真实的设计项目，以此使学生提高技能、增强信心、加快速度。其项目课程的设计成果将被汇总在一个作品集中，几年之后会成为学生的能力和风格代表的一部分。

第二学年

第二年，学生对研究方向可能有了更强的认识，也会对自己的能力产生信心。通常他们已掌握了基本技能以及如何与老师、同学沟通的能力。这一年的重点是提高学生的能力，协调团队合作与个人风格发展之间的平衡。项目课程的设计作业通常持续4～6周，这一过程将帮助学生在已选的课程中确立他们的兴趣和天赋。

二年级学生常会做一些更有设计想法的服装，参加竞赛或赞助的设计项目。在这一阶段，学生常常通过团队合作或两人合作来培养其合作和相处技能。他们不像从前那样被密切监督，校方希望他们能达到所要求的成熟和自我约束水平，以便进入课程的下一个阶段。

“想做但又无从下手，怎么办？”

——一名二年级学生

上图：时尚产品及饰品设计的涵盖面很广，从传统工艺到新型材料都有所涉及。图为杰西卡·克莱顿（Jessica Clayton）设计的作品。

下图：无论入学的初衷如何，在大学里你会发现自己被包围在拥有同样时尚兴趣的人们之中，而且会迅速地找到盟友。

工作经历：实习阶段

到了某些时期——常在第二与第三学年之间——有些时装课程会安排学生在企业实习，时间长短不一，也可商议。这是在本行业中工作的一个机会：实习地点在设计工作室、生产或推广部门；在国内，也可能是在国外。在这个关键时刻，学生应充分利用这个机会，在真实的工作环境中评估自己的能力和雄心，还应凭借足够的实际技能而成为有用的低级雇员。

如果学生在一个公司工作的时间足够长，他或她或许能够体验从初始创意到公众接受时装的全过程，这是颇有乐趣和益处的一课。学生会接触到时尚生产的各个方面——新颖而激动人心，或许能激发以前没有得到开发的才智。

实习是一段学习的时期而不是休息，学生常需要写一篇关于他们工作情况的书面报告，包括对自己工作的评论和分析。实习通常是获取学位资格的一部分，也许还能使学生取得一个额外的资质奖励。要记住，时装企业热衷于雇用在该企业有工作经验的毕业生，实习还可能使学生获得与企业的长期联系——至少是一个有用的人脉资源。

“我去了印度，遇到许多手工艺人，意识到了手工刺绣的潜力。”

——设计师　马修·威廉森（Matthew Williamson）

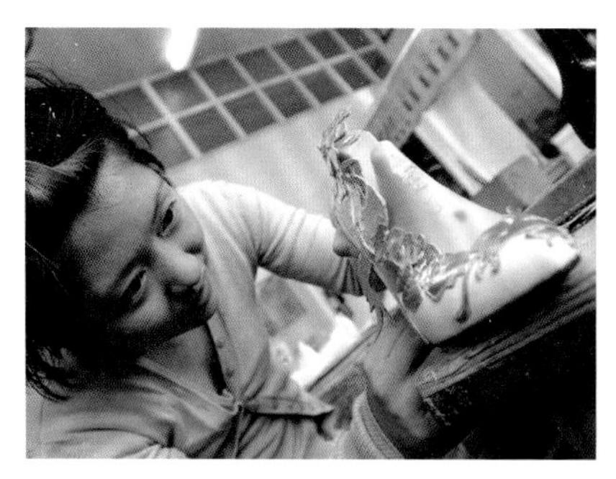

上图：鞋的设计需要设计师有一双能够看到细节的慧眼。

下图：时尚女鞋的关键之处在于鞋跟高度与鞋尖形状的变化；各种形态的鞋楦会被库存起来，直到某天被重新启用。

最后一学年

“读大学时我做了很多纸面上的设计，但很少去实际操作，因为在第一、第二学年没有时间将事情安排得很好。我觉得只用做图来工作很有挫折感。在最后一年，一切都来了，你可以看见自己研究的成果。我真地很喜欢这种感觉。”

——设计师　苏珊·克莱门茨（Suzanne Clements）

最后一年的设计课程任务会更重，但会留出给学生深入发挥构思、完善技术的时间。这一学年的最后阶段，以最重要和最激动人心的毕业设计作品展（见第224页）而结束。这是学生提高兴趣、进行自我表达、展示风格和熟练技巧的良机。每个学生要设计一个合乎专业方向的、包括6～10套服装的作品系列，这个系列应该体现出一个学生已具备能够持续地投入管理工作的能力，及其已达到专业水平的独立设计的能力。

在这一过程的最后阶段，学生有机会在T型台上向考评委员会、教师、同学及被邀请的观众（包括业内专家）展示他们的作品，他们的作品集也可能向公众展出——出版社、赞助商和许多感兴趣的制造商为寻找雇员来参加展示会。学生此时已做好准备，即将作为一个羽翼丰盈的时装设计师离巢！

海外留学

去海外留学可以经由多种渠道实现，譬如，通过校际之间的课程交流，或是争取到教育基金、政府部门或非营利组织所资助的企业实习机会等。在落实留学的各项事务之前，最好仔细研究一下课程的设置、大学的状况以及能够得到的各种机会的几率。同时，学生还需要寻找在资历证明、档案及付费方面的合法渠道。由于提交申请和建立档案的时间通常需要三个星期到六个月的时间，因此，做去海外留学的决定并不轻松。一般情况下，学生应当具备即将赴学的那个国家的语言读写能力，其水平要视课程及工作而定。大学里处理留学生事务的办公人员可以帮助你办理住宿和入学等事宜。当然，如果是商业机构的情况或许就不同了。学生经常要自己支付食宿，其方式可以是从个人基金账户划账或是从雇主给付的工资中划取。大学或学院通常会要求提前支付这一部分费用。

图书馆里的艺术书籍和期刊合订本对于成长中的设计师来说是一个重要的知识来源。

许多大学会提供学生去海外实习的机会，以增加实践经验，促进对专业知识的更好掌握，这种国际交流经验会在学生未来的个人生涯中扮演重要的角色。学生需要遵守大量的规章制度和安全措施，其实习企业在支付学费的同时，也应该出具一份报告，介绍学生在那里的工作表现。

大品牌的时装公司已经将学生的安置计划纳入正式的公司章程，并且欢迎他们在开展工作之前提出更多的咨询意见。如果学生直接向时装公司提出申请，就需要精心准备一份履历表或个人简历，在上面列出自己的资历、所取得的成就以及兴趣爱好。学生可能被要求接受面试,无论是在自己家中还是身在海外；也可能被要求发送作品的样本。如果学生本人受到邀约，最好准备自己作品的幻灯片或是资料光盘。如果学生在留学的国家有朋友或亲戚，这将对其留学申请大有促进，也可以成为个人资助的有力保障。英国议会制订了详尽的计划，为本国的学生提供海外留学的各种机会；反之，他们也欢迎外国学生到英国留学。美国的国际教育交流委员会为全日制的学生和那些已经完成课程的学生提供长达18个月的实践训练。

更多的专业读物和资讯

Noel Chapman and Carol Chester. *Careers in Fashion*, London: Kogan Page, 1999
Elaine Stone. *The Dynamics of Fashion*, New York: Fairchild, 1999
Peter Vogt. *Career Opportunities in the Fashion Industry*, New York: Checkmark, 2002

第一章　背景

概述

如果没有一定的历史、地理、经济和社会学知识背景，你将很难在创意过程中将自己打造成一名优秀的设计师或是形象设计师。一般来说，大学为本科生在艺术创造、文化研究、商业运作模式方面提供了广阔的课程选择空间。不要认为整天把时间花费在工作室里就足够了，参加学术研讨会和撰写论文，恰恰是研修时装艺术行之有效的途径。无论是从以往的分析和理论知识中汲取观点，还是对实践经验的分组讨论，抑或理论咨询和学术报告，都会带来灵感和无法衡量的收获，它们将为你的职业生涯奠定坚实的基础。社会经济状况和市场是在持续变化的，在设计师的职业生涯中，消费者的购买环境和购买动机会发生多次改变，时装设计师不能仅仅凭借直觉行事。对于所有的设计师和从事时装生意的商人来说，具有灵活多样的调查研究能力和对市场变化的灵敏反应是必备的素质，这将有助于他们在市场游戏中处于绝对优势。

上图：1897年，时装专业学生在法国巴黎的国家图书馆研究服装版画。

左图：设计师约翰·加里亚诺（John Galliano）十分擅长将历史元素、手工缝纫和人文背景融入设计作品中，图中的设计为玛丽皇后和安娜·卡列尼娜的混合体。

历史背景

设计师可可·夏奈尔(Coco Chanel，1883—1971)将她的一间小帽店发展成为一个庞大的时装帝国。她的代表作品包括：适于社交场合的运动上衣和针织衫、整身套装、小黑裙、厚粗呢短大衣、喇叭裤以及粗大的珠宝挂饰。

并不是所有的时装院校都把“服装史”列为一门课程，但是服装史课程的确会让你了解时装现象背后的社会状况、环境变化和技术发展，而不只是将眼光局限于服装的名称、轮廓造型、制作材料以及那一串冗长的设计师名单上。时装界需要不断地从“过去”汲取灵感。设计师、产品陈列师和造型师需要知道，如何才能巧妙地借鉴某个特定历史时期的服装造型及风格，或是以新的模式，甚至是“反讽”的手法将其进行整合。尽管有关服装史的内容已经超出了本书所要讨论的范围，但本书仍然会在下面的部分中将各个历史时期最具代表性的服装设计师以及相关历史事件进行归纳总结，通过绘画、电影和戏剧，帮你找到服装发展的脉络和依据。一些院校还存放了服装和面料的档案，许多都带有影像图片。时装学院的图书馆通常会将几十年前的杂志装订成册，就像目前的期刊一样供学生查阅。

绝大多数博物馆都会给学生一定的优惠待遇，或是在某些时段免费开放。时装展厅乐于让学生进行现场速写，但是有的会严格限制现场摄影。学生可以从时装作品中学到大量有关服装的知识，通过近距离观察服装的比例、线条以及传闻的制作工艺，从中得到启发。许多博物馆和收藏单位，例如伦敦的维多利亚博物馆和美国大都会博物馆都设有精美的网站，使那些过于娇贵而无法公开陈列的服装藏品可以通过这些网站被浏览。网络可提供大量历史的、当代的服装成果，这些图片或文字资料都可以被下载下来。很多著名的博物馆都有历代服装收藏的项目，如果经过事先预订，他们会把其中的一小部分进行展出。

异域风格和民族服装是重要的灵感来源，许多国家和地区的收藏单位已经扩大了这一部分的藏品量。在许多商店里也能够寻找到这些服装的最初原型和改良后的款式。传统服饰店经常会提供20世纪以来最经典的服装产品。人们穿戴这些服装是基于对传统手工艺的尊重和对那些珠宝装饰物的喜爱，甚至一条款式稀少的“Levi's”牛仔裤都会从一堆毫无生命力的服装中被挑出，从而给人们带来财富或关注的目光。你可以将这些服装的面料搭配、装饰手法和配件借鉴到作品中。另外，在义卖会和廉价品商店中可以找到各种款式的服装，它们的价格低廉，你可以买回一些来进行解构，再设计出新的款式。

电影、戏剧和电视节目是设计灵感的重要源泉，因为它们不仅展现了服装存在的年代和地区，而且还体现当时的发型，妆容和服饰风格，人们的举止礼仪更从另一个侧面补充了服装的内涵和意义。有时候，一种“情绪”甚至就能引领一场设计风潮，例如时装设计师让-保罗·戈蒂埃（Jean-Paul Gaultier）、阿玛尼（Armani）和唐娜·卡伦（Donna Karan）都多次从电影、舞台和电视中得到灵感而推出自己的作品。如果你能够很好地研究过去的服装并进行精确的复制和创造性更新的话，将拥有一种非凡的能力资本。本书20~27页是依据国际著名的服装博物馆藏品列出的服装发展的历程表。

时装发展历程表

日期和标志性事件

18世纪晚期

1775～1799年　美国宣布独立；法国大革命；工业革命

19世纪

1804～1830年　拿破仑王朝；滑铁卢战役

1830～1865年　摄影技术诞生，缝纫机和针织机被发明，英国成为世界工业和贸易中心；法国成为世界艺术和文化中心

1870～1890年　灯泡和电话诞生；1889年*Vogue*杂志开始发行；城市中百货业兴起

20世纪

俄国革命；妇女开始拥有选举权。公共交通和航空业兴起，日益便捷的交通出行带来了假日旅游文化盛况

1914～1918年　第一次世界大战；电影开始主宰时尚的风潮。电影默片时代的终结。拉链成为注册商品

设计师及影响

罗斯・伯汀（Rose Bertin）成为玛丽皇后的御用裁缝；出现了著名的裁缝师安德里・谢林(Andre Scheling）。禁止穿着奢华服装和严禁浪费财富的法令使得人们只选择那些“适合”的服装来穿，这种状况一直延续到新兴资产阶级的出现

西波里特·雷若（Hippolyte Leroy）是当时约瑟芬皇后（Empress Josephine）的御用裁缝。来自贵族阶层的礼仪性服装影响着当时的浪漫主义中庸风格

查尔斯・弗雷德里克・沃斯（Charles Frederick Worth）为乌婕妮皇后（Empress Eugénie)和维多利亚女王（Queen Victoria）提供服装

知名的服装设计师有雷德芬（Redfern)、帕奎因（Paquin)、道塞特（Doucet)、露塞利(Lucile）。克里德（Creed）和亨利・普尔(Henry Poole）成为著名的男装定制大师

珍妮・朗万（Jeanne Lanvin）、卡洛特・索斯(Callot Soeurs）、福琼尼（Fortuny）和保罗・波烈（Paul Poiret）成为新兴的女装设计师；开始了针对缝纫技工的专业训练

知名的服装设计师有德劳内（Delaunay）、巴克斯特（Bakst）、利隆（Lelong）。对现代艺术产生影响的有：野兽派（Fauves）、立体派(Cubists）和旋涡派（Vorticists）艺术

时代偶像

蓬巴杜夫人(Madame de Pompadour)，雷卡米埃夫人(Madame Recamier)，罗兰德夫人（Madame Roland），科拉·珀尔（Cora Pearl），俄国女皇凯瑟琳（Queen Catherine），塞缪尔·泰勒·柯勒律治（Samuel Taylor Coleridge），托马斯·德·昆西(Thomas de Quincey)，阿达·洛甫雷斯（Ada Lovelace），洛德·拜伦（Lord Byron），玛莉·渥斯顿克雷福特(Mary Wollstonecraft），德文郡公爵夫人乔治安娜（Georgiana，Duchess of Devonshire）

内利·梅尔芭(Nellie Melba)，詹妮·林德(Jenny Lind)，卡鲁索（Cartuso），安娜·巴甫洛娃（Anna Pavlova)，拉斐尔前派（Pre-Raphaelite Brotherhood)，莉齐·西达（Lizzie Sidall），埃菲·格雷(Effie Gray)，芬妮·康佛丝（Fanny Cornforth），哈利·胡迪尼（Harry Houdini)，莎拉·伯恩哈特（Sarah Bernhardt），利莲·兰特里(Lily Langtree)，艾伦·特里(Ellen Terry)，帕特里克·坎贝尔夫人(Mrs Patrick Campbell)，玛丽·劳埃德(Marie Lloyd)，维斯塔·蒂利(Vesta Tilley)，欢乐女孩(Gaiety Girls)，土鲁兹·劳特累克(Toulouse-Lautrec)，奥斯卡·王尔德(Oscar Wilde)，保罗·魏尔伦(Paul Verlaine)，波德莱尔(Baudelaire)

鲁道夫·瓦伦蒂诺(Rudolf Valentino)，查理·卓别林(Charlie Chaplin)，道格拉斯·费尔班克斯(Douglas Fairbank)，玛丽·毕克馥(Mary Pickford)，波拉·尼格丽(Pola Negri)，克拉拉·鲍(Clara Bow)，露易丝·布鲁克斯(Louise Brooks)，密斯丹格苔(Mistinguett)，伊莎多拉·邓肯(Lsadora Duncan)，俄罗斯芭蕾舞团(Ballets Russes)，毕加索(Picasso)，布拉克(Braque)，达利(Dalí)，南希·丘纳德(Nancy Cunard)，赫莲娜·鲁宾斯坦(Helena Rubinstein)，佩姬·古根海姆(Peggy Guggenheim)，奥托琳·莫瑞尔夫人(Lady Ottoline Morrell)，凡妮莎·贝尔(Vanessa Bell)，弗吉尼亚·伍尔芙(Virginia Woolf)，科莱特(Colette)

服装的轮廓及风格

奢华的织锦缎、宽大的臀部裙撑、紧身胸衣和假发都让位于牧羊女式的风格，以国旗色为主的平纹、无装饰的面料是男装和女装的共同选择

高腰无袖，窄窄的公主线裙装十分流行。印度出产的羊绒和美国的棉布受到欢迎。男子无边圆帽和女帽也十分盛行。摄政时期的高领、臀垫、双排扣礼服、褶边等一些浮华的修饰依然存在

在维多利亚女王统治时期（1837～1901年），泡泡袖、低领线、钟形裙十分流行，而裙撑和紧身胸衣的造型也达到了极致夸张的程度。男装则逐渐减少了浮华的装饰，白衬衫、齐腰长的外套、双排扣礼服、长裤和靴子成为男士的日常着装

女装的造型以丰满的胸部和裙撑以及多褶的裙子为主，灯笼裤是运动时的最佳选择。工作中的女性穿着一种名为“吉布森少女”(Gibson Girl）的分体式服装。女性开始穿戴胸罩。男士以长裤套装为主要的着装方式

紧身胸衣逐渐被淘汰；“S”曲线造型让位于无袖装。随着汽车和机械运输工具的出现，继宽松妇裙之后登场的是令人步履蹒跚的收口裙。灯罩式样的外衣以及帷幔式的裙装都是没有腰线的。这时出现了一种新的材料——黏胶纤维，它最早被运用在观看比赛时穿着的服装上，女性也会把它制成灯笼裤或宽松裤来穿着

这一时期以解放女性身体的“矩形”裁剪为主要特色。而男装变得日趋庄重而严谨起来，以套装和功能性较强的服装为主

日期和标志性事件

20世纪20年代　魏玛共和国在德国成立；美国禁酒时期；发明了电视机

1926年　英国工人大罢工

1929年　股票市场遭遇“黑色星期五”

20世纪30年代

1936～1939年　西班牙国内战争

1937年　爱德华八世放弃王位

20世纪40年代

1939～1945年　第二次世界大战；汽车制造业进入繁荣期。纺织品开始实行配给制度；杜邦公司发明出了尼龙纤维

1947年　合成染料被应用在新的丙烯酸类纤维和聚酯纤维上面

20世纪50年代

伊丽莎白二世继位；家用洗衣机出现；电话成为划时代性质的媒介工具

1955年　美国民权运动

1957年　苏联政府向太空成功发射了人造卫星

设计师及影响

维奥内（Vionnet)、格雷丝（Gres)、丽姿(Ricci)、让·帕图（Jean Patou）、可可·夏奈尔（Coco Chanel）为现代生活方式开发出了更加简洁和更加实用的服装款式。物资的短缺是经济萧条的结果；爵士乐和夜总会风靡一时，而查尔斯顿舞和探戈舞也十分流行——这一切都使短款露背裙成为时尚的新宠

知名的服装设计师有曼波彻（Mainbocher）、夏帕瑞丽（Schiaparelli)、阿德里安（Adrian)、巴兰夏卡（Balenciaga)、慕尼丽丝（Molyneux)、哈特内尔（Hartnell）

定制服装大师有克里德（Creed）和赫迪·雅米(Hardy Amies)。崛起的美国时装设计师有布拉斯（Blass)、卡辛（Cashin)、麦卡德尔(McCardell)、詹姆士(James)、罗维尔（Norell）

随着战争的蔓延，不同地域的文学、艺术和音乐成果得到了传播及融合，并由此产生出全新的方式而影响着人们之间的交流

迪奥发明了“新外观”女装。主持高级时装屋的有夏奈尔和纪梵希（Givenchy），法思(Fath)也重新开张了他的时装屋。意大利的工业恢复繁荣，美国风格的产品随处可见

定制服装大师有贝尔维里·沙宣（Belville Sassoon）和赫迪·雅米（Hardy Amies）。知名的意大利服装设计师有普奇（Pucci）、菲拉格慕（Ferragamo)、塞露迪（Cerruti）。知名的美国服装设计师有阿德里安（Adrian）、克莱尔·麦卡德尔（Claire McCardell）、欧莱格·卡森（Oleg Cassin）。埃尔维斯·普雷斯利（Elvis Presley）、詹姆斯·迪恩（James Dean）和马龙·白兰度（Marlon Brando）成为青少年的偶像，他们的衣着影响着当时男装的样式

时代偶像

葛洛莉娅·斯旺森(Gloria Swanson)，葛丽泰·嘉宝(Greta Garbo)，梅·惠斯特(Mae West)，阿尔·乔尔森(Al Jolson)，路易斯·阿姆斯特朗(Louis Armstrong)，艾灵顿公爵(Duke Ellington)，约瑟芬·贝克(Josephine Baker)，诺埃尔·考沃德(Noël Coward)，阿尔·卡彭(Al Capone)，邦妮与克莱德(Bonnie and Clyde)，巴比·鲁斯(Babe Ruth)，塞尔达和弗·司各特·菲茨杰拉德(Zelda and F. Scott Fitzgerald)，欧内斯特·海明威(Ernest Hemingway)，查尔斯·林德伯格(Charles Lindbergh)，艾米莉亚·埃尔哈特(Amelia Earhart)

卡洛尔·隆巴德(Carole Lombard)，玛莲娜·迪特里茜(Marlene Dietrich)，珍·哈洛(Jean Harlow)，维罗妮卡·莱克(Veronica Lake)，朱迪·嘉兰(Judy Garland)，多萝西·拉莫尔(Dorothy Lamour)，秀兰·邓波尔(Shieley Temple)，埃尔罗·弗林(Errol Flynn)，加里·库柏(Gary Cooper)，加里·格兰特(Cary Grant)，弗雷德·阿斯泰尔和金吉·罗杰斯(Fred As:aire and Ginger Rogers)，平·克劳斯贝(Bing Crosby)，坚尼·奥特里(Gene Autry)，威尔士亲王和辛普森夫人(Prince of Wales and Mrs Simpson)

卡门·戴尔·奥利菲斯(Carmen dell' Orefice)，嘉里绮内公主(Princess Galitzine)，朵莲·丽(Dorian Leigh)，苏齐·帕克(Suzy Parker)，芭芭拉·戈伦(Barbara Goalen)，劳伦·白考尔(Lauren Bacall)，英格丽·褒曼(Ingrid Bergman)，贝蒂·格拉布尔(Betty Grable)，贝蒂·戴维斯(Bette Davis)，凯瑟琳·赫本(Katharine Hepburn)，费雯·丽(Vivienne Leigh)，丽塔·海沃斯(Rita Hayworth)，亨弗莱·鲍嘉(Humphrey Bogart)，克拉克·盖博(Clark Gable)，斯宾塞·屈塞(Spencer Tracy)，洛克·哈德森(Rock Hudson)，劳伦斯·奥利弗(Laurence Olivier)，弗兰克·辛纳特拉(Frank Sinatra)，佩里·科莫(Perry Como)

玛丽莲·梦露(Marilyn Monroe)，拉娜·特纳(Lana Turner)，格蕾丝·凯利(Grace Kelly)，露西尔·鲍尔(Lucille Ball)，丽塔·海沃斯(Rita Hayworth)，伊丽莎白·泰勒(Elizabeth Taylor)，索菲亚·罗兰(Sophia Loren)，奥黛丽·赫本(Audrey Hepburn)，娜塔利·伍德(Natalie Wood)，金·诺瓦克(Kim Novak)，朱丽叶·葛雷柯(Juliette Greco)，丽莎·佛萨格弗斯(Lisa Fonssagrives)，加里·格兰特(Cary Grant)，托尼·柯蒂斯(Tony Curtis)，查尔登·海斯顿(Charlton Heston)，吉米·斯图尔特(Jimmy Stewart)，吉恩·凯利(Gene Kelly)，埃尔维斯·普雷斯利(Elvis Presley)，詹姆斯·迪恩(James Dean)，蒙哥马利·克利夫特(Montgomery Clift)，马龙·白兰度(Marlon Brando)，哈里·贝拉方特(Harry Belafonte)，杰克·凯鲁亚克(Jack Kerouac)，艾伦·金斯伯格(Allen Ginsberg)，鲍勃·迪伦(Bob Dylan)，玛格丽特公主(Princess Margaret)，安东尼·斯诺登(Anthony Snowden)

服装的轮廓及风格

如同男孩一般的外观，如平胸、低腰、斜裁和短发是时髦的象征；人造珠宝、珠饰、缘饰和皮草披肩也很流行。男装变得肥大宽松，男性也开始穿着针织休闲装

颓废的造型；拉长的身体线条，苗条的身形轮廓，流行"下午茶裙装"。新的纤维品种出现。好莱坞明星的影响力不断扩大

精致简洁的穿戴，注重细节的套装。极端的富贵或是极端的贫穷。公主线、腰带和腰线，性感的鞋子，套装

实用的、类似军队服装的款式十分流行，女性穿着裤子，她们对服装的要求是"易做易改"，并且穿着平底鞋。女性为战时的军队缝制军装，由此，许多女性开始进入职业场合而成为职业妇女。男性穿着单排扣的套装

服装款式变得更为复杂；模特在拍照时喜欢采用塌腰的姿势。沙漏造型成为主流，裙子变得更加丰满和颀长。尼龙袜已经出现，服饰讲究整体搭配

"年轻人"市场已经形成；以奥黛丽·赫本（Audrey Hepburn）和朱丽特·格列柯（Juliette Greco）为代表的穿宽大圆裙、紧身毛衣、平底鞋的"女孩"形象风靡一时。中性化的着装也已出现。摇滚乐出现，劳动布和条格布受到青睐。牛仔服装开始成为休闲服装的代表

日期和标志性事件

20世纪60年代

约翰·F. 肯尼迪（John F. Kennedy）担任美国总统

1963年　肯尼迪总统遇刺；横穿大西洋的电话缆线铺设完毕

1965年　越南战争爆发；太空争夺战开始；世界政局进入冷战时期；《民权法》的诞生使所有的美国公民都拥有了选举权

1967年　被美国人称为“爱之夏”的嬉皮士运动——旧金山超大型行为艺术表演

1968年　巴黎骚乱

1969年　人类登陆月球

20世纪70年代

1974年　美国爆发尼克松(Nixon)总统水门事件

1979年　伊朗国王被激进分子驱逐下王位；玛格丽特·撒切尔（Margaret Thatcher）成为英国历史上首位女首相

20世纪80年代

1981年　戴安娜（Dianna Spencer）与查尔斯王子举行盛大的婚礼

1982年　马岛战争爆发；摄像机和MTV成为年轻人的时尚新宠

设计师及影响

代表设计师有伊夫·圣·洛朗（Yves Saint-Laurent)、卡丹(Cardin)、库雷热（Courrèges)、拉邦纳（Rabanne）。由专业艺术院校培养的第一批设计师进入职场，其中的杰出者有西娅·波特（Thea Porter)、简·米尔（Jean Muir)、图芬（Tuffin）和福阿勒（Foale）。知名的美国服装设计师有安妮·克莱恩（Anne Klein）、豪斯顿（Halston）和比恩（Beane）

“动荡时代”的伦敦时装品牌有：玛丽·奎恩特（Mary Quant）、比芭（Biba）、公共汽车站（Bus Stop）和自由先生（Mr Freedom）。美国总统夫人杰奎琳·肯尼迪（Jacqueline Kennedy）成为具有影响力的时尚偶像，她促使夏奈尔套装得以再次风行，小而圆的无檐帽和俗称“波波头”的短发款式也因她而风靡一时

巴黎高级时装的影响力正在衰退。新涌现的英国设计师有比尔·吉布（Bill Gibb）、奥西·克拉克(Ossie Clarke)、桑德拉·罗德斯（Zandra Rhodes）和安东尼·普里斯（Anthony Price）。新涌现的美国设计师有豪斯顿（Halston）、派瑞·艾力斯(Perry Ellis）、拉尔夫·劳伦（Ralph Lauren）、诺玛·卡玛丽（Norma Kamali）、贝茜·约翰逊（Betsey Johnston）、卡尔文·克莱恩（Calvin Klein）和黛安·冯·芙丝汀宝（Diane von Furstenburg）。女权运动不断高涨；胸罩遭到焚毁，休闲装、粗蓝斜纹布和印有宣言的T恤受到欢迎。服装的特许经营模式在成倍激增

维维安·韦斯特伍德（Vivienne Westwood)、身体地图（Body Map）和约翰·加利亚诺成为新兴的英国时尚符号

“新浪漫主义”音乐运动和纽约著名俱乐部“54 工作室（Studio 54）”带来了新的英伦时尚风潮。高级成衣业开始成为国际化的服装产业，著名高级成衣设计师有阿道夫·多明尼哥 (Adolfo Dominguez）、卡尔文·克莱恩、唐娜·卡伦、阿玛尼、米索尼（Missoni)、范思哲 (Versace)、阿莱亚（Alaïa)、拉格菲尔德（Lagerfeld)、拉夸（Lacroix)、戈尔蒂埃（Gaultier）、吉格里（Gigli）、瓦伦蒂诺（Valentino)、吉尔·桑达（Jil Sander）和高田贤三（Kenzo)。电视剧《达拉斯》(*Dallas*）和《世代》(*Dynasty*）的热播使人们对于时装的选择更加趋向多样化，杜邦公司的“莱卡”弹性面料问世

时代偶像

杰奎琳·肯尼迪(Jacqueline Kennedy)，玛戈特·芳婷(Margot Fonteyn)，鲁道夫·努日耶夫(Rudolph Nureyev)，肖恩·康纳利(Sean Connery)，沃伦·比蒂(Warren Beatty)，费·唐纳薇(Faye Dunaway)，简·方达(Jane Fonda)，卡特琳娜·德纳芙(Catherine Deneuve)，鲍勃·迪伦(Bob Dylan)，达斯汀·斯普林菲尔德(Dusty Springfield)，甲壳虫乐队(The Beatles)，滚石乐队(The Rolling Stones)，谁人乐队(The Who)，贝蒂·伯伊德(Patty Boyd)，玛芮安妮·菲丝弗(Marianne Faithfull)，安妮塔·帕里博格(Anita Pallenberg)，崔姬(Twiggy)，简·诗琳普顿(Jean Shrimpton)，卡西·达曼(Cathee Dahmen)，文罗斯卡(Veruschka)，佩内洛普·崔(Penelope Tree)，劳伦·赫顿(Lauren Hutton)，伊迪·塞奇威克(Edie Sedgwick)，至上女声三重唱(The Supremes)，艾瑞莎·弗兰克林(Aretha Franklin)，吉米·亨德里克斯(Jimi Hendrix)

比安卡·贾格尔(Bianca Jagger)，玛丽·海维恩(Marie Helvin)，马里莎·贝伦森(Marisa Berensen)，劳伦·赫顿(Lauren Hutton)，玛葛·海明威(Margaux Hemingway)，吉娅·卡兰芝(Gia Carangi)，简妮斯·迪金森(Janice Dickinson)，伊曼(Iman)，谢丽尔·提格丝(Cheryl Tiegs)，周天娜(Tina Chow)，杰瑞·霍尔(Jerry Hall)，费拉·福赛特(Farrah Fawcett)，大卫·鲍伊(David Bowie)，马克·波兰(Marc Bolan)，齐柏林飞艇乐队(Led Zeppelin)，皇后乐队(Queen)，比吉斯兄弟乐队(Bee Gees)，埃尔顿·约翰(Elton John)，布莱恩·费瑞(Brian Ferry)，史提夫·汪达(Stevie Wonder)，老鹰乐队(The Eagles)，鲍勃·马利(Bob Marley)，黛安·基顿(Diane Keaton)，艾尔丽·麦古奥(Ali MacGraw)，戈尔迪·霍恩(Goldie Hawn)，莉莎·明尼里(Liza Minnelli)，罗伯特·雷德福(Robert Redford)，史蒂夫·麦克奎恩(Steve McQueen)，罗伯特·德尼罗(Robert de Niro)，杰克·尼科尔森(Jack Nicholson)，约翰·特拉沃尔塔(John Travolta)，奥莉维亚·纽顿-约翰(Olivia Newton John)，大卫·霍克尼(David Hockney)，马克·施皮茨(Mark Spits)，葛萝莉亚·史丹能(Gloria Steinem)，杰梅茵·格里尔(Germaine Greer)，蒂莫西·李尔利(Timothy Leary)

波姬·小丝(Brook Shields)，克里斯蒂·布林克利(Christie Brinkley)，克劳迪娅·希弗(Claudia Schiffer)，宝琳娜·波罗兹科瓦(Paulina Porizkova)，塔加纳·帕提兹(Tatjana Patitz)，苏西·比克(Susie Bick)，斯蒂夫·斯特兰奇(Steve Strange)，王子(Prince)，乔治男孩(Boy George)，亚当·安特(Adam Ant)，史班度芭蕾合唱团(Spandau Ballet)，野兽男孩乐队(Beastie Boys)，麦当娜(Madonna)，金发女郎乐队(Blondie)，詹妮弗·比尔斯(Jennifer Beale)，迈克尔·杰克逊(Michael Jackson)，西格妮·韦弗(Sigourney Weaver)，梅格·瑞恩(Meg Ryan)，简·方达(Jane Fonda)，阿诺德·施瓦辛格(Arnold Schwarzenegger)，西尔维斯特·史泰龙(Sly Stallone)，理查·基尔(Richard Gere)，雷夫·波维瑞(Leigh Bowery)，琼·科林斯(Joan Collins)

服装的轮廓及风格

齐膝的袋状短裙和夏奈尔套装十分流行。意大利制造的、线条简洁利落的男装和女裤套装受到青睐。比基尼和无上装的穿着方式也已经出现。长筒女靴和切尔西男靴受到欢迎

迷你短裙、PVC材料和纸质材料的服装出现，受到“波普”文化的影响，服装多印有多彩的几何图形并且质地硬实。时装摄影师和女模特成为人们崇拜的对象，例如崔姬（Twiggy）、斯林普顿（Shrimpton）。“叛逆的一代”、“垮掉的一代”和“甲壳虫”乐队造就了新的时代气候

嬉皮士运动和东方风格使“超长裙”（Maxi Skirt）、长发、植物图案、刺绣、珠片、起毛皮革和粗棉布成为主流。艳丽的色彩和华丽的装饰重新回到男装上。多层次的搭配、平针织物和针织衫十分流行

富于魅力和女性化的装束主要反映在迪斯科服装上——性感且闪亮的束胸外套、马丁平底鞋（Doc Martens）、粗布工作服和设计师式样的牛仔服。充满力量的造型受到追捧，夏奈尔套装依然流行，只不过它们被装上了厚厚的垫肩。在这十年当中，浓密而厚重的发型深受青睐

时装与年轻人的音乐结成了联盟。出现了朋克装、“反时装”的服装、捆绑型和充满迷信色彩的服装、街头时装。中性化着装和充满力量感的垫肩是这一时期的特色

街头时尚和高贵风格的混合搭配集中体现在时尚偶像麦当娜（Madonna）和戴安娜王妃的着装上。随着健康生活理念的深入，运动服和有伸展功能的外套成为重要的日常服装。女性行政人员数量不断增多，她们更加倾向在旅途和职业场所中穿着“容易穿脱”的服装

1958年

1967年

1972年

1974年

1978年

1980年

日期和标志性事件

1985年　巨星义助非洲慈善演唱会(Live Aid)
20世纪80年代后期　艾滋病出现
1987年　美国股票市场爆发危机
1989年　柏林墙被推倒

20世纪90年代

世界贸易组织制定了关税和贸易总协定(GATT）以及北美自由贸易协议（NAFTA）

1991年　海湾战争爆发；种族隔离政策被取消；苏联政府解体

1992年　比尔·克林顿（Bill Clinton）当选为美国总统

1993年　个人电脑开始大规模使用

1995年　O.J.辛普森（O.J.Simpson）杀妻案

1997年　中国政府恢复对香港行使主权；戴安娜王妃去世

21世纪

2000年　布什(Bush)当选为美国总统

2001年　9月11日美国遭遇恐怖袭击

2002年　欧盟国家开始发行欧元

2003年　伊拉克战争

2004年　印度洋海啸灾难夺去了30万人的生命；马德里爆炸案；布什再次当选为美国总统

2005年　“卡特里娜”飓风席卷了美国新奥尔良；7月7日，英国伦敦地铁爆炸案夺去了56人的生命

2006年　萨达姆·侯赛因(Saddam　Hussein)在伊拉克被处决

2007年　苹果公司推出iPhone手机；贝娜齐尔·布托（Benazir Bhutto）遇刺

2008年　北京举办奥运会；雷曼兄弟公司宣布破产；全球经济危机一触即发，各国均采用信贷紧缩政策

2009年　巴拉克·奥巴马（Barack Obama）当选为美国总统，并获得诺贝尔和平奖

2010年　海地大地震；英国设计师亚历山大·麦昆(Alexander McQueen)自杀

设计师及影响

新兴的日本设计师有：三宅一生（Issey Miyake）、山本耀司（Yohji Yamamoto）和川久保玲（Rei Kawakubo）。新兴的比利时设计师有：德赖斯·范诺顿（Dries Van Noten）和安·迪穆拉米斯特（Ann Demeulemeester）。独立设计师在经济衰落的环境里努力地寻求突破

知名的大众成衣品牌增多，例如埃斯普利特(Eaprit）、贝纳通（Benetton)、盖普（Gap)、H&M、DKNY、汤米·哈费格(Tommy Hilfiger)；以幽默感见长的时装品牌有多尔切和加巴纳(Dolce & Gabbana）、莫斯奇诺（Moschino）

成长中的设计师品牌被时装业巨头所垄断。品牌意识觉醒。重新崛起的老时装品牌有普拉达（Prada）、爱马仕（Hermès）、古琦（Gucci）和芬迪（Fendi）。时装风格普遍地呈现出多样化的倾向。多娜泰拉·范思哲（Donatella Versace）在其兄詹尼·范思哲（Gianni Versace）遭到刺杀以后接管了“范思哲”品牌

“后现代派”设计师有马丁·马吉拉（Martin Margiela）、赫尔默特·朗（Helmut Lang）、胡塞因·查拉雅（Hussein Chalayan）、吉尔·桑达(Jil Sander）。新涌现的美国设计师有托德·欧德汉姆（Todd Oldham）、汤姆·福特（Tom Ford）、安娜·苏（Anna Sui）和理查·泰勒(Richard Tyler）

英国和美国的时装设计师活跃在法国高级时装的舞台上，代表者有：约翰·加利亚诺、亚历山大·麦昆、马克·雅可布(Marc Jacobs)、朱利安·麦克唐纳德（Julien Macdonald）、斯特拉·麦卡特尼（Stella McCartney）、汤姆·福特和迈克·柯尔(Michael Kors）

服饰取得了与时装同样重要的地位，例如著名的时尚女鞋品牌有莫罗·伯拉尼克（Manolo Blahnik）和吉米·周(Jimmy Choo），而芬迪、古琦和普拉达旗下的服饰也深受追捧。国际时装连锁店的数量不断增长，越来越多的人效仿名人和明星的着装。“纸片人”（即过于消瘦的）模特遭到反对

时代偶像

辛迪·克劳馥 (Cindy Crawford)，琳达·伊万格丽斯塔 (Linda Evangelista)，纳奥米·坎贝尔 (Naomi Campbell)，艾拉·麦克弗森 (Elle Macpherson)，提拉·班克斯 (Tyra Banks)，汤姆·克鲁斯 (Tom Cruise)，唐·约翰逊 (Don Johnson)，安妮·蓝妮克丝 (Annie Lennox)，凯莉·米洛 (Kylie Minogue)，安娜·皮亚姬 (Anna Piaggi)

吉赛尔·邦辰 (Gisele Bundchen)，米拉·乔沃维奇 (Milla Jovovich)，斯特拉·坦南特 (Stella Tennant)，凯特·莫斯 (Kate Moss)，南吉·奥曼恩 (Nadia Auermann)，凯伦·穆特 (Karen Mulder)，艾莉克·万克 (Alek Wek)，戴文·青木 (Devon Aoki)，安贝·瓦莱塔 (Amber Valetta)，克莉丝汀·麦克梅纳米 (Kristen McMenamy)，海伦娜·克莉丝汀森 (Helena Christensen)，莎洛姆·哈罗 (Shalom Harlow)，妮可·基德曼 (Nicole Kidman)，乌玛·瑟曼 (Uma Thurman)，卡梅隆·迪亚兹 (Cameron Diaz)，凯瑟琳·泽塔-琼斯 (Catherine Zeta-Jones)，莎拉·杰西卡·帕克 (Sarah Jessica Parker)，格温妮丝·帕尔特洛 (Gwyneth Paltrow)，安吉丽娜·朱莉 (Angelina Jolie)，朱莉娅·罗伯茨 (Julia Roberts)，黛米·摩尔 (Demi Moore)，米歇尔·菲佛 (Michelle Pfeiffer)，伊莎贝尔·于佩尔 (Isabelle Huppert)，基努·李维斯 (Keanu Reeves)，汤姆·克鲁斯 (Tom Cruise)，布拉德·皮特 (Brad Pitt)，丹泽尔·华盛顿 (Denzel Washington)，布鲁斯·威利斯 (Bruce Willis)，科特·柯本 (Kurt Cobain)，科特妮·乐芙 (Courtney Love)，布兰妮·斯皮尔斯 (Britney Spears)，辣妹合唱团 (The Spice Girls)，奥普拉·温弗瑞 (Oprah Winfrey)，伊莎贝拉·布罗 (Lsabella Blow)，安娜·温图尔 (Anna Wintour)

凯特·莫斯 (Kate Moss)，卡拉·布吕尼-萨科齐 (Carla Bruni-Sarkozy)，纳塔利·沃佳诺娃 (Natalia Vodianova)，阿格妮丝·迪恩 (Agyness Deyn)，莉莉·科尔 (Lily Cole)，杰西卡·史丹 (Jessica Stam)，卓丹·邓 (Jourdan Dunn)，拉奎尔·齐默曼 (Raquel Zimmerman)，苏菲·达儿 (Sophie Dahl)，艾米·怀恩豪斯 (Amy Winehouse)，碧昂丝 (Beyoncé)，凯拉·奈特利 (Keira Knightley)，奥黛丽·塔图 (Audrey Tautou)，班克斯 (Banksy)

服装的轮廓及风格

反文化和反奢华服装的思想表达了设计师们的一种理性思考和艺术家们的审美倾向。宽松型、富于建筑感的裁剪、黑色和平底鞋是时髦的元素。男性在更多时间里穿着运动服装，职场人士还发起了“休闲星期五”的着装运动

超级名模和名人成为被追逐和被效仿的对象。休闲运动装和牛仔服深受欢迎。穿着运动鞋十分普遍。自然轮廓的服装和多口袋的牛仔裤是大多数人的选择

国际贸易萎缩，“脏乱风格”（Grunge）和解构主义（Deconstructed）成为新的衣着时尚；环保型、再生型的材料受到欢迎，皮草服装遭到反对。尺寸夸张的轮廓和不分性别的服装大行其道。20 世纪 60~70 年代的时尚卷土重来。优雅的气质和概念性的元素共存，年轻人的嘻哈风格也深受欢迎。棒球帽和波西米亚式的披肩是不可或缺的时尚配饰

东方国家对跨国生产采取了接纳的态度。贸易壁垒被取消。互联网加速国际的交流。高科技产品出现。斜裁式的服装、高跟鞋以及女性化风格再次受到追捧

时装犹如万花筒般折射出甚嚣尘上的折中主义和个人主义。迷人的魅力和神秘感都不复存在。同质化的大众品牌市场遭到了强烈的抨击；手工技艺有所恢复，古典式的服装也重新出现

1985年

1997年

2000年

服装的作用

服装是装饰身体的一种特殊方式。对世界各地的身体装饰品和服装样式做出记录和评论的第一批人是探险者和旅行者。一些人带着图画和服装回来，点燃他们欲望的并不仅仅是这些人工制品本身，还有对这些事物的理解。最终，对服装的研究成了人类学这个研究人类自身的学科中一个为人所接受的部分。

时装通常会从历史中汲取灵感，以创造出新的样式和材料。人们对于古董服装的热爱不仅是因为其上所承载的精湛手工艺和现代人无法模仿的细节处理，还因为它们总能够唤起人们的一种浓浓的思乡情绪，而这种“情感”正是时装设计中非常重要的一种创造动力。

话虽如此，但当有人大力呼吁将紧身胸衣或是裙撑再次引入今日的着装生活时，最好还是要结合一下当前的社会形态和政治体系，以保证自己的设计作品是符合时代要求及潮流趋势的。

目前，文化理论家和服装分析家已经将主要注意力放在服装的四个实用功能上：效用性、礼节性、性别魅力和装饰性。乔治·斯普罗尔斯（George Sproles）在他的《关于服装的消费行为》（*Consumer Behaviour Towards Dress*,1979年）一书中介绍了另外四种功能：象征性差异、社会关系、心理的自我强化和现代主义。下面我们对这八种功能进行逐一讨论。

效用性

服装已经可以满足许多实用性和保护性的要求。危险的环境使人体需要保持一定的温度，以确保血液循环和舒适度。例如，人在丛林中需要保持凉爽，渔夫需要保持干爽，消防队员需要避免大火的伤害，矿工需要避免有害气体的毒害。改良者总是把服装的效用要求凌驾在审美之上。例如，在19世纪50年代，美国的出版商和选举倡导者阿梅莉亚·詹克斯·布卢默（Amelia Jenks Bloomer）对不实用的衬裙提出了异议，并提倡女士穿长裤，并把其称为“女式宽长裤”或“女式灯笼裤”。服装效用的考虑从来就不该被低估，消费者在选择衣服时通常会考虑服装是否舒适、耐用和易于打理等因素。

近些年来，健身服和运动服这些原本的功能性服装已经占据休闲市场，并且成为表现健康和年轻活力的时装。

礼节性

人们需要服装来掩盖赤裸的身体。社会需要规矩；同样地，服装需要有关抑制奢侈的法令来控制奢侈和确定礼节。大多数人对于暴露自身的生理缺陷感到不安全，尤其是当他们年龄变大的时候。无论是在现实中还是在想象中，服装能掩饰和隐藏人们的那些缺陷。礼节具有社会性含义，是专门针对某些群体和社会的，同样也是跨越时间的。

工装通常用来应对身体伤害或者防护有害环境。这套布满钉刺的服装是专门为西伯利亚的猎熊者设计的。

上图： 在西方社会，这类泳装现在被认为是滑稽过时的。

左上图： 某些穆斯林国家的法律严禁女性暴露身体的任何部位。

在许多中东国家里，有关妇女的身体是否应当被遮掩的争辩仍然在反对者与虔诚的宗教信徒之间普遍存在，而在许多现代社会体制下的妇女仍将“长裙裹身”视为想当然的出行装束；另一方面，尽管欧洲人对美国人的许多生活习惯都报以不予苟同的态度，但他们却接受了美国人“休闲星期五”的穿衣习俗和越来越随意的办公室着装；还有，晚会装和沙滩装使人体比任何一个历史时期都暴露，关于裸体的影像在如今的广告和媒体中更是屡见不鲜。

非礼节性——性的诱惑

服装可以突出穿着者的性别和魅力。在传统女人的角色中，她是被欣赏和取悦的对象，因此服装使女性变得更加性感。晚装和贴身内衣都用毛皮或模仿毛皮质地的织物制成，饰物和化妆品同样能够增添吸引力。许多时装评论员和理论家使用了一种基于西格蒙德·弗洛伊德（Sigmund Freud）和卡尔·荣格（Carl Jung）著作的心理分析方法，以解释隐藏在时装变化背后的无意识过程。

“移动的性感区”概念（由弗洛伊德学说的信徒J. C. 弗路格尔于1930年左右发展出的一种理论）提出，时装是人们出于持续不断的性吸引力的原因而用人体的不同部位进行性诱惑的载体，这也是许多服装部件都会被打上男、女生殖符号标记的原因所在。服装总是被性感化——例如男性的遮阴布和女性的胸罩，都成为流行的物件。

装饰性

人们可以通过服装的装饰性提升身体的吸引力、彰显创造力、体现个性、表明成员资格，或是在一个群体或一种文化中占有一席之地。装饰性可能有悖于人们对于舒适度、活动性和健康方面的需求，如缠足、束胸、刺青和文身等。对身体的装饰可能是永久的，也可能是暂时的，都是对人体的添加或缩减，例如化妆品、人体彩绘、珠宝、发型、修面、假指甲、假发、头发牵伸、把皮肤晒黑、高跟鞋和整形手术都是身体装饰。人们，特别是年轻女子，总是试图追赶流行时尚。她们通过紧身胸衣、填料和束带对身体进行扭曲和塑型，跨越年龄地改变着服装的轮廓。

上图：一位也门女孩在婚礼当天用鲜花和饰品装饰自己。

左图：文身是永久性的身体装饰。

象征性差异

人们用服装来区分和彰显职业或宗教关系、社会地位以及生活方式。职业装是一种权威的表现，它可以使穿着者脱颖而出；一件端庄的修女服装表明了修女的信仰；在一些国家，律师和法律顾问在日常服装外穿上丝制服装、戴上假发，以此来传达法律的严肃性。佩戴在身上的标志、勋章和珠宝或是穿在身上的贵重布料一开始可能是体现社会声望的物品，但当失去其标志作用时，它们就会逐渐跨越社会阶层的限制。

社会关系

人们穿着与他人相似的服装，是为了表示与其同属于一个群体；那些不按照大众标准着装的人会被认为是观念上有分歧，并且最终会被猜疑和排斥；那些不顾自我感受而迎合流行样式的人，即所谓流行的受害者，则被认为是脱离了归属的群体或缺乏个性和品位的群体。在某些情况下，服装本身就是对社会和流行的一种反叛。例如，朋克一族没有统一的制服，但人们依然可以通过一系列的标志将其鉴别出来：磨损的衣服、束缚的饰品、安全别针、戏剧化的发型等。20世纪70年代中期，英国的“朋克之母”维维安·韦斯特伍德曾作为一个无政府主义者反对流行的传统和整洁的元素。

右上图：乔治五世和玛丽王后的加冕礼服所代表的权利和地位是通过其重量和所用材料的费用体现出来的。

右下图：在社会天平的另一端，一对来自伦敦东区的“珍珠国王”与“皇后”穿着他们的“王室礼服”来庆祝公共假日。

左上图：为了表现团队精神，足球队员和他们的支持者穿上相同的衣服。

心理的自我强化

虽然人们承受着适应某一社会群体的压力，并且在大量的连锁店里有太多同样的衣物和时装在出售，但我们一般难以见到两个从头到脚穿得一模一样的人。当许多年轻人邀朋友一起购物，以此希望得到帮助和建议时，他们通常不会买同样的衣物。无论怎样，人们总会通过化妆、发型和一些饰物来彰显自己的个性。

尽管民族服饰只是一度用来划分社会群体的工具，但它仍然可以提供一种强烈的时尚灵感元素——如图中这位拉普兰人穿的外套。

现代性

在那些时装大行其道的地方，服装可以体现现代感。都市中媒体盛行，劳务市场的竞争越来越激烈，看起来前卫或是跟得上潮流、了解时事，都可以给人带来优势。恰当的着装可以引导人们去正确的地方和走向合适的人。无论是作为设计师、体验者还是消费者，对现代化的接受态度都会体现出其创造力，并帮助其为将来的变化做出调整和准备。

“所有的时装都是衣服，但并非所有的衣服都是时装……我们需要的是时装，而不仅仅是衣服，它不单要遮蔽裸露的身体，还要彰显我们的尊贵。”

——科林·麦克道威尔（Colin McDowell），1995年

实际的准则

新款服装能够帮助人们建立自信，因此人们会将那些昂贵的，或者是熟悉的品牌服装视为显示身份的标志，与此同时，也就形成了忠诚的品牌拥趸者团体。无论对于这种情形喜好与否，即使是最前卫和最叛逆的设计师也应当意识到，消费者总是将符合自己生活方式的服装产品列为首选。下面列出的是一些对设计师而言至关重要的准则，请务必牢记于心。尽管这些准则在时尚报道或时装杂志中几乎鲜有展露，在设计创作的前沿也难觅其踪，但当我们在推动销售时，就能感知它们的存在，因为它们能满足人们真正的、潜在的需求。

价格

对于绝大多数购买者来说，价格通常是最重要的考虑因素。尽管消费者或许十分钟爱某件时装产品，但也必须在商品的使用价值、价值以及自身的费用预算间进行衡量。在高端服装市场中，设计师的作品数量有限，其面料与配件也尤为昂贵，因此服装的价格也普遍高于能够形成金融规模的大众市场。所有的消费者都希望钱花得“物有所值”，因此，企业对不同品牌的服装产品采取多层次的价格定位，这使得各服装品牌的运营手法变得十分类似，而运营的成败则取决于零售商对货品的选择、调整以及如何运用价格战术来应对他们的消费者。有许多方法可对一件时装产品进行成本核算和定价，这些将在下一章节进行更为详尽的介绍。

品质

在时装产品的出售中，其面料质量和做工优劣是决定性因素，因为这密切关系到时装的价格定位和消费者在购买前对保管和清洁难易程度的评估。日趋繁重的工作任务使消费者只能花费尽量少的时间来打理衣服，而干洗的不便和费用支出以及对环境保护方面的考虑，导致中级市场中的消费者越来越倾向于那些易于打理的、可以用水洗涤的衣服。在服装的缝纫技术、缝线处理和里衬的选择方面，不同的价格定位意味着很大的质量差别。经典服装和高级时装在耐用性方面总是被赋予很高的期望值。通常是在低端市场进行裁剪和缝纫的针织时装，只因其“完全时尚”的外表而总是在高端市场占有一席之地，但是像蚕丝、羊绒这样贵重的纱线就较难仿造。另一方面，鉴于度假服装和聚会礼服几乎只穿着一次，因此这类服装可以被设计得很时髦，但其做工就可以略微粗糙。

合体性

保持服装的合体性是服装“卖点”的关键元素，同时也是一位优秀设计师的职责所在。据统计显示，有相当比例的人群反映，他们无法购买到合身的时装或购买较为困难。对于运动装和内衣来说，合体性尤其是展现服装功能的决定要素。除了身体测量，合体性是很难被量化的，因为不同的个体对于服装的宽松度有着不同的需求和爱好；同时，它也与时尚潮流的变化休戚相关，例如，松松垮垮的牛仔裤可以和上半部紧绷绷的牛仔裤一样成为时髦商品。对于一些款式而言，合体性通常是最重要的时尚指标——这一点在服装被人试穿之前很难被体会到。许多设计师，例如派瑞·艾力斯(Perry Ellis)、川久保玲和阿瑟丁·阿莱亚（Azzedine Alaïa，号称“弹力之王”）在保持服装的合体性方面都颇有建树，“合体性”往往作为他们品牌服装的“卖点”。许多设计师都会针对自己的目标顾客群推出特定的围度尺寸，有时是根据消费者的反馈意见，更多的是来自于想象中的或是理想中的人口统计尺寸。国际上并不存在一个服装尺码的统一标准，但是近年来，美国、中国香港、欧洲和中国内地都对此展开了大量的研究，以期求得平均化、典型化的人体尺寸，并且得出其数据的递进关系。这些研究使人体数据的测量变得更为现实和精确。目前，随着时装品牌运营的日趋全球化，很多不同的国家使用了统一的服装号码标签。对于一个时装设计师来说，洞悉目标顾客群自然的人体比例和平均比例是十分有用的。利用真人模特作为设计的依据会比按照意念中的理想人体进行设计要实际得多，否则，时装产品就可能一直挂在货架上，变成滞销货。

舒适性

在漫长的历史长河中，服装总是以牺牲舒适性和合体性来换取其时髦的外表（如细高跟鞋、束身裤和PVC材料的迷你裙），但人们似乎总是乐于接受这一现象。随着室内供暖系统技术的进步和全球气候变暖的影响，一切都在潜移默化地发生着改变，服装的季节特性也变得不再明显。面料技术的创新使诸多轻型面料、可伸缩材料、无线缝纫和多功能材料诞生；类似于抗皱这样的后整理技术使得服装便于人们外出携带，减少了人们用于打理它们的时间和精力（具体内容见第四章）。微型纤维的发展使服装能够含有维生素和芳香元素，并且能够使穿着者在辐射等有害环境中免受侵扰。当下的消费者出于对情感舒适度的追求，还希望了解时装产品供应商的相关道德观念、保持产品可持续发展的方法和废弃物的处置方式。加拿大女作家娜奥米·克莱恩（Naomi Klein）在她撰写的畅销书《无品牌》(*No Logo*)中，揭露了时装制造商对于第三世界国家工人和资源的剥削，此书一经面世，便立即在社会上掀起了一场针对具有此类雇佣行为的时装公司的声讨运动。由此可见，观念和信仰本身就是时尚的，并且，是它们缔造了流行。

相关性

时装或服装应当与消费者的生活方式、工作、休闲场合相得益彰。在乡村，尽管没有人限定时尚的指数，但乡村的服装风格还是与都市商业氛围下的衣装风格大相径庭。时尚潮流对于某一年龄、阶层的人或者社会小团体而言是至关重要的事情，而对另一些人来说则显得无足轻重。由设计师来“规定”时尚潮流的观念已经落伍了，随着快速反应（简称QR）制造方式的兴起，时装产业已经迎来了针对季节变化、社会动态和消费者需求做出更为迅捷反应的新时代。许多零售商将保持与制造商的近距离接触视为自己的日常工作，以此来确保对方所提供的货品型号正是自己的顾客群所需要的。根据电子销售点（简称EPOS）的分析报告显示，连锁店可以在一个国家的不同地区之间迅速调配不同的商品货物。零售方式不仅发展空间十分有限，并且成本费用也相对高，而批发商的认购就比单件零售高明很多，它被认为是具有诱惑力、视觉冲击力和发展潜力的时装销售方式。这就要求零售商必须深入研究本地区的社会状况和人们的经济条件，以此来找寻市场切入点，并提供适合的商品。在下面的章节中，将介绍“如何细分市场”以及“流行趋势预测”的相关内容，希望能够帮助专业设计师制造出符合市场需求的时装产品。

全球的牛仔服产值已经超过了500亿美元，舒适、实惠、耐穿的特性使之拥有广泛的社会接受度，靛蓝色斜纹棉布可以被处理成类似于针织、涤纶面料和皮革般的质感。

品牌

品牌通常是建立在良好的产品信誉度和顾客忠诚度上，而这些都是在商品多年连续不断地满足顾客需求的过程中实现的；同时，品牌的建立与突出产品自身特点的广告宣传也是分不开的。作为品牌的拥护者，许多消费者都希望能够受到品牌精髓的感召。例如，巴宝莉（Burberry）和普林格（Pringle）是两个英国经典服装品牌，它们代表了上乘的品质和舒适度；而范思哲品牌则意味着不加掩饰的妩媚、性感和野性。营造品牌是推广和销售时装产品的关键，而传统零售商委托生产的“自有品牌”商品及其品牌创建的工作就显得更为繁琐。名人以及他们所认可的服装品牌往往最能激起一些消费者的购买欲望，有趋势表明，名人们也越来越热衷于利用制造商的设计和生产力量推出属于自己的“自有品牌”时装系列。连锁店或独立的零售商也应当遵从品牌的特质和执行品牌的“使命声明”，他们也期待所推崇的设计师能够按照一定的水准、条款和条件进行设计创作，以此来验证消费者对于这一品牌的信任程度。

便利和服务

消费者已经越来越没有时间与耐心来购买服装甚至试穿服装，同时，他们更不愿意排在付款的长队里浪费自己的时间，商家必须设法使消费者能够快速简便地找到自己想要的商品，因此，高水准的导购服务和完整的货品型号及颜色系列就显得十分重要。许多商店的卖场都尽量避免“挂装”的陈列形式，因为这使得服装与人体结合的效果很难被想象出来，而大多数的消费者恰恰是无法接受其间的变化的。在家中通过互联网和产品目录册来购物是近几年新兴的一种便利购物方式，其迅猛的发展态势也造就了一种全新的购买文化，那就是消费者可以试穿和退换不适合自己的商品。为了与此相抗衡，商店想尽办法来提高消费者在商场购物过程中的愉悦感、娱乐性和完整的过程体验，许多商家还推出货真价实的打折优惠活动或其他形式的让利活动。反过来，中级市场的设计师品牌总是谨慎地选择那些对自己的销售理念有着最佳反应的地点进行产品投放，对许多服装品牌来说，这是在与对手的竞争中能否取胜的关键，甚至比优化产品的风格、质量或价格都更为重要。许多品牌会拥有一套选择性的发售策略，以此来确保品牌的独特性，并激发零售商们为取得系列产品的销售权而展开竞争。计算机辅助技术的发展使得制造商能够给消费者提供个性化的量身定制服务，如果商店能够提供此类服务的话，就能够从中获利。

关于生态及道德问题

“时装业的兴旺发达是以目无法纪以及一些极度没有责任心的所谓‘观念’所促成的——这一点已经引起了媒体的追踪和大众的警觉。”

——“观察员伦理奖”的发起人、电视出品人、记者露西·斯格尔（Lucy Siegle）

关于“合乎道德地进行服装的生产和消费”的理念并不新颖，但是随着近年来全球气候的不断恶化以及环境保护日趋成为各国首要的政治及社会问题，它又重新被提上了日程。时装工业在“合乎道德标准进行生产”方面屡遭诟病，尤其是近几十年以来出现的反面案例似乎有愈演愈烈之势，这其中包括：劳动力剥削、皮草动物养殖以及像棉花这样的农作物始终无法获得持续发展等问题。

改变只能是取决于消费者的选择，对于“生态时装”（Eco Fashion）或者说“生态时尚”（Eco-Chic，这是一种统称，指在服装的生产和消费过程中蕴含的多种不同的道德意识）的尝试已经获得了一定的进展，越来越多的人希望能够创造和消费合乎道德和环保的服装产品。有一个迹象表明人们的态度正在发生转变，那就是2007年5月版的美国*Vogue*杂志一改其宣扬奢侈概念的一贯立场，转而用一整期刊物来介绍“生态时尚”；而目前的一些知名零售商业也在经营合乎道德标准生产的时装品牌。尽管如此，一份由敏特（Mintel）调查公司出示的报告显示，2009年英国的伦理服装（Ethnical Clothing）销售总额估算有1.75亿英镑——只比婚纱的销售额略高一些。大众对于生态时尚信号似乎总有一种滞后反应，这大概是因为高昂的产品价格以及部分不良供应商及品牌商的弄虚作假所致。

未来的时装业将会极大地受到以下几个方面的影响：

- 全球气候变暖和二氧化碳量的减排要求
- 石油供应量的减少以及对于新型能源的需求
- 对劳动力的保护
- 合乎环保标准的纤维制品，包括有机农产品
- 能源的可持续发展以及现有资源的循环利用
- 植物性产品和非动物性制品的推广
- 现有服装的改制和重新利用
- 传统手工艺的保护以及传统工艺技术的传承
- 盗版及仿制

能源消耗

近年来，随着环保意识复苏以及能源保护的需求，所有企业都开始有意识地反省自身的不足，尤其是在能源消耗方面。时装制造业和面料生产企业首当其冲——因为许多产品实质上并不需要动用如此多的能源来对其进行加工、水洗、印染和运输，而且由此产生的大量废弃物最终只能被送到垃圾填埋场或是焚化炉。欧盟已经制订出截至2020年欧洲的能源消耗降低20%的计划，但是作为一项在全球范围内普遍存在的现象，只有全世界各国人民都行动起来才有可能真正遏制能源浪费的状况。

"我们需要全面地审核时装的真正价格，势必要将社会、生态和文化成本考虑其中——这一点对于时装业人士和消费者都适用。"

——伦敦时装学院教授弗朗西斯·考讷（Frances Corner）博士

下左图：一个愉快的妇女劳动合作社，擅长于北安恰尔邦丘陵地区的纯手工工艺。在这个团体中，通过传授给妇女工艺技巧使之能够为国际奢侈品牌进行手工编织加工，并以此来获得她们赖以维生的收入。

下右图：英国道德贸易组织（Ethical Trading Initiative，简称ETI）致力于保护在面料和时装企业工作的低龄童工的合法权益。图中的这个印度小男孩正在一个光线昏暗的环境里全神贯注地进行珠片绣。

合乎道德伦理的劳动力制度

从20世纪晚期开始，绝大多数的欧美服装制造商就将生产业务外发给了位于东亚、北非和南美等地的承包商，以此来获取低廉的原料及人工成本。但遗憾的是，这种转移也造就了大批制衣工人沦落成为廉价劳动力的事实，不少品牌因被揭露有剥削劳动力、按最低薪酬给付以及雇用童工等现象而遭到社会舆论的抨击。

根据国际乐施会（Oxfam International）的估算，全球从事制衣和纺织业的人员大约有四千万（其中2/3的人是从事基本的生产劳作）。到目前为止，从业人员中最多的是年轻、低薪酬的妇女，并且她们时常会遭受那些生产线监工们粗俗而下流的骚扰。单是在中国，就有一千五百万人在从事这类工作。孟加拉国和印度尼西亚工人的生存环境或许是最糟糕的，因为在这些国家中由恶性市场竞争所形成的生产成本已经低得令人瞠目结舌。

一些中间代理机构纷至沓来，它们负责评估劳动力的工作时间、工会权益、公平的工资待遇、工作环境及条件等各项指标是否合乎道德伦理。由此，一项以国际统一标准来划分产品的体系也被建立了起来，这就是“国际化标准组织”（简称ISO）。亚洲基本工资联盟（The Asian Floor Wage alliance，简称AFW）为制衣工人的基本工资提出了新的方案，而其他的监督机构还包括：国际公平贸易组织（简称FLO，网址：www.fairtrade.net）、国际环保、能源和资源综合利用博览会(简称IFAT,网址：www.ifat.org)、国际公平贸易认证组织（TransFair，网址：www.Transfairusa.org或者www.Transfair.ca）。对于消费者而言，参与这项伦理制度的最好方法就是按照一份由非营利性的组织所收编的公司和企业名录来进行购买。

过去那种穿旧衣会遭到耻笑的状况已经得到了彻底的改变，体现材料的本色之美已经成为一种美德，服装通过多种定制形式获得了重生——这总比被焚烧或是被填埋要好多了。克里斯多夫·瑞本（Christopher Raeburn）利用军队的降落伞以及剩余的军用装备设计出了迷人的裙装和实用的外套。

环保的纤维制品和有机农场

人们总是错误地认为那些天然纤维（例如毛、丝或棉）比合成纤维有着更加自然和无害的生产渠道。事实上，一些天然纤维作物例如棉花、亚麻、苎麻和大麻都需要一个较长的生长周期，为了防止虫害和减少枯萎凋零而不得不借助于农药的威力。根据世界卫生组织（World Health Organisation，简称WHO）统计，每年大约要用掉20亿美元的农药，其中8.19亿美元的农药是含有有毒物质的。这些有毒物质已经危害了农民的健康，导致他们的身体出现颤抖、恶心、癫痫、呼吸困难、失去意识的现象甚至导致其死亡。农药同时还污染

左顶图：印度的碎布拾荒者在废布堆里捡拾尚可利用的布料进行循环使用。

左图：时装专业的学生们常常被要求动用他们的聪明才智对材料进行再生利用。将旧衣服进行解构可以让人们更好地了解服装是如何构成的。

了土壤，扰乱了生态平衡。

有机棉花是在没有化学杀虫剂、杀真菌剂、除草剂和化学肥料的环境下生长的。一些大公司，例如巴塔哥尼亚公司（Patagonia）就在其价值一千五百万美元的运动服产业中专门采用了有机棉作为原料。这样的“绿色”产品给服装品牌制造了从同类产品当中脱颖而出的机会（参见第二章）。

有机棉制品市场被欧洲和美国所均分。尽管其增长势头非常迅猛，但是在2007～2008年间也只是占全世界棉花产量的0.6%。根据有机棉交易协会(Organic Exchange，这是一家美国的非营利性慈善组织，着重于推广有机农作物的生产和使用）的统计，2007～2008年间的有机棉产量为145865吨，比上年同期增长了大约152%，而与过去三年的平均产量相比则增长了185%。

与之相对应的是，像尼龙纤维这样的石化产品，因其出色的耐用性以及相对良好的色牢度和加工技术，其需求量从20世纪80年代以来已经翻了一番。对于羊毛和动物纤维的需求量已经减少了许多，部分原因是由于畜牧业成本的不断高涨以及冗长而脏乱的加工过程所致。尽管如此，仍然有相当多的人热衷于所谓的“贵族纤维”和奢侈品，例如羊绒、马海毛和驼毛制品。

无公害的印染工艺和生产原料

色彩是时装潮流中一个重要的风向标（参见第四章），在今天，织物的天然色彩或是有机颜料的使用远远要比化学漂白或化学染色受到推崇和欢迎。有越来越多的法令条例针对那些可能对工人的身体健康造成危害（例如导致湿疹、皮疹和眼睛刺激）的各类化学试剂、染色剂和黏合剂而制订，它们被禁止使用于纺织品和鞋类的工业生产。

与20世纪60年代相比，人们身边可获取的颜色更少了。但话说回来，灰色调和中性色调的服装或许更能适应今天的人们——因为这些颜色不会那么轻易地显脏。今天的我们不会像上代人那样长久地保存和固定地穿着已有的服装了，我们对服装洗涤得也更加频繁，并且一般都使用大功率洗衣机和滚筒烘干机。要知道，服装在被消费者买来之后由水洗、干洗所产生的环境破坏甚至比服装生产过程所产生的环境污染要更加恶劣。平均来说，一件T恤要被洗涤和烘干25次。

SMART技术和纳米材料

在过去提倡节俭的时代，将旧衣服的纤维进行拆分、制浆和制毡是一种普遍的做法，这种情形一直持续到“二战”后的经济繁荣之前。今天，循环再生的技术已经应用于所有类型的材料，并且有了极大的发展和提高，金属、纺织品、塑料和类似于牛奶干酪素这样的蛋白质材料（通常可以被做成纽扣）都可以得到再生利用。用于装饮料的塑料瓶、硬纸盒和尼龙制品在经过熔解之后都可以被制成新型纤维，进而被制造成新颖的材料，例如长袖运动衫的涤纶绒里、丙纶地毯、购物袋和用于制作珠宝的塑料原材料。

SMART技术（Sustainable Manufacturing And Reuse/Recycling Technologies，即可持续制造及循环再造技术）在制造业中已经获得了长足的发展，尤其是在物质结构方面所取得的创新使许多产品都以分子或纳米尺度的形式存在。纳米技术为材料的多用途开辟了广阔的发展前景，例如，现在人们可以用亚马逊橡胶树的表皮或从中提炼出来的“增殖细胞”抑或其他的循环有机材料来取代过去的动物皮肤。以前不曾用到或是遭到废弃的材料，例如竹子、玉米穗轴和外壳以及海里的贝壳都已经被发现能够给纤维和织物带来全新的性能和外观。

皮草、皮革和动物福利

从20世纪70年代开始，关于保护野生动物和珍稀动物、反对用其皮毛制造时装的呼声就日益高涨。濒危野生动植物物种国际贸易公约（CITES）生效于1975年，这项旨在保护国际贸易中的濒危物种的条约为大约3万种动、植物在进出口贸易中制订了相应的政策。在1989年，CITES成功地禁止了全世界的象牙使用及运输。蛇皮、鳄鱼皮和野生长大的动物皮毛（例如狼、海狸和幼海豹）的市场需求量已经开始下滑，部分原因归结于这种残暴的捕杀行为容易激起公众的愤怒，另一部分原因就是陷阱诱捕和追踪狩猎已经不再是一种可行的谋生手段。人工养殖水貂、兔子、南美洲栗鼠和狐狸能够让人们比较容易地得到想要的皮毛，从而不再去捕杀野生的动物。尽管如此，还是有一些濒危动物，例如豹猫、老虎和藏羚羊仍然遭到非法捕杀，这大概和它们的稀有珍贵不无关系。

在时装中运用动物毛皮的做法一直以来就遭到人们的争议，人们的斗争意识也不曾懈怠过。在1994年发生的一项颇具政治影响力的声援善待动物组织（People for the Ethical Treatment of Animals，简称PETA）的活动中，超模纳奥米·

顶图：使用不寻常的材料和对它们产地的探源可以非常强烈地表达某种时尚态度。在这件英国设计师阿达·桑汀顿（Ada Zanditon）的早期作品中，设计师将白蜡木片和樱桃木片镶缝在中国产的白麻布上。阿达的时装品牌目前正致力于生态服装的创作和生产。

上图：蕾切尔·卡萨（Rachael Cassar）拯救了这件白色的衣裙，否则它将被当作垃圾废弃掉或是被撕成布片做成另外的东西。蕾切尔的环保时装勇于和主流时装市场竞争，同时她也为自己的产品注入了一种奢华之美。

娜塔莉·雷伊·理查森的“有道德的狐狸”

这些有趣的作品集册均涉及了服装的可持续发展和道德问题，并且通过一种优雅的手段很巧妙地平衡了政治立场和实用性的问题，因此非常具有前瞻性。设计师娜塔莉从赖安·伯克利（Ryan Berkeley）的动物绘画和维多利亚时代那些描述人与动物间恶劣关系的版画艺术里面汲取到创作的灵感。集册中的这些面料和纤维材料都是有机农作物的产物，并且经由手工染色工艺得到了让人倍感温暖的柔和、自然的颜色。如此大面积运用刺绣实属少见，而借鉴于“错视画派”的处理技巧使得刺绣图案仿佛动物皮毛一般。娜塔莉的这款设计受到了Hand & Lock刺绣大奖的资助，而刺绣者来自伦敦。

坎贝尔、克里斯蒂·特林顿(Christy Turlington)以及其他一些支持者声称她们“宁愿裸体也不愿穿裘皮”。在十多年前，动物毛皮俨然已经成为时装工业里的一个禁区，但是近年来，尽管有着广泛的道德谴责和法律禁止，皮草的购买却以逐年11%的递增量开始复苏了。美国*Vogue*杂志主编安娜·温图尔就是一个公开拥护皮草时装的人（她因此成为PETA成员多年追踪声讨的对象），还有一些设计师（特别是走高端产品路线的设计帅）在他们的发布会里还在频繁地使用动物毛皮。2008年，法国设计师让·保罗·戈蒂耶(Jean Paul Gaultier)就无愧于他的“坏孩子”称号——他所推出的皮草系列也让美国的时尚媒体给他打上了“动物杀手”的标记。也有一些设计师，例如终生信奉素食主义的设计师斯特拉·麦卡特尼(Stella McCartney)就不会让皮革或皮草这样的材料出现在自己的作品里。

一些欧洲国家（尤其是在瑞典、澳大利亚、瑞士、克罗地亚和英国）视单纯或主要为了获取毛皮而进行动物人工饲养是一种犯罪行为。在丹麦、芬兰、荷兰、挪威等国家里，超过85%的服装用毛皮都来自动物饲养场，其中美国和中国是两个最大的毛皮输出国。欧盟各国是皮草的主要消费国，伦敦是世界皮草交易中心，每年的交易额几乎高达5亿英镑。不同类型的毛皮服装和饰品必须都要取得合法的商标，于是一个自发的商标体系形成了，那就是“原产地诚信体制”（Origin Assure，OA™），它用来打消购买者心中的疑虑，告诉他们所购买的毛皮“来自于一个法令或者规定允许皮毛制品合法化的国家或地区”。尽管如此，规章和诚信体系还是会屡遭违禁，2008年，美国拥有众多顶尖设计师品牌的诺德斯特龙百货店(Nordstrom)、布鲁明戴尔百货店(Bloomingdale's)和波道夫·古德曼精品时尚店(Bergdorf Goodman)都被勒令撤掉了与皮毛有关的服装产品，因为当局发现这些产品没有合法的标签或是使用了狗毛。

政治、社会和道德信念已经极大地影响了时尚的潮流。图中展示的是动物保护者在巴黎时装周期间举行的一场反对在时装中使用动物毛皮的运动。

更糟糕的是，加工生产皮革和皮草所消耗的能源是生产假皮毛的20倍，并且还会涉及一些有害化学试剂和致癌物质的使用，例如甲醛和铬金属。假皮毛尽管不会遇到这些问题，但是它也有自己的短处：制作一件不可生物降解的尼龙质地的假毛皮外套需要用掉一升的石油，因此，这类服装也被视为不可持续发展的产品。让人觉得荒谬的是，这么一来，假毛皮服装似乎比真毛皮服装还要显得奇货可居。

具有社会责任感的设计

人们对于合乎道德标准的时装产品的需求量越来越大。英国的Folk、Komodo、People Tree、Terra Plana，丹麦的Knowledge Cotton Apparel，荷兰的Studio Jux，澳大利亚的Milch，加拿大的Itsus，意大利的Banuq，德国的Slowmo、Jovoo、Pamoyo和Isabelle de Hillerin等品牌正在逐步获得市场的认可。渐渐地，那些专门批发伦理时装和有机产品的地区发展出了贸易博览会。不仅仅是小公司，就连英国玛莎百货(Marks&Spencer)这样的大型企业也开始引导顾客的道德意识，并且为那些正在成长、制造和供应中的道德产品开出了更为优厚的政策条件。一个正在发生的趋势就是企业社会责任（Corporation Social Responsibility，简称CSR）宣言已然成为许多服装企业进行品牌运营和网络推广的宗旨。新生代的时装专业学生似乎也更加愿意选择那些有着行业内最高道德水准和环保意识的公司作为自己事业的起点。

另一些具有社会责任感的设计表现在有一部分设计师非常推崇个人定制服装所蕴含的节俭意义，其中因个性特征所引发的服装的独特性也是很受设计师们青睐的。例如，出生于牙买加、目前正在伦敦发展的设计师杰西卡·奥格登（Jessica Ogden）在旧衣改新方面被视为行业的先锋，她擅长使用家居用纺织品（例如窗帘或毛毯）来进行时装创作。在她的眼里，主流时装只是一种商品，而自己设计制作的服装则是可以移动的艺术品，上面承载着过去主人的各种信息。利用再生资源制造和重新利用服装已经成为一种重要的产业动向，通过各种各样的定制服务让布料焕发出崭新的生命力——这总比把它们送进垃圾填埋场和焚烧炉要好得多。

凯特·弗莱彻博士（Dr. Kate Fletcher）在她的《时装和纺织品的可持续发展——设计的历程》（*Substainable Fashion and Textiles:Design Journeys*，Earthscan出版社2008年出版）一书中倡导一种“慢时尚”的生活方式。这一导向意味着人们将关注的目光由过去注重产品数量转而投向了产品的内在品质，时装产品迅速遭到淘汰和更替的状况受到了质疑，同时，将公司、工人和供货商的利益关系进行优先考虑有助于生产出更多品质可靠的服装产品。慢时尚是“慢食运动”（Slow Food Movement）的必然结果，这项运动由意大利人埃曼诺·奥尔米（Carlo Petrini）于1986年发起。作为一项“草根”决议，这个概念被一些小型的供货商和农场主所接受，“慢食物”维护了生物的多样性、供货商权益和不同的文化差异。与此相当，时装工业里面也发生了类似的事情，而参与者绝大多数是中小企业。支持有地方特色的工艺技能，保护手工蕾丝和刺绣这样的传统技艺及手艺知识，鼓励更好地维护纺织技术、修补技艺和原产地生态对于新一代的服装消费者来说也是不可推卸的责任。

经济环境

消费者的购买力取决于人们的整体收入水平。在支付税金和必要的生活支出（如伙食费、房费和交通费用）之后，剩下的就是“可自由支配的收入”。学生的花销终归是有限的，而对于经济独立的家庭、成人和年长者来说，他们要将自己的积蓄用在保险、学业、医疗、家居和娱乐方面，如此一来，花费在服装上面的资金就非常有限和微不足道了——时装业之所以总是将拥有足够储蓄资金的人群作为自己的目标顾客群，原因也正在于此。

经济的动荡和通货膨胀会导致交易方式趋于保守，并且要求服装要能够最大限度地体现其内在价值。的确，时装会因金融形势的波动而受到不小的影响，反映在譬如面料的价格、装饰物的成本以及运用何种切实而有效的运营方法等方面。在经济繁荣时期，人们更愿意在时装上投以巨资并且以此作为炫耀的资本；但是在经济萧条时期，随着流动资金的减少和产品的减产，时装的款式也变少，那些不同寻常的颜色也消失了。失业率的升高和工作岗位的骤减，更进一步地抑制了人们的消费，尤其是在小的奢侈品和时装方面的花费。远东地区、墨西哥、加勒比海地区、东欧和北非地区的廉价劳动力资源威胁着发达国家的服装生产企业，而绝大多数的消费者都认为应当进行自由贸易，因为他们可以从中获得更多的选择和低廉的价格。

海外交易市场对于国内货币价值的冲击是非常可怕的，全球金融环境在进出口业务中扮演着价格“跷跷板”的角色：当货币走向坚挺时，产品的内销会比较乐观，因此零售商总是尝试进口那些更为便宜的外国商品；而当货币市场疲软时，制造商和设计公司就会倾向于出口自己的服装产品。时装买手通常会制订预算，并且，他们会相对集中在一个国家内进行采购。而当贸易越过欧洲的边界时，欧元总是被用来消除汇率的波动，其文书形式也会变得更为复杂，这更容易导致世界范围内的竞争。

拥有一条完美的产品线，或是提供绝无仅有的商品的能力，是出口贸易获取红利的关键。或许，各种供货商提供货品能力的强弱更多地取决于各国间的贸易关系，而非真正的市场需求。在国际商品市场上，原材料和商品可以像现金一样流通交易，譬如澳大利亚的羊毛、中国的丝绸和山羊绒以及美国的棉短纤维等。通常情况下，气候、经济或政治原因都可以导致原材料的短缺，例如，1999年槐蓝属植物（靛蓝染料的来源，多用于斜纹棉或劳动布的染色）歉收，在牛仔服产业内部导致了一场危机：不断地有人失去工作，同时人们也在寻求可以替代靛蓝的染色剂（寻求替代资源促进了人们对于合成纤维和染料的研究）。有时，经济环境中也会有人为制造的一些市场假象。不仅仅是政府机构和税收部门制定法则来控制国家之间的贸易行为和严格把控进口商品的规模，此外还有一批国际监察团体也在规范和见证着这些情况。

多边纺织品贸易协定

瑞士日内瓦的世界贸易组织（WTO）和联合国协商，负责制定管理成员国之间的贸易规则、劳动力标准和解决知识产权的归属问题。对于条约的反响以及时装工业的立法在无形中决定了时装产品的款式、质量、市场价格以及成本高低。“多边纺织品贸易协定”是在1974年由世界贸易组织制定的“关税及贸易总协定”（GATT）的基础上产生的现代商贸协议。差不多有30个成员国同意建立配额制度，以制约在实际贸易中的不平等竞争，例如，限制那些由不发达国家提供的便宜商品的进口数量。这项协定从1995年开始逐步推广，并于2005年1月1日强有力地落幕，世界贸易从此进入另一个更为广阔的天地——当然，这仍然不是一个十分公平的市场。制造和成本领域展开的全球贸易竞赛导致了英国以及欧洲制造业的下滑，正在恶化的贸易逆差也使这些国家和地区更多地依靠进口，而减少了商品的出口量；由于设定了严格的关税、商品税收的法则和“原产地规则”，致使美国从欧盟各国进口当地生产的、拥有一大堆原产地证明的纺织品和成衣商品（例如由土耳其织造羊毛套装面料、由德国生产刺绣、由英国设计并由葡萄牙制造的成衣产品）变得十分困难；此外，还有一些贸易保护壁垒，如由美国、加拿大和墨西哥共同制定的北美自由贸易区（NAFTA）协议，使得在墨西哥、加勒比海地区和一些南美国家生产的服装产品在上述国家中享有商贸优先权。各国用税率、税收和义务来保护本国的商业在国际竞争中不致失利。越没有价格优势的国家，就越强调经营的策略，并把“快速反应”、新技术应用和商业道德作为销售的策略重点。

价格的确重要，它对于时装商品的销售无异于是一台发动机或是一种威慑力——这是一个不容置疑的事实，但是今天许多人并没有意识到以前的人们用于购置衣服的金钱和时间的比例——那时候，无论人们处于什么样的社会阶层，都要为自己下一季的衣橱进行合理的计划和安排，这一步是必不可少的。富人们因为要在大量的社交场合中亮相，出于礼节的原因，需要到裁缝那里寻求合适的礼服；而穷人们则把大量的时间用在自己缝制和修补衣服上。在20世纪后半叶之前，妇女的经济来源几乎完全依靠于男人，因此，当她们开始在工作中担任重要角色后，她们的着装也呈现出一种实用的、统一的风貌。像外套或套装这种比较昂贵的服装会持续多年不变的款式，并且上面也少有时髦的细节处理；套头毛衫也多为手工编织，并且在人们需要前的几个月内就开始编织。但是像披肩这样的装饰品或廉价配饰还是紧跟潮流和流行色趋势的。第二次世界大战后，经济繁荣和机械发明的推进，以及廉价面料和化学染料的诞生，促进了第一次“用毕即弃”时装浪潮的到来，这场运动适用于所有年龄阶段和社会阶层的人们。与一百年前的时装价值相比较，现在的服装消费相对于人民大众的平均收入而言，已经降到了一个相对低的水平上，并且，购物也成了一种休闲放松的活动。在欧洲，服装的平均价值已经低于20年前，今天，“为了追赶潮流”而购买时装，才是最强劲和可以被接受的内在驱动力。在发达国家，人们可以非常频繁地购买时装新品，并且可以在很短的时间内获得它们。

时装符号非常忠实于自己所属的社会阶层。20世纪70年代，具有反叛精神的青少年朋克一族以反抗或借鉴其父母辈的服装符号为荣。

时尚的语言

一项对不同国家的时尚历史、服装和风俗的研究表明，从原始社会到复杂社会，人们都是用衣服和饰物来传递社会和个人信息。就像试图通过观察人们的面部表情来了解别人一样，人们也通过观察一个人的服装做出对他的判断，虽然有时结果可能是不正确的。时尚的语言是一种非口头的信息，它可以和别的语言一样被了解和认识（参见下表）。

历史上有很多服装的种类和样式都具有象征意义，从而使人们对陌生人身份的辨认更加容易。法国评论家罗兰·巴特（Roland Barthes）在他的《时尚系统》（*The Fashion System*，1967年）一书中谈到了服装的标志性语言及服装体现人的社会政治倾向的功能。这种对传递信息的符号及其象征物的研究被称作符号学。

人们购买和穿着衣服的行为可能会有意无意地、或真实或错误地向他人传达出关于自身的印象。人们希望彰显或隐藏的个人特征包括年龄、性取向、身材、体型、经济或婚姻状况、职业、宗教关系、自尊心、态度和社会重要性等。在戏剧和电影中，服装设计师积极地利用服装的象征意义，为人物加载一些衣物饰品，那些物品通常被人们视作暗示某种职业和意见的典型。许多经典装扮就是以这种方式发展而来的。

通过服装来体现穿着者的身份和外观是时装设计师的一项工作。他们必须为那些希望实现梦想的人提供相宜的产品——例如，有人想把自己装扮成一个流行明星或公主。近些年，服装设计师们已经开始向传统信息规则挑战。人种和亚文化群的多样

西方服装传递的传统信息

男性特征	裤子、领带、宽肩、粗糙或厚重织物、户外服装
女性特征	裙子、低领衫、收腰衫、柔软织物
性成熟	紧身衣、透明或闪光织物、高跟鞋
不成熟	没有型的宽松服装、粗布衣服、童趣的印花和图案、明亮的颜色、平底鞋
控制欲	制服、不舒服的织物、过大的肩、黑色、皮革、金属纽扣、大帽子和大饰物
笨重感	不实用的织物和花边、暗淡的颜色、装饰性的鞋子
智慧	眼镜、蓝色或黑色长筒袜、昏暗的颜色、公文包
一致性	单调、连锁店服装、压平的折痕、低调的颜色
反叛	极端的服装和发型、文身、刺青、不被大众接受的鞋子
职业	制服、套装、配戴工具配饰和商用配饰
起源	从城镇、乡村服装或区域性服装中获得启示
财富	黄金首饰和宝石、干净的或新的衣服、完美的搭配、易辨的时尚标签、引人注目的颜色、皮毛、香水
健康	休闲或运动服装及标识、显露身体的剪裁、苗条的身材、训练器材（运动鞋）
上年纪	拘泥于过去的风格

性使传统的着装规则被重新注释，例如将沙丽与开襟羊毛衫搭配，再比如将斜纹软呢夹克与牛仔裤一起穿着。为了将规范和平衡破坏掉，时装设计师们将衣服做得十分宽大、使用撞色、不按照人体轮廓进行设计、模糊性别的差异、使用罕见的织物进行搭配、有意进行拙劣和暴露的装饰……这一切原理都是从服装的符号学中借鉴而来。对于时装历史学家、新闻记者和人类学家而言，学习、解释和增补这一内容是一件十分有趣的事情。

自然随意和人工造作之间的冲突一直伴随着时装的发展。回顾过去，我们会发现不舒适和不方便的服装比比皆是——它们无非只是为了表明地位和名望。

全球背景

时装所处的经济环境已经不再是哪一个地区或国家的内部事务。时装是一项超越了种族和阶层界限的全球性产业和国际语言。跨国服装集团以最低成本和风险来购买原料并将它们送到制造商那里去；制造商不再集中占有大规模的产品生产线，服装的生产与加工被分发到那些劳动力充裕、技能水平和库存成本都相对较低的地区进行，并且，那些地方的法规制度往往要比发达国家少得多。时装业巨头通过收购或出卖商标和产业来完成他们的“投资组合”。各民族的风俗习惯和消费市场陆续地被侵蚀——因为西方国家的时装简直无处不在，几乎没有给其他的国家留下可以继续拓展的空间。从伦敦到里斯本，从旧金山到新加坡，大型跨国公司的

管理部门

法国

巴黎高级时装公会（La Fédération Française de la couture ET du Prêt-à-Porter des Couturiers et des Créateurs de la Mode）由以下三个联合会组成：高级时装协会，高级成衣设计师协会，高级男装协会

英国

英国时装协会(The British Fashion Council)，这一协会主要负责由产业界提供资助的伦敦设计师品牌的发展以及伦敦时装周的举办

美国

美国时装协会(The Council of Fashion Designers of America,简称CFDA）

意大利

意大利国际时装商会(Camera Nazionale della Moda Italiana），负责举办米兰博览会

商标和标志就是时尚风潮的圣像代表。如果人们对一个英国人（高级时装业第一人查尔斯·弗雷德里克·沃斯）到海外开拓市场的非凡举动曾经予以高度赞扬的话，那么，今天我们所看到的却是像Kookai、Zara和Gap这样的法国、西班牙和美国品牌在全球各个国家的主要街道上泛滥。如此一来，对于一个品牌的名称或商标诞生地的“追根溯源”也就成为一件不太可能的事情。有些人将这种来势汹汹的全球一体化趋势以及跨国公司为它们的持股者获取利润的行为视作是一种终结——是产品或制造业在国家间“差异化”的终结，也是独一无二的产品特色的终结。《华尔街日报》的财经和时尚评论家特里·阿金斯（Teri Agins）在他的著作《时尚的终结》(*The End of Fashion*)中指出：

让·巴普蒂斯特·马力特（Jean Baptiste Mallet)的油画《刺绣丘比特像》。刺绣女工和女裁缝一般会寻求贵族的资助。历史上第一位著名的女裁缝是罗斯·贝尔坦（Rose Bertin)，她曾经为法国玛丽·安托瓦内特皇后（Queen Marie Antoinette)和俄国大公夫人（Grand Duchess of Russia)定制过服装。

“当一家公司走向大众平台时，也就意味着时尚的终结——过于紧身的裤型的消亡和为了‘时尚’的利益而设计的时装款式的消亡；还意味着货品的经营(无论是马球衬衫、牛仔服、套头衫还是男子便上衣）会年复一年地进行，这样延绵不断的销售只是为了保证利润的上扬和价格的不断上涨。”

商业关系的复杂化和产品之间的近亲繁殖，使时装设计师能够成长为同时在几个不同品牌间穿梭的“自由撰稿人”，他们能够在不同的价位层次以及不同的地域用现代的手法进行设计创作。无论是设计师、商业买手，还是制造商，都必须做好频繁出行的准备——就像摇滚明星和他们的随行人员一样，设计师要尽可能多地在他们的目标市场中举行产品展示会和开设专卖店。随着空中旅行成本的下降和货运费用的直线下调，购物旅行团的人数在不断增长，对市场的界定也变得越来越困难，因此设计师必须具备快速应对的能力，其中包括了在不同城市间进行考察、参加国际商业博览会、广泛地开展新产品系列的推广活动以及对更多、更远地区展开的商业环境及生产能力的调查。对于进入市场的不同途径以及在顶级时尚城市展开的商业竞争，有一种理解是，问题的关键不仅仅是时装风格款式的变化，而更多的是商业的运作模式。如果对购买状况图表进行观察，此中呈现的消费状况及变化可以帮助设计师避免代价昂贵的错误。设计师应当对设计的价值和全球未来时装发展的趋势报以乐观的态度。

卡拉·布吕尼（Carla Bruni）穿着伊夫·圣·洛朗的左岸系列（Yves Saint Laurent Rive Gauche)服装，这是首个出现的针对大众市场的副品牌。伊夫·圣·洛朗将男装的优雅裁剪借鉴在女装上，强调了肩部的力量感，其著名的设计有名为“吸烟装”的女式无尾礼服和猎装外套。

时装之都

即使互联网使购物变得更加容易，也使得服装的加工生产移师海外成为可能，然而“设计”根源于城市，城市才是80%～85%的时装设计师开展工作的地方，因此，每座城市都拥有自己的“设计特性”，或者可以称之为“性格”。城市不仅是昼夜产生创作灵感的地方，买家和销售人员也更享受它所提供的便利条件和四通八达的物流系统。所有具备一定规模的服装公司都会在主要的大城市里设置旗舰店，同时，在每座城市中都会有一两处时装或服装的办事处。

1946年，高级时装设计师雅克·法思（Jacques Fath）正在调整即将在发布会上展示的晚礼服设计，模特是他的妻子，背景是一名正在辛勤工作的地板打蜡工人。

巴黎

尽管时装王国正在不断地成长和分散，但是，法国首都巴黎却始终保持着自己传统上的统治者地位。许多设计师都将“能够在巴黎有所作为”当成自己的奋斗目标。这种来历要追溯到1858年，从英国人查尔斯·弗雷德里克·沃斯（他通常被认为是第一个高级时装设计师）在巴黎成立第一家时装店开始。当时，巴黎只是欧洲的而并非全世界的文化和艺术中心。沃斯所设计的长袍在当时风靡一时，甚至像维多利亚女王和乌婕妮皇后这样鼎鼎大名的女性都穿着它。为了保护自己的设计不再被人模仿与剽窃，沃斯于1868年成立“巴黎裁缝联合会”。这一团体负责时装的销售和行业规范的制定，随着时间的推移，它发展成为今天的“法国高级时装公会”。

高级时装公会在会员的接纳方面，在其资质和公认度上有着较为严格的标准：成员必须在巴黎拥有一间设计工作室或者一间沙龙（展示空间）；至少雇用20名全职的工作人员；在春季和秋季各举办一次新产品系列的发布会，并且其中75%以上的作品在发布时必须配以化妆、配饰、道具等。

尽管今天的时装工作室和设计室遍布巴黎的各个角落，但是，传统意义上的巴黎时装中心依然是桑提埃地区（Sentier），专门销售高级时装的高端市场则坐落于圣·奥诺雷地区（rue Faubourg Saint-Honore）以及分布在蒙恬大道（Montaigne）两旁。法国的纺织服装业在欧洲共同体的国家中排行第二，拥有3000家公司企业、80000名从业人员和266亿欧元的生产总值。虽然意大利和德国的服装销售量要高于法国，但法国在产品质量和奢侈品生产方面总是高人一筹，单是女士内衣的总产值就高达25亿欧元。近年来，法国的运动服装市场占有率急剧增长，达到了17%，像“迪卡侬集团”(Decathlon)、“体坛风暴”(Go Sport)和“快速连接”(Intersport)都是大的运动服装零售商。

法国的面料产地比利牛斯大区（Midi-Pyrenées）以出产粗纺羊毛闻名，而自从提花织机被发明以来，里昂周边的一些地区则已经成为出产世界上最美丽和最昂贵的丝绸以及装饰花边的集散地。除了那些拥有新技术含量的面料和纤维，法国纺织品的生产在逐年下滑。在最近的十年中，法国的服装生产大幅度地缩减，特别是男式套装和女式精致裁剪的服装（产量缩减了85%），目前，这一类服装绝大多数的生产加工地被转移到突尼斯、摩洛哥和越南等国家，因为这些国家和地区在传统和历史上都与法国有着某些联系；而更高级一些的法国成衣和针织服装的生产加工地则选择在意大利和中国，因为那里的成品质量往往高于法国本土。法国的服装零售市场由特许时装连锁店统治，在过去的12年里，独立旗舰店的规模已经下降了19%；与此同时，邮购和电子商务又占去了服装整体销售份额的8%，并且还有继续上升的趋势；而诸如Zara和H&M这样来自海外的品牌连锁店，则瓜分了法国本土大约12%的零售市场……在向外推广自己的成衣品牌方面，法国的行动是迟缓的，但是近年来也成功地向海外推出了一些二线品牌，例如Morgan和Kookai等。

法国风格

法国时装以简洁的造型轮廓和复杂的裁剪工艺著称，服装总是贴合于人体曲线，并且呈现出某种圆润的特点。传统的注重内在结构和运用衬里的裁剪缝纫方法至今依然大行其道。服装成品上精彩的细节处理和高超的手工技艺，意味着类似“锁扣眼”和“捏扇形皱褶”这样的手工劳作也被视为“法国服装设计”不可或缺的一部分。设计师总是试图运用更加轻薄的西服面料为作品增添一个干脆利落的完成印象。刺绣、蕾丝和珠宝点缀更是历来高级时装的象征物。

法国政府通常给予“针线贸易”以极大的支持，同时，法国的时装设计公司和其相关的支柱产业之间也总是密切合作、共同研发。国有电视台为法国时装提供免费的电视频道，以促进家庭购买和出口贸易。政府甚至为那些在他们的产品系列中运用90%以上本国面料的高级时装设计师们提供津贴补助。这一系列措施使设计师们在巴黎能够更快地实现他们的创作梦想，从而也使巴黎成为名副其实的“国际时尚之都”。许多来自英国、日本和欧洲的设计师都在那里举办发布会，甚至将自己主要的设计工作室和沙龙也移至巴黎。1989年，法国政府投资了700多万法郎在卢浮宫举办了法国时装系列展，其间开放了4个大厅，能够同时容纳4000人观看。

高级时装

高级时装代表了高端消费，占据着最高的市场价位。它建立在富裕阶层和社会名流对于量体裁衣、手工缝制和单件定制的推崇和信赖之上。目前仍具市场活力的

顶图：伊娜·德拉弗拉桑热（Inès de la Fressange）——当年最炙手可热的超级名模在1986年的“金顶针”颁奖礼上经由卡尔·拉格菲尔德的指点穿着了夏奈尔的经典套装。

上图：奥黛丽·赫本（Audrey Hepburn）是一个时代优雅女性的缩影。她所参演的两部电影——《龙凤配》（1954年）和《甜姐儿》（1957年）分别展现了巴黎和纽约的时尚感，她自己也成为设计师纪梵希心中的女神。

约翰·加里亚诺(John Galliano)在为迪奥男装调试样衣。从20世纪90年代开始，高级时装屋开始聘请年轻而有活力的设计师，期望他们能够带来新的顾客群。奢侈品牌变得非常热衷于推广它们的专有图案和徽标。

高级时装品牌有瓦伦蒂诺（Valentino）、范思哲（Versace）、夏奈尔（Chanel）、迪奥（Dior）、拉夸（Lacroix）、纪梵希（Givenchy）、巴尔曼（Balmain）、巴兰夏加(Balenciaga）、朗万（Lanvin）和伊夫·圣·洛朗（Yves Saint-Laurent）等。

从一开始，高级时装设计就是以服务客户为中心、发展速度缓慢的时装产业。自从1947年克里斯汀·迪奥引发“新外观”（New Look）时装革命之后，时装取代了以往“设计师说了算”的传统，迅速地成为展现个性的载体。之后，在整个20世纪60年代，以皮尔·卡丹（Pierre Cardin）、安德烈·库雷热（André Courrèges）、帕科·拉巴纳（Paco Rabanne）为代表的设计师大胆地将高级时装作为一种实验性、艺术性的时装语言进行尝试。由于高级时装的价格实在令人望而却步，因此，这一类的高级时装设计师逐渐失去他们的精品店的生意，例如英国设计师玛丽·奎恩特（Mary Quant），美国设计师如鲁迪·根雷齐（Rudi Gernreich）和拉尔夫·劳伦。

如今，高级时装不再适应于大多数人的生活方式，它所蕴含的创意性也大不如从前。据估测，由于价格的因素，目前全球的高级时装客户仅剩两千人左右，她们中的大部分都是富有而年长的美国人。许多高级时装品牌的背后都有实力强大的财团作后盾，譬如LVMH(Louis Vuitton，Moët Hennessy)集团。这些奢侈品牌的拥有者为了敛取大笔的钱财，通常在不告知大众的情况下就将品牌几易其主，近年来更是不断地出现丑恶的权利斗争和官司纠纷。每季的时装新品发布往往作为富有感染力的广告以带动旗下其他产品（包括化妆品、香水和配饰等）的销售，因此它也是一种扩张品牌影响力的载体和让人们进入奢侈品世界的通行证。当然，关于高级时装是否适于继续生存的论战依然继续，1991年，当时作为伊夫·圣·洛朗品牌首席执行官的皮埃尔·伯格(Pierre Bergé）就曾宣称，高级时装将在10年内消亡。

“高级时装将自行消亡。当代的欧洲高级时装越来越像当代艺术品：自我欣赏、精英主义、破坏力强以及滑稽可笑。”

——科林·麦克道威尔，1994年

高级时装似乎是要衰落了，但是近几年来，大的时装屋都开始聘请年轻一代的设计师，纷纷摆出一种“自救”的架势。“次高级时装”和精品店时装的并行发展，例如Versus（范思哲的副品牌）、Miu Miu（普拉达的副品牌）和YSL Rive Gauche（伊夫·圣·洛朗的副品牌）都得到了较好的投资回报，也增加了这些大品牌的财富。

在巴黎，高级时装的发布会与高级成衣同期举行，但前者一般会选择在后者之后。发布会的门票严格地以请柬的形式发放，因为这些时装的顾客是极少的一部分人，并且其服装制作也不像高级成衣那样有时间和季节上的限制及大规模工业生产的需求。高级时装的制作基本都在裁缝店里进行，部分是因为试装的需要，另外也出于对客人隐私的保护。

高级成衣

顶图：伊夫·圣·洛朗继迪奥设计师后于1962年成立了自己的高级成衣品牌。他是一位具有深远影响力的法国设计师，善于将街头的流行元素转化和提炼成一种更加深刻的表现形式。图中这款优雅而大胆的透视装完成于20世纪60年代，当时的美国*Vogue*杂志甚至由于太过震惊而拒绝将之刊登出来。

上图：斯特凡诺·皮拉蒂（Stefano Pilati）于2007年接过了伊夫·圣·洛朗的衣钵。图中的这款透视装是他向大师致敬的礼物。

高级成衣在更广范围内的为人们提供时装产品，并且以不同价格批发给百货公司和精品店进行销售。目前，这已经成为时装贸易的标本模式。如今，在巴黎高级成衣协会（为保护版权等事宜而注册成立的商贸组织）注册有1200家展览公司和大约43000位买手。每年的四月和九月，在巴黎的凡尔赛会展中心(Porte de Versailles)举办两次成衣系列发布会。

皮尔·卡丹是于1959年举办高级成衣发布的第一位高级时装设计师，而伊夫·圣·洛朗则是开办高级成衣店的第一人，他的独立性质的专卖店“Rive Gauche”坐落在塞纳河左岸的圣戈曼区（Saint-Germain），这家店的诞生极大地影响了后来的设计师。在20世纪80～90年代，许多高级时装设计师纷纷推出了成衣系列作品，比如蒂埃里·穆勒（Thierry Mugler）、克劳德·蒙塔那（Claude Montana）、阿瑟丁·阿莱亚、索尼亚·里基尔（Sonia Rykiel）和马丁·西特伯（Martine Sitbon）等。设计师玛丽丝（Marithé）和弗朗索斯·格鲍德（François Girbaud）还将新技术引入时装，例如运用化学水洗和激光镂刻等方法为牛仔服和休闲装进行后整理。近二十年来，让·保罗·戈蒂耶被视为极富创新意识的年轻设计师，其最新的作品也显示出他对高级时装游刃有余的掌控力。从20世纪80年代开始，日本设计师在巴黎的时装舞台上展示出了自己的力量，品牌国际化对于时尚产业的渗透成为一个不可扭转的事实。后起之秀和巴黎本土的设计师，例如杰罗姆·耶律(Jerome L Huillier)、奥利维尔·泰斯金斯（Olivier Theyskens）、嘉斯帕·尤基韦齐（Gaspard Yurkievich）、吕西安·佩莱特·法恩特（Lucien Pellat-Finet）、卢茨（Lutz）和杰罗姆·德莱弗斯（Jerome Dreyfuss）就曾在法国巴黎时装公会学院（Chambre Syndicale）的组织下，联合举办过一场名为“氛围”（Atmosphere）的发布会。在巴黎时装周期间（实际要持续12天），各商家的买手和媒体记者平均每天要看10场左右的时装秀，他们的“赶场”行动一直从黎明持续到午夜。此外，还有大量的酒会和新闻发布会等待着设计师的出席，因为这些活动有助于其与那些挑剔的重要买家和名流客户建立关系。尽管有官方指定的时间表和场地安排，但是仍然有一些设计师在规定以外的时间和地点举行发布会，尤其是那些前卫和新锐的设计师喜欢另辟蹊径，以此进一步展现他们“超群”的想象力。这些发布会的现场总显得人声嘈杂，但这恰恰也增添了戏剧性的效果。

在巴黎做成衣发布会，各方面的要求都很高，而且，许多设计是高级时装的延续，或是出自名师之手。然而，与高级时装不同的是，巴黎的成衣业几乎要在同一时间与伦敦、米兰和纽约的成衣业对手展开竞争。此外，更低价位的服装和服饰品也会在凡尔赛会展中心展出。今天，许多为高级时装屋工作的设计师也同时拥有自己的成衣品牌。

伦敦

伦敦的服装产业集中在位于大波特兰和大提契菲尔德大街（Great Portland and Great Titchfield）上的牛津街（Oxford Street）北部，然而目前也呈现出越来越分散的趋势，很多年轻的设计师开始把设计室和工作间设立在位于东伦敦（East End）的沟岸和霍斯顿旧工业区（Shoreditch and Hoxton）里。英国纺织业在棉毛和精纺面料方面所具有的特殊历史地位为英国的服装设计师创立了一个良好的开端，但是中欧和远东地区低廉的生产成本和高效率的生产意味着英国的纺织业仍然面临着巨大的威胁，因为那些装备更加完善的厂房，是为连锁店需要的大批量服装生产所用的，而不是为了生产小批量的设计师产品而建造的。与法国和意大利的时装业不同，英国没有形成手工业者“一条龙”的服务或是地方性的小团体。在20世纪80~90年代，英国的服装设计产业一度衰落，经过政府资金抢救，它又重获新生，并且开始出口新潮、质优的时装产品，截止至今，该产业的产值已达到了60亿英镑。

英国风格

从传统意义说，英国的出口服装在针织、风雨衣和户外服装方面占有优势地位，比如Jaeger、雅格狮丹(Aquascutum)和巴宝莉(Burberry）等著名品牌。虽然自由印花图案设计(Liberty Prints)已经举世闻名，但是伦敦人和国外游客仍然喜欢前往世界高级定制西服的圣地——伦敦的萨维利街（Savile Row），去寻找特殊手工缝制的西服套装。

20世纪80年代，戴安娜王妃结婚用的定制礼服，使一批裙装设计师和高级时装设计师的名字被公众熟悉，其中有贝尔维里·沙宣（Bellville Sassoon）、布鲁斯·欧菲德（Bruce Oldfield）、凯瑟琳·沃克（Catherine Walker）和伊曼纽尔（Emanuels）。而贾斯珀·康兰（Jasper Conran）、玛格丽特·霍威尔（Margaret Howell）和斯考特·汉肖尔（Scott Henshall）则成为戴安娜“御用”的传统礼服设计师。

英国的时装界亦是无政府主义者和行为古怪者的乐园。从20世纪60年代的玛丽·奎恩特和比芭到当代的维维安·韦斯特伍德和亚历山大·麦昆，英国的设计师们似乎特别擅长引导年轻人的消费观念以及时尚的方向，世界各国似乎也总是乐于向英国讨教设计理念。“天不怕地不怕”的年轻设计师们把伦敦变成了“极具活力”的时尚中心，并大刀阔斧地摈弃了从20世纪60年代的法国流传过来的精品店形式。从20世纪70年代街头文化中涌现出来的设计师，例如秉承“朋克”(Punk)路线的维维安·韦斯特伍德，“野性女孩”(Buffalo Girls)和“身体地图”(Body Maps）等，都创造出了与电子摇滚乐相得益彰的时装风貌。而像约翰·加里亚诺和亚历山大·麦昆这样的“英式顽童”则成功完成了自我转型，从一名英伦风貌的叛逆青年成长为在海峡对岸执掌高级时装的设计师，他们成熟的设计思维和运用天赋的技巧已经为后来的英国设计师做出了表率。另外，女设计师斯特拉·麦卡特尼（Stella McCartney）也在巴黎确立了自己的地位。如今，有越来越多的英国"概念型"设计师涌现出来，其中有胡塞因·查拉雅（Hussein Chalayan）、雪利·福克斯（Shelley Fox）、杰西卡·奥格登（Jessica Ogden）、特蕾丝坦·韦伯（Tristan Webber）和罗伯特·凯利-威廉姆斯（Robert Carey-Williams）等。具有国际影响力的成衣设计师有妮可·花儿(Nicole Farhi）、里法特·沃兹别克（Rifat Ozbek）、贾斯珀·康兰（Jasper Conran)、贝蒂·杰克逊（Betty Jackson）和克莱门特·里贝罗（Clements Ribeiro）。在男装方面，保罗·史密斯（Paul Smith）已经在国际范围内取得成功，他在英国拥有12家专卖店，在日本更是拥有200家之多。乔·凯斯利·海福德（Joe Casely-Hayford）、奥斯瓦尔德·博阿滕（Oswald Boateng）和查理·艾伦（Charlie Allen)等设计师则给传统的经典服装注入新的活力。而在街头连锁销售市场占有很大份额的Whistles、Jigsaw、Oasis和Warehouse等品牌在大众认可的合理价格范围内奉献了非常优质的服装产品。大众服装零售品牌Marks and Spencer占据连锁销售鳌头达一个世纪之久，曾经一度，它所上缴的税款达到英国服装税收总额的四分之一。目前，零售商店的大集团Arcadia旗下拥有的Top Shop、Burtons Menswear、Dorothy Perkins和Miss Selfridge等品牌已经向Marks and Spencer的霸主地位发起了挑战。

20世纪60年代，崔姬(Twiggy)成为伦敦年轻一代的新偶像——那是一个如同小鹿斑比一般的模特。同时，童装风格的无袖连衣裙、裤套装，束腰短袍以及超短裙配平跟长筒靴都成为时髦的装束。伦敦由此成为世界时尚潮流的发源地。

伦敦时装周是由英国时装委员会组织发起的，其内容包括时装发布会、展览会和英国时装大奖评比。在一些主要合作者的赞助下，伦敦时装周通过举办作品发布会或设计大奖赛，来寻找和激励新一代设计天才。伦敦时装周始创于1983年，以非营利为宗旨，一直都在努力地协助设计师展开他们的业务。英国时装委员会通过院校论坛与英国时装院校保持着密切的联系，由此成为时装工业和时装教育的交流平台。

英国的时装设计师通常蜚声海外，而在本土却不被看好。在世界各地，时装界、广告界、摄影界、杂志界和设计界中的英国人都占据着重要的创作地位，但在英国本土，那些生产商却似乎视创意为无足轻重的东西，而更愿意在销售技巧上不断投入人力和财力。虽然最近几年来，英国政府开始试图纠正这种不平衡的状况，但是由于法国、意大利和美国拥有强大的、政府支持的时装产业基础，因此，仍然有大批英国时装教育背景的人才纷纷流向欧洲和美国。现在，英国政府也开始举办大量的创意类和时装类比赛，以帮助本国人才开创时装事业，"英国新锐设计师大赛"(Fashion Fringe）就是一个很好的例子，其目的就是把有天赋的设计师留在本国。

纽约

服装是美国和纽约的支柱产业，也是占据全美国四分之一强的产业，在2000年一年内，其销售额就达到了2000亿美元。有着数十亿美元产值的服装业拥有7000余家生产企业，是全美国雇用员工最多的产业。同时，它还能够根据本国消费者的不同尺寸和不同销售渠道提供各种琳琅满目、不同价位的服装产品。然而，与西欧的发展一

时尚之都考察指南

拜“全球化”所赐，时尚世界已变得空前统一、谐调，那么怎么才能品味出来自法国、英国或美国的时装特色？如何分辨出比利时或日本时装之不同的裁剪奥妙？应该选择世界的哪座城市开始自己的事业？作为学生的你，一定非常希望有机会出国参观哪怕只是一座时装之都。时装周在主要的时尚城市轮流上演，因此这里存在一个持续性的矛盾，那就是谁是最新一季作品的发布者。此外，主办方、会议地点以及活动安排表也常常显得支离破碎、混乱无序。在这种情况下，互联网似乎是最可靠的信息和日程表的咨询对象。

时装之都是充满魅力和灵感的地方，因此，在时装周期间进行访问考察的收获会更大。画廊和商店都意识到了这一盛事所带来的影响，它们会倾其所有藏品进行展示，并在发布会后承办令人着迷的晚会。如果你是一名求学者，那么在整个旅途中都应该做到“有的放矢”，抓住一切机会和场合进行研究，并且积极地实践自己对于时尚现象的评论技巧。时装学院偶尔会为来访者安排参观工厂和工作室，就像安排参观成衣发布、展览会和活动一样。在这样的时刻，你凭学生证就可以进入这些场所，但不包括一些公众场合，当然有时学生证也可以作为“打折”的凭证。有时，你甚至要冒充为一名“专业人士”。一些主办团体也会在商贸洽谈周的最后几天免费发票给公众。未经许可是不允许进入时装发布会现场的，但是，只要你有毅力并有技巧地排上几天队伍，终究是能够赶上几场发布会的。年轻一点的设计师通常欢迎接受能力强的观众，时装周期间频繁的职位安排和日程表的变化通常会创造一些在后台服务的机会。记住，制作一些自己的简单的商业名片，并把它们散发给你能够接触到的人。还有，别忘了带上速写簿、照相机、电子辞典、通讯录、笔记本以及一张功能齐全的地图。或许你还应该准备一些漂亮时尚的服装和平跟鞋，因为你要大量地行走和不时地等待。不要在发布会现场或者商店内摄影，除非得到了对方的许可。请记住，尽管所有的发布会和展览看上去都像一场充满魔力的娱乐活动，但实际上却是非常严肃认真的商业活动，所以你应当对此报以尊重，并表现出恰当的行为举止。如果你足够幸运，甚至能得到一张发布会后的晚宴入场券。

样，纽约服装业也呈下滑的趋势，这与大洋彼岸的供货商形成了鲜明的对比。纽约的服装业开始于19世纪后期，其创始者主要是那些拥有熟练技术的外来移民，当时他们主要集中在曼哈顿的下东区，随着缝纫机和纸样的发明，原来被视作“艺术的邻居”

的服装产业终于步入工业化进程中。

直到第二次世界大战，美国在政治上有效地与欧洲战事保持绝缘，但其时装业仍受制于法国。美国的服装企业家、杂志记者和插图画家与富翁和追赶潮流的女子一起，纷纷越过太平洋来到法国观看高级时装发布会。由于受服装进出口贸易禁令的影响，美国客户必须支付费用后才被允许观看发布会，或者购买服装样品和它们的纸样，以便回国后进行"照猫画虎"式的模仿。或许出于这种原因，从感觉上说，美国时装业似乎总是缺乏一点原创性。

美国风格

从20世纪30～50年代，美国人对于时装的品味多受到来自巴黎的影响，并发展出了循环良好的邮购、纸样和杂志系统。在美国西海岸，好莱坞文化对于"美式风格"的确立和流行起到了推进作用，进一步打造了某种以瘦高、纤弱的美女形象和优雅的着装风格为标准的审美品味。电影和各种名目的颁奖典礼仍然是流行信息发布的重要渠道。

在第二次世界大战期间，与巴黎联系的中断意味着美国时装产业需要开拓一个新的出路——依赖本国创意力量的时候到了！此时，许多富有才华的欧洲设计师、裁缝和制造商到美国避难，他们经常受雇于高端时装市场，特别是在纽约和好莱坞。在更广泛的市场内，尤其是在女性职业装方面，美国服装业取得的成效最为显著。美国的棉花产业资源以及对职业装和运动服装的大量需求，恰好促使休闲装和"磨损"风格的时装成为美国服装业的强项。此外，美国的机械、纤维和面料开发商以及适用于低价位的、大规模生产的技术都在一定程度上保证了美国在休闲服和运动服占有领先地位。这种全新的着装观念符合了时代发展的需求，使美国服装的"本土化"梦想成真。

战后恢复国际交往后，面对由迪奥先生创建并盛行于巴黎的、以大裙摆和细腰线为代表的"新外观"面貌，美国妇女却感到无所适从。她们更乐于接受变化，愿意接受那些由本土设计师如克莱尔·麦卡德尔（Claire McCardell）、邦尼·卡辛（Bonnie Cashin）等设计师设计的、更具亲和力的、更加容易穿脱的家居服装。20世纪60年代的美国妇女将约翰·F.肯尼迪（John F Kennedy）总统的妻子杰奎琳·肯尼迪（Jacqueline Kennedy）视为美国新时尚风格的代表。在她的推崇下，意识超前的设计师梅因布彻（Mainbocher）和诺曼·诺罗（Norman Norell）脱颖而出，他们的设计风格甚至影响了后来的哈尔斯顿（Halston）、拉尔夫·劳伦、卡尔文·克莱恩、派瑞·艾里斯、利兹·克莱本（Liz Claiborne）和唐娜·卡伦等人。与此同时，男装市场也呈现出崇尚轻松、休闲的趋势。拉尔夫·劳伦设计的"POLO"款式成为经典之作，极受欧洲客户的追捧。

可以这样说，尽管美国的服装市场异常繁荣，但直到20世纪80年代才被欧洲国家完全接受，特别是在晚礼服及特殊场合所用的礼节性服装方面，美国人还是非常缺乏信心与他们的欧洲伙伴抗

很少有设计师能够像扎克·珀森（Zac Posen）那样在短时间内迅速地获得公众的认同。作为一个曼哈顿人，他十分善于在都市女孩们所青睐的苗条身姿和服装的实用性之间找到平衡。如同卡尔文·克莱恩、汤姆·福特、唐娜·卡伦和马克·雅可布等人一样，珀森在21世纪的美国时尚圈里为自己树立了良好的国际形象。

衡。直到2000年，巴黎仍然忽视来自像奥斯卡·德拉伦塔（Oscar de la Renta）、杰弗里·毕恩（Geoffrey Beene）和哈尔斯顿等美国设计师的威胁；可事实上，设计师唐娜·卡伦和卡尔文·克莱恩的时装产品不仅吸引了大批的社会名流并在大众市场有非凡的销售业绩，而且自进入21世纪以来，已经明显地成为现代都市人的日常穿衣首选。马克·雅可布（Marc Jacobs）和理查·泰勒（Richard Tyler）等新一代设计师在此基础上继续将美国精神发扬光大。美国设计师，例如汤姆·福特（Tom Ford）和迈克·柯尔（Michael Kors）被欧洲的高级时装公司或成衣公司聘用，而欧洲设计师赫尔默特·朗（Helmut Lang）、马克斯·阿兹里亚（Max Azria）、凯瑟琳·玛兰蒂诺（Catharine Malandrino）则已经在美国开设了自己的专卖店，并且拥有属于自己的消费群体。美国的运动服装和牛仔装继续在世界服装市场上占据优势地位，盖普（Gap）、埃斯普利特（Esprit）和汤米·哈费格（Tommy Hilfiger）等品牌则于20世纪90年代渗透到欧洲的休闲装和街头服装市场；而像耐克（Nike）和天木蓝（Timberland）等品牌的鞋子更是成为都市人的“必需品”。在欧洲知名度尚不算高的设计师帕特丽夏·菲尔德（Patricia Field）、诺尔玛·卡玛莉（Norma Kamali）、贝斯蒂·约翰逊（Betsy Johnson）、安娜·苏、扎克·珀森（Zac Posen）和杰瑞米·斯科特（Jeremy Scott）等人将自己的时装风格定位于年轻、追赶潮流和带有摇滚风格方面；而以Christ、AsFour和Carlos Miele等为代表的激进风格时装品牌开始在T型台上亮相。购物中心和中心商场被Target、The Limited、J.Crew、Gap及其姊妹品牌Old Navy和Banana Republic等品牌所控制；而沃尔玛（Wal-Mart）、TJMaxx和Daffys则是实惠的折扣店中的佼佼者。

纽约的时尚工业中心依然集中在很小的一片区域里。制造商的工作室和展厅主要分布在第27街到第42街之间的百老汇大道（Broadway）和从第17大道到第19大道的街区里面，而第17大道又被戏称为“时尚大道”。第17大道的550号独栋建筑里，许多声名显赫的时装品牌公司都集中于此，甚至是集中在同一楼层内。有一位时装设计师告诉我，她在此占有一间办公室，但是承接的却是三家公司的设计业务。如此接近的业务性质究竟导致的是紧密关系，还是闲言碎语？如今在纽约，成本越高的服装就意味着越少的生产量，也就意味着它们更多地是通过小批量特殊定制的渠道进行销售。在洛杉矶、芝加哥和美国南部、中南部也有比较大型的服装生产基地，这些地区的土地使用费和原料成本比在纽约便宜得多。美国服装业将大量的产品发往墨西哥、南美、菲律宾、韩国、中国台湾、印度、印度尼西亚和中国大陆进行加工制造。

纽约服装业的官方组织是美国设计师协会（CFDA），这是一家由250名知名服装/配饰设计师组成的非营利性的组织。它成立于1962年，由比尔·布拉斯(Bill Blass)、诺曼·诺罗、鲁迪·根雷齐（Rudi Gernreich）和阿诺德·斯凯西(Arnold Scaasi）等一批时尚界的资深人士发起创建的。会员仅限于那些至少连续三年在美国主流消费市场占有重要地位的、实力相当的时装公司的设计师。CFDA每年举办时装节，以此来奖励那些在女装、男装、配饰、出版、零售、摄影和娱乐等行业成绩斐然的人物，例如，派瑞·艾里斯就曾获“杰出才华奖”。CFDA/Vogue基金还为那些富有创意的在校学生和正处于事业起步阶段的年轻设计师提供资助，以帮助他们开拓事业、获取奖学金和发表专业研究成果。

针对不同的消费市场，CFDA设置了五个“时装推广周”活动，而不是通常的一年两次的时装周。主要的商业活动分别为：国际精品时装展示(The International

Boutique Show)、主要流行趋势(Premier Collections)、创意展示(Styleworks)、戏剧礼服类展示(Intermezzo)和纽约时装周（Seventh on Sixth）；男装方面则有：高级男装展示(The Exclusive)、欧洲风(Eurostyle)和时尚海岸(Mode Coast)。虽然设计师们很乐于在T型台上展示他们的作品，也很愿意出席名流云集的晚会，但是，这之前在第17大道的展厅里所举行的“样衣”订货会和商业销售活动才是让设计师最为紧张和关注的。在时装周的尾声，“后发制人”的推广活动就是让销售人员带着服装样品奔赴各地进行推销——这恐怕也算是美国服装行业的一大特色了。

米兰

在第二次世界大战中，意大利的服装业同样遭受了惨重的打击（其程度甚至比法国还要严重），其后，意大利政府花费了多年的时间，并且在美国的财政资助下才使之得以恢复。幸运的是，意大利悠久而精湛的手工业历史使其时装工业迅速地攀升到一个有利的位置。继食品业之后，服装是意大利的第二大产业，意大利也是世界上最大的纺织品和服装出口国，并且在鞋类、皮革制品和针织服装方面占有主导地位，其出产的男西服套装更是全球公认的优质产品。尽管制造商遍布于意大利全境，米兰却始终被认为是时尚的中心，因为其周边有丝绸印花中心科莫湖（Como）和羊毛制品的货源地皮埃蒙特（Piedmont），那里出产的富有创意的意大利面料被全世界的时装设计师所追捧。针织服装则以佛罗伦萨、普拉托（Prato）和博洛尼亚（Bologna）为主要出产地。米兰同样是时装杂志的出版中心，很多模特经纪公司的总部设在那里。意大利政府将财政收入的相当一部分投入到服装产业中，同时也严格地控制服装的质量标准。与其他国家相比，意大利的中型服装企业数量要少得多。

意大利风格

世人皆知，意大利时装细腻的色彩搭配和面料运用甚至超过了法国时装，他们出产的毛织物更厚，也更加柔软。晚装设计师偏爱使用运动面料和手感极佳的面料。设计师乔治·阿玛尼（Giorgio Armani）在“无线条、无结构”设计方面颇有建树，无论是设计男装还是女装，他都能够营造出一种既舒适又典雅的风格。这样的风格颇受美国人的推崇，价格稍低一些的阿玛尼副牌产品在美国销售得很好。意大利在奢侈品方面的著名品牌有：阿玛尼、范思哲、毕伯劳斯（Byblos）、詹弗兰科·费雷（Gianfranco Ferre）、芬迪（Fendi）、多尔切和加巴那（Dolce & Gabbana)、米索尼(Missoni），而负有盛名的传统经典品牌璞琪（Pucci）、古琦（Gucci）、普拉达、萨尔瓦托·菲拉格慕(Salvatore Ferragamo)等则在近年来焕发出新的生机，成为全球服饰品和时装的领潮者。时装设计品牌Stone Island、Blumarine、Sisley、Emporio Armani和Max Mara等不仅有高品质的保证，而且还常常在服装的接缝和细节之处推陈出新。像贝纳通这样的大众流行品牌，则保证在低价位的基础上，给消费者提供充足的色彩和选择。

米兰的时装博览会叫“Milanovedemoda”，从前在城市郊区著名的米兰德露天剧场（Fiera di Milano）举行。后来，意大利政府性质的时装专业组织“意大利国际时装商会”（The Camera Nationale della Moda）投资了4亿欧元在加里波第区（Garibaldi）建造了一处新会馆，名叫“那波里时装城”（Città della Moda e del Design-Fashion City）。这个建筑包括了展览厅、表演中心和一个陈列着从20世纪50年代至今由意大利设计制造的“革命性”时装的博物馆；此外，还有一所专门教授时

顶图：意大利设计师詹尼·范思哲（Gianni Versace）在1997年被谋杀前和其妹多娜泰拉（Donatella）在一起。意大利风格具有由多种材质和制造工艺混合形成的迷人效果，有时显得精致巧妙，但更多呈现的是多彩、性感和浮华。

上图：多娜泰拉·范思哲继承了其兄所打造的范思哲品牌并仍然将其维持在一个高曝光度的运营模式下。为此，除了组建新的设计师团队以外，她还邀请了像阿格妮丝·迪恩（Agyness Deyn）这样的超模前来助阵。

装课程的大学。在米兰，时尚是一条产业链，和其他时装之都相比，这里的前卫时装和街头时装比较少见。但是，意大利人高度欣赏英国人和日本人的原创精神，因此，他们的设计工作室雇用了大批来自这两国的年轻设计师。

东京

20世纪80年代，日本设计师似乎是忽然间集体亮相于国际时装舞台。他们所带来的时装观念是具革命性的，推崇的是一种完全不同于以往审美观点的创作立场。他们的时装是个性强烈、不容妥协和前卫激进的，其共同之处是：宽松、冗长和具有雕塑感的外形；与人体之间似乎缺少对应联系；善用暗色调和粗糙的边缘线条，甚至有时整个系列都采用黑色；细节上的裂口和破洞充满了怀旧的色彩，令人联想起穷苦的“朋克”一族和其独特的着装风格，但与此效果对比鲜明的是，这些服装所用的面料却是高科技的成果，其作品极具创意精神。一些时装评论家甚至把三宅一生、川久保玲（品牌为Comme des Garçons)以及山本耀司设计的时装称为“丑陋的乞丐装”；而另一些人则十分推崇这种风格，将它们视为“可穿着的艺术品”和“传播智慧与观念的载体”。尽管这样的风格很难打入美国市场，但却获得了一大批忠心耿耿的追随者，持续地影响着后来的年轻设计师，尤其是比利时学派。日本设计师的贡献在于打破了西方服装的陈规旧律和裁剪的惯例传统，给时装融入了充满东方哲学的设计风格与不断突破创新的剪裁技巧。如果他们的奇思妙想还不能够被人们接受，他们就会采用更加柔和的色彩或是较为中庸的办法来迎合欧洲的时装市场，例如三宅一生的“褶皱系列”(Pleats Please）就将人体衬托得很美。人们对于日本设计师的评价很高，往往把他们的作品归入“高级时装”系列而使之亮相于今天的巴黎时装周。日本设计师也在巴黎雇用职员，设立展示厅和开设专卖店（否则，员工每一季都从遥远的东京赶到巴黎，将会使整个周期变得冗长、繁琐），尽管如此，他们还是认为东京是世界上第五大时装之都。近年来，日元汇率的不稳定使日本的时装产业感受到了来自金融的压力。在日本，许多大型时装公司认为，与其进口西方时装，还不如资助本国前卫时装的发展和发掘新的生活方式，并在全世界范围内积极地寻求与品牌代理商和加盟商的合作。

其他时装中心城市

尽管欧洲和美国的许多大城市都举办时装周活动，但是这些地方，例如东京，却不是新闻媒体和百货公司买手最集中的地方。在过去的10年里，安・迪穆拉米斯特（Ann Demeulemeester）、马丁・马吉拉（Martin Margiela）、德赖斯・范诺顿（Dries Van Noten）、沃特・凡・贝兰顿克（Walter Van Beirendonck）和德里克・比坎伯格斯（Dirk Bikkembergs）等一批比利时设计师开创了一种前卫大胆、不容妥协的现代时装风格。他们集体在伦敦举办第一场发布会时，观众的认可十分勉强；然而当他们再次在巴黎的时装舞台上亮相时，却让人联想到了当年日本设计力量异军突起时的情景。比利时设计师同样以其纯粹的、概念化的和后现代主义的作品震惊世界，并且与日本设计师一样，他们也偏爱黑色。他们从此将安特卫普这座城市放进了时装世界的地图里，并激励着后来的比利时设计师，例如乔斯夫・斯米斯特（Josephus Thimister）、奥莉薇·西斯肯（Olivier Theyskens）、伯纳德・威尔海姆（Bernard Wilhelm）、维罗尼可·伯兰昆诺（Veronique Branquino）和利夫・凡・古伯（Lieve Van Gorp）等。

顶图：流行于东京原宿街头的时装风格使人呈现出犹如玩偶般的“可爱”模样。典型的“哥特式洛丽塔”装扮就是一身缩短了的黑色维多利亚风格衣裙搭配上带有饰边的围裙和帽子，并且穿着粗短的厚底鞋或是带搭扣的低跟鞋。

上图：日本设计师在巴黎集体亮相是在20世纪80年代。尽管山本耀司（Yohji Yamamoto）和川久保玲（Rei Kawakubo）作品中那些错综复杂的黑色几何轮廓让欧洲人为之一震，并且也培养了一批以观念创新和高艺术水准为目标的追随者，但是他们的设计在美国却未获得认可。在那里，高田贤三（Kenzo）的彩色印花与三宅一生（Issey Miyake）的“褶皱系列”似乎更加受到青睐。

同样的，在西班牙也有大量蜚声国际的时装公司，它们大多集中在巴塞罗那地区。如同建筑师安东尼·高蒂（Antoni Gaudí）带给这座城市的感觉一样，这里的时装风格也是有趣而严肃的，同时也是多色彩和线条清晰的。实际上，每两年举办一次的巴塞罗那时装博览会被称作“高迪女装展”(Gaudí Mujer)。著名的西班牙时装品牌有Tony Miro、Adolfo Dominguez、Loewe、Josep Font、Victorio & Lucchino和年轻人的休闲品牌Custo Barcelona。

在德国，杜塞尔多夫被称为“德国的时装之都”。在这里举办各种不同种类的重

本哈德·威荷姆（Bernhard Willhelm）是一位有着欧洲审美趣味的天赋禀异的德国设计师，他对于男装和女装的设计都十分擅长。属于本哈德的那些异乎寻常的设计符号包括：夸张的廓型、爆炸性的印花图案和家庭手工式的传统技艺。

全球时装商业范例

皮尔·卡丹(Pierre Cardin)授权的制造商遍布90多个国家。

贝纳通(Benetton)在100多个国家里拥有7000余家专卖店，但是在其“不一致的广告战略”导致利润下滑以后，它关闭了位于美国境内的上百个店铺。

2000年的秋天，瑞典零售品牌Hennes & Mauritz在纽约开张当日，店中全部货品便宣告售罄。它计划在2005年前开设100多家分店。

英国设计师约翰·加里亚诺执掌巴黎时装品牌迪奥（Dior）。亚历山大·麦昆先为意大利品牌Romeo Gigli和日本品牌Koji Tatsuno工作，其后又服务于法国纪梵希香水，直到意大利古琦（Gucci）品牌资助他发展以自己名字命名的品牌。斯特拉·麦卡特尼、伊夫·圣·洛朗、古琦以及由美国设计师迈克·柯尔执掌的瑟琳（Céline）都属于法国奢侈品巨头LVMH集团旗下的品牌。

意大利制造商Gruppo GFT(部分归属于Gruppo Tessile Miroglio SpA)在欧洲、北非和埃及也设有生产分支机构，这些地方也为拉尔夫·劳伦、卡尔文·克莱恩和迪奥品牌进行加工生产。

美国零售业巨头沃尔玛已经渗透进欧洲市场，并且收购了英国零售品牌Asda。

日本公司Takihyo(也是Anne Klein品牌的拥有者)为唐娜·卡伦发展自己的品牌提供资金援助，英国品牌雅格狮丹（Aquascutum）目前已被日本公司Renown持有。日本针织衫公司Onward Kashiyama是Luciano Soprani（意大利）、卡尔文·克莱恩（美国）、让·保罗·戈蒂耶（法国）和保罗·史密斯（英国）等品牌在日本的代理商。

联合利华(Unilever)是一家由荷兰和英国联手打造的跨国公司，持有卡尔文·克莱恩、卡尔·拉格菲尔德(Karl Lagerfeld)和克洛伊(Chloé)的香水业务。

美国的美发业巨头维达·沙宣(Vidal Sassoon)是20世纪60年代为玛丽·奎恩特设计模特发型后迅速发展壮大的企业，它已经连续资助伦敦时装周10周年了。

要纺织商贸会，同时它也是国际著名时装品牌胡戈·波士(Hugo Boss)、吉尔·桑德（Jil Sander）和赫尔默特·朗（Helmut Lang）的故乡。

长久以来，被视为远东地区制造中心的中国的香港和台湾也将设计提升到一个非常重要的地位，并且设立了属于自己的时装周，它们主宰着太平洋地区的时装产业。1998年的亚洲金融风暴之后，中国内地的经济开始复苏，并且增长迅猛，广泛需求西方的时装品牌。澳大利亚也急于从过去“流行的追随者”形象中摆脱出来，在本国强大的羊毛产业的支持下，目前也足以开办属于自己的时装周。至于时尚地图上未曾显现非洲、南美洲和东欧地区，那里的时装产业还无从谈起。尽管如此，时装世界终将会变成多民族和多语言的，向巴黎致敬的日子指日可待。

时效性和适时性

在影响时装工作的所有因素中，有一个最强大的因素，那就是“时效性”。对于时装设计师来说，自己的时装产品与其他产品关键的不同就在于其市场寿命。时装的“过时性”是客观存在的，人们需要在不同季节、特定场合甚至一天内不同时间里穿上合适的服装。即使许多早先规定的对工作和特定场合的服装礼节规矩被废除，大多数人依然愿意在六月举行婚礼、在八月享受年休假、在十二月参加聚会。此外，服装在穿着时经常容易撕扯损坏，因此需要清洗和更换。人们更换服装既是出于实际的需要，也是出于社交的要求。服装只能被洗涤和修补一定的次数，对破旧服装的忍受程度取决于人的年龄和地位。服装商业正是利用了服装的“过时性”来经营，比如在春、秋季人们习惯性地希望更新衣橱，或至少更新一部分。

为了在有需求的时候能提供相应的服装，使簿记和库存记录更有效率，商店传统上一年预算两季，即春夏季和秋冬季。每季之后跟随着一个用来清理库存和补偿财政费用的销售期，以抵消下一季支付给供应商的费用。处于市场高潮的设计师们会在一月和八月向商店和精品店交付新的产品系列。为了十二月份的冬季聚会期，十一月还要有一个晚礼服的交付。时装业就根据这样的模式确定日程表（参见第64页）。

无论如何，在一个越来越复杂的社会中，再也不会有一个真正的“时装年”。当大多数新潮行业遵守传统日程表时，那些不卖系列服装而是出售服装单品或搭配服装的连锁店，以每6～8周一次的速度从工厂和具有“自有商标”(Private-label)的供货商处取得新的产品，并进行更加紧凑的周转。同时，像冬装和泳装这样的类型每年都在重复，其周转时期也相互重叠。许多公司，例如阿玛尼和盖普，都在年复一年地重复着那些流行款式。事实上，每一家时装公司都有自己的时装周期(Fashion Cycle)，都对其领域、销售、生产和交付的日程表按计划来平衡季节需求和设计流行度的盈亏。这种时装周期是一个织物和时装贸易轮回的复杂链条（参见第二章及第四章）。

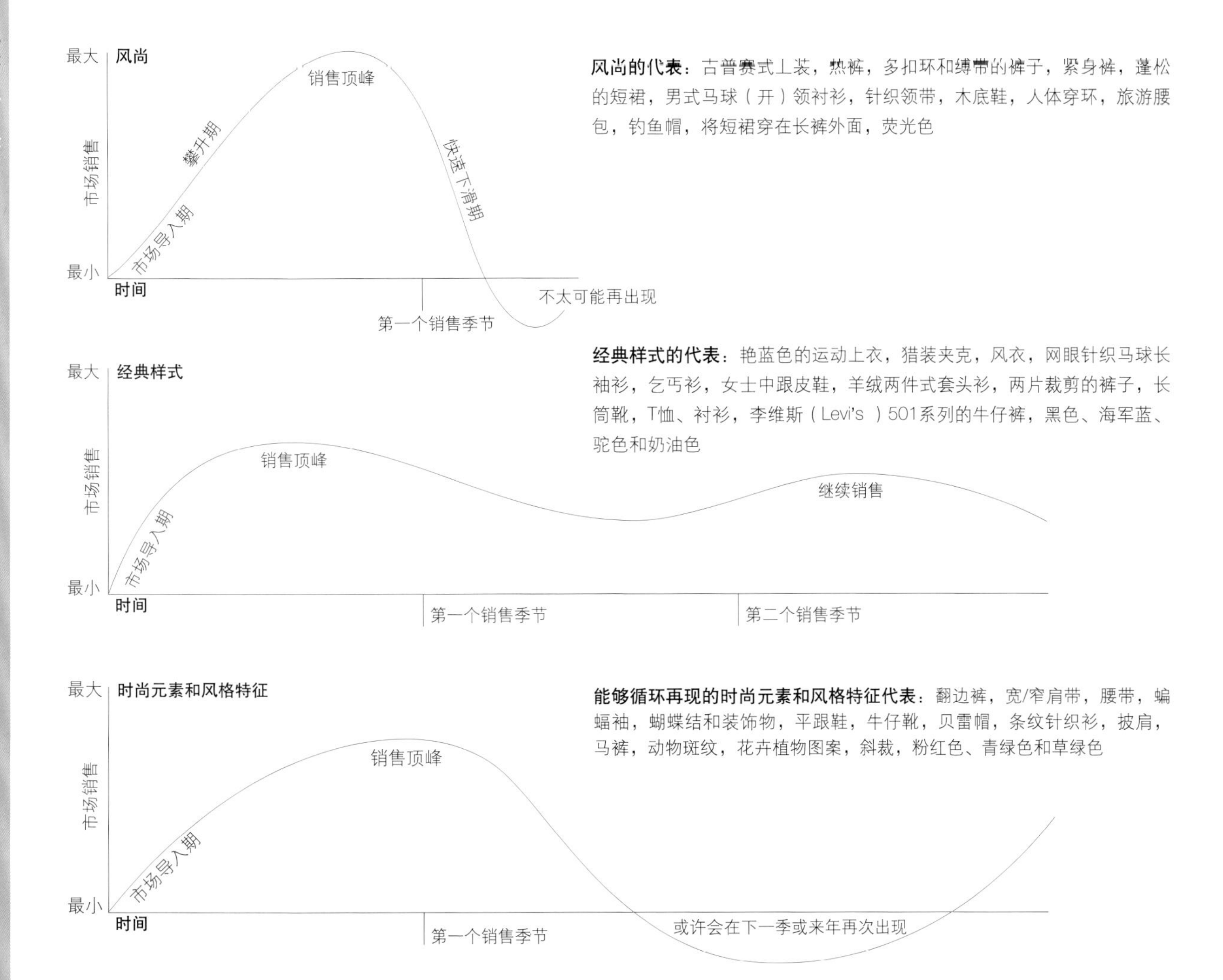

时装发布会日程安排

时装是一项巨大的商业运作，因此，按时发布新款和按比例分配货品对于成功的销售至关重要。四个主要的时装设计中心——巴黎、伦敦、米兰和纽约，都以各自的优势抢夺着顾客的注意力和国际时装秀之间的空档期。

传统上，从时间上说，一年举办两次的成衣时装秀，依次从伦敦到米兰、巴黎，最后到纽约，历时超过四周。春夏季产品发布会的时间通常在九月的第二周开始，这个时间是在商店已接受了上年三月所展示的秋冬季产品之后。为了使整个发布会更有层次，男装发布大致定在此之前8周进行。无论如何，当代许多设计师，例如保罗·史密斯、山本耀司、赫尔默特·朗，都同时在制作男装和女装，并因此使他们的发布会更加谐调完整。此外，由于这种时间日程是以时尚起源于欧洲为前提设立的，因

年度时尚活动

在纺织品及时装工业的贸易循环当中，年度时尚活动成为一个联结季节性需求和零售需求的综合体（参见第二章及第四章）。时装发布会、贸易博览会和产品的季节性循环都一度围绕着“时装展示时间表”来展开。目前，高端的时装品牌和时装设计师仍然遵循着这一规则行事，但是另一方面，那些街头流行的大众品牌和零售商店又发展出了属于自己的时间表。

时装展示时间表

月份	活动	设计师日程表
一月	**米兰**：秋冬男装发布会 **巴黎**：春夏女装发布会、秋冬男装发布会	保证在一月底之前将本年的第一批春夏季产品在市场上出售；确定本年度秋冬季样衣的品种；进行商业谈判
二月	**纽约**：秋冬男装发布会 **马德里**：秋冬男、女装发布会 **佛罗伦萨**：意大利国际流行纱线展（Pitti Filati） **巴黎**：面料博览会（Première Vision Fabric Show） **法兰克福**：面料展（Interstoff Fabric Show）	为春夏系列产品挑选面料，同时开始制板；以本年度秋冬的设计方案向顾客征求意见，并进行修改和调整
三月	**米兰**：女装设计师品牌发布会暨秋冬季高级成衣展（Moda Pronta） **伦敦**：女装设计师品牌发布会暨秋冬季高级成衣展（Ready-to-wear） **巴黎**：女装设计师品牌发布会暨秋冬季高级成衣展（Prêt-à-porter） **纽约**：秋季第一次女装发布周	完成本年度春夏最后的订单，并开始接收秋冬季的订单；积极地与买手、媒体专家联系，同时仔细研究销售反馈
四月		为来年的春夏季系列产品制作第一批样衣
五月	**年度中期发布会**——针对中级市场的快速发布 **纽约**：秋季第二次女装发布周	为来年的春夏季系列产品制作样衣，准备本年度的秋冬季上市产品
六月	**伦敦**：学生时装毕业秀；学生作品专场；时装公司招聘新的人员	为来年的春夏季系列产品制作样衣，准备本年度的秋冬季上市产品
七月	**米兰**：春夏男装发布会 **巴黎**：秋冬高级（女）时装发布会 **巴黎**：春夏男装发布会 **佛罗伦萨**：意大利国际针织纱线展(Pitti Filati Yarn Show for Knitwear)	确定来年的春夏季系列产品的样衣品种，准备本年度的秋冬季上市产品
八月	**纽约**：春夏男装发布会 **欧洲**：生产商休假一个月	准备本年的秋冬季上市产品，为来年的春夏产品进行商业谈判
九月	**米兰**：春夏女装发布会 **马德里**：男、女装春夏发布会 **巴黎**：面料博览会（Premiòre Vision Fabric Show）、女装春夏发布会	将本年的秋冬季产品投放市场进行销售；为来年的秋冬产品选择面料，并且开始设计款式；以下一季的春夏设计方案向顾客征求意见，并进行修改和调整
十月	**伦敦**：春夏女装发布会 **纽约**：春夏女装市场推广会 **季节中期发布会**——针对中级市场的快速发布	完成本年度秋冬季最后的订单，并开始接收来年春夏季的订单；积极地与买手、媒体、专家联系，同时仔细地研究销售反馈；准备下一季春夏的上市产品
十一月		向商店提供节日服装和晚宴装；设计来年秋冬季的产品，准备来年的春夏季上市产品
十二月	**巴黎**：新色彩及纱线博览会	向商店提供户外运动服装和度假休闲装；设计来年秋冬季的产品，准备来年的春夏上市产品

此，美国的时装家族和顾客正在对这种现状发起挑战。

时装周期间，设计师要为发布会承担极其巨大的时间和空间上的压力。第一个举行发布会的设计师，他的产品会第一个被预订，他因此就可以占有最早向商店交付产品的优势。为了在一年中举办两个或更多的发布会，为了赶上发布会的最后期限，时装设计师们必须高速地拼命工作。设计作品必须在色彩和构成上与前季产品有相当大的不同，而且还必须与之保持一定的连续性。对设计上的新想法和趋势要大作宣传，以吸引消费者和新闻媒体。

另外，天桥秀已逐渐成为一种大众可以接受的娱乐方式。比如说伦敦时装周，为了让那些能买到票的普通大众也能观看到最精彩的节目表演而延伸了它的日程安排。

并非所有的时装发布会都是针对高端市场展开的。有很多的商业发布会——例如图中“面包与黄油”（Bread and Butter）在柏林举行的新产品推荐会就是为了迎合休闲装和中端市场的需求而举办的，同时也兼有向市场推出新人的意图。

“当设计师们的产品刚刚在时装精品屋里流行时，高街品牌就已经在那里看着做了。”

——CMT制造商　蒂姆·威廉姆斯（Tim Williams）

文化背景

对于设计师来说，在一定的时间周期内，规划产品的设计和展示，并不是用变魔术的方法或者依靠纯粹的直觉，而是一项需要依靠良好的研究、计划、实验来捕捉灵感和把握文化潮流的工作。

当前的时尚关乎哪些内容

今天，信息技术的持续发展使人们对于世界各地不断涌现的理念和图像产生目不暇接的感觉。轮廓和裁剪的多样性，使追踪一款服装来源的工作变得困难重重，因为它们通常是在不同地区内共同存在的。获取和接受时尚信息的渠道有多种，杂志和电视时装频道可以发布大量的时尚概念和样式，而且还有更加潜在的，然而却更有力的影响，例如，大众可以从中看到电视明星所穿的时装以及在朋友和同事之间口头相传的（包括网络聊天）时装。乐队及名人的着装风格能够成为某些群体文化的一部分，而后者可以与时装的原创者没有任何关系。进入21世纪以来，时装不再以模仿富贵人群的穿着打扮为重点（在此之前，这似乎是历来的规矩），也无关乎T型台上的最新发布和上一个世纪的款式复制，实际上，活跃的文化交融似乎才是形成消费者需求和欲望的真正原因。女性解放和独立以及青少年所崇尚的“街头文化”（例如Hip Hop），才是本世纪时尚变化的焦点。随着消费市场日趋多元化，以经济收入为标准划分的“时尚圈”也日趋增多，这意味着大量不同风格的服装在同一时间内被人们接受，并且穿着在不同场合。总之，个人在穿着上更具有创造性了。

信息资源的纷杂和国际交融使时尚预测或时尚族群分类变得困难起来。流行预测机构会按照不同的范畴对流行给予不同的命名，如“淑女风格”、“丁克一族”、“银色表面”或是“中间派”等。这是人们塑造“自我形象”的方式。人们会依据各自的生活方式和个性特点，不同程度地汲取流行元素，例如，有些人是时尚的先锋派，有些人是时尚的迟缓派（恰恰是他们传播了时尚），还有一些人则干脆对时尚毫无感觉。正如马尔科姆·格拉德威尔(Malcolm Gladwell)在他的著作《引爆流行》(*The Tipping Point*)中描述了奇装异服之风“为何”并且“如何”通过社会接触逐渐进入社会主流的。

传统的流行预测方法和提前准备下一季时装发布的做法已经不再行之有效，许多时装评论家对过多的流行预测提出了批评，他们认为这只能促进形成一个缺乏活力的、统一性的市场。对于T型台上的那些新颖的款式和极端的造型，人们是否仍能够报以惊艳的态度也变得不得而知。许多设计师感到，这样的作品发布方式被赋予了太高的期望值，这令他们十分担心自己会让观众感到失望。据说，这些T台服装通常会沦落到街边店里出售或者在商场里被降级为打折品。然而，事实上极少有这样的现象发生，更多的情况是，设计师们锐意进取，努力地攫取媒体关注的目光，向现状发起挑战，创造令人惊奇的形象。即使是最著名的时装设计师，也会修改和完善时装系列作品中的线条、色彩和创意点，以确保产品能够更加贴合市场需求。有些设计师会为自己的拥趸者保留一部分风格激进的作品。时尚传媒和预测机构只是对设计师的理念进行诠释、验证和传播，最终还是由消费者定夺什么是自己真正需要的。

时尚预测

时尚预测机构的市场调查专家和分析师通过收取一定的费用，为时装生产厂家提供金融服务和专业分析报告，其预测结果是经过深入的统计方法获得的，预测范围包括织物、色彩、细节和特征的相对流行度。一些公司会雇用一些特别的人员，这些人善于提前辨认潮流并预测与其相适应的产品，他们被称之为“潮流追踪者”（Trend-chasers）或是“猎酷者”(Cool-hunters)。许多预测公司在拿出对下一季潮流的预测和建议的同时，还要加入新兴风格的样本和规范。最大的潮流预测公司所雇用的时装设计师往往比大多数服装公司的设计师人数还多。

时装的“细流效应”

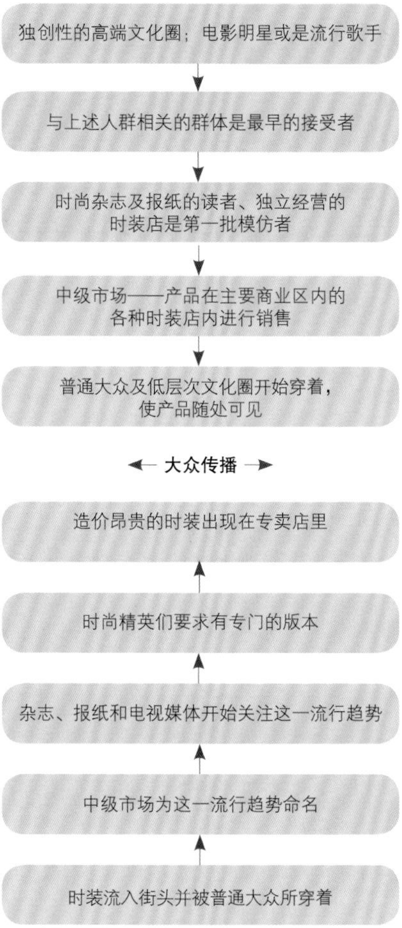

独创性的高端文化圈；电影明星或是流行歌手

↓

与上述人群相关的群体是最早的接受者

↓

时尚杂志及报纸的读者、独立经营的时装店是第一批模仿者

↓

中级市场——产品在主要商业区内的各种时装店内进行销售

↓

普通大众及低层次文化圈开始穿着，使产品随处可见

← 大众传播 →

造价昂贵的时装出现在专卖店里

↑

时尚精英们要求有专门的版本

↑

杂志、报纸和电视媒体开始关注这一流行趋势

↑

中级市场为这一流行趋势命名

↑

时装流入街头并被普通大众所穿着

时装的“气泡效应”

媒体

现如今，包括杂志、电视和互联网在内的追星的新闻媒体和时尚记者都会报道重大的时尚事件和设计师的发布会情况，而这些曾经是相当秘密的新闻和特邀的事件。那时，信息通过少数被邀请的高级记者泄露出来，有时经过若干个月后才会传播到外界。现在的时装秀则是为了引起媒体的兴趣而举行的表演。

新闻媒介

美国*Vogue*杂志的总编安娜·温托（Anna Wintour）、意大利*Vogue*杂志的总编弗兰卡·索扎尼（Franca Sozzani）、德国*Vogue*杂志的总编多丽丝·威德曼（Doris Wiedemann）、《国际先驱论坛》（*The International Herald Tribune*）的时尚记者苏济·门凯什（Suzy Menkes）都是时尚界著名的人物。像他们这样的编辑在时尚界拥有巨大的权力，并被设计师和模特经纪人疯狂追捧。这些编辑通常会对如何穿着新款式提建议，并给出如何跟随时尚主流的范例。美女、饰物的类型，头发和化妆品都应与季节外观相搭配。

大众通常在主要销售期来临之前就已经洞悉了时尚界的最新潮流和风格。在春季（二月或三月）和秋季（八月或九月）出版的月刊常伴有长篇的时尚点评，并介绍三个月前在巴黎、米兰、伦敦和纽约的国际时装周发布的流行资讯。

时装设计师定期购买关于他们感兴趣的那部分市场的杂志。如果他们的公共关系代理在特色服装的定位上取得了成功，他们会制作宣传卡片并发送给批发商和零售商，以鼓励其进一步提高销售。他们也会寻找竞争对手发给批发商和零售商的清单，旨在为下一季产品提供借鉴参考。

商业出版物

对于设计师来说，商业杂志比“通俗杂志”更有可读性，因为许多在普通新闻中出现的事往往已经过时了。商业杂志的报道覆盖了所有的业界事件和时装展览的信息。在美国，时装产业的日报——《女装日报》（*Women's Wear Daily*）在每个工作日都会深入地报道市场的一个特定部分。除了普通新闻，它同样提供统计性的详细分类、厂商和制造商的清单以及分类的工作环节。

在英国，《衣料记录》（*Drapers Record*）与《女装日报》的性质与内容相似。像《国际纺织》(*International Textiles*）这样的季刊以显著的位置介绍即将出现的织物。《时装发布会》(*Collezione*）、《时髦》(*Modaln*)、《流行趋势》(*Fashiontrend*）、《织物观察》(*Textile View*）、《观点和色彩观察》(*Viewpoint and View Colour*）是介绍时尚新闻、时尚预测和织物发展趋势的精美的全彩杂志。这些出版物中的一部分乃至全部都被保存在图书馆中。

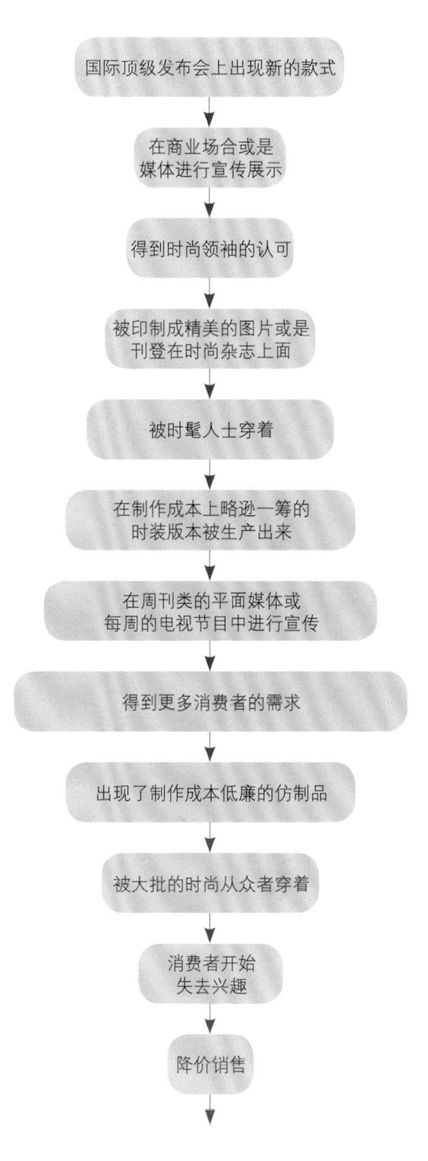

时尚倡导者是不会坐等淘汰的，他们早就已经开始着手下一轮的时尚发布了

互联网

互联网的出现已经令许多濒临险境的服装品牌重获新生，同时也给供货及营销模式带来了全新的挑战（参见第二章）。互联网将时装工业转化成为一个驱动资讯、资源和预测需求的工具，其中既充满了活力，也反复无常，同时这个快节奏的行业已经以自己的方式为设计、生产、营销和物流等产业带来了巨大的变革。

互联网研究

对于时装设计与时装营销专业的学生来说，专业地学习互联网的运用会使自己的学习既省时又省力。互联网会提供丰富的历史、文化和大众流行艺术的研究资料及专业文章，主要有以下几方面：

- 对产品类型和创作风格的研究
- 对商品价格的研究和比较
- 对消费者的研究
- 对市场规模、份额和细分的研究
- 对营销手段的研究
- 对于产品分销和供货链的研究

学生们应该通过网络所提供的这些信息深入地了解什么是品牌经营，流行趋势，面、辅料采购以及如何寻求制造商和如何求职等知识。在后面的第六章里，我们会介绍时装研究和获取创作灵感的常规方法，而今天你所要做的就是首先要学会利用互联网资源。近十年以来，许多专业期刊、商业检测文档、电子商务和学术资源网站以及原来保存在图书馆（尤其是收藏部门和博物馆）里的图片和数据都能够通过互联网获得了；商业报告、政府统计和人口普查数据、来自金融管理部门的消息和市场调查报告也都已经实现在线了。当然，它们并非是全部“免费”开放的，那些拥有独一无二专业资讯和像Mintel、Lexis-Nexis以及WGSN这样的门户网站就不对公众开放，因此你或许要通过大学图书馆的局域网来获取进入的资格。在这里要提醒的一点是，如果你只是将自己的研究局限在网络世界里面，那么效果可能是沉闷而单调的；如果你缺乏足够的警觉，那么研究的成果或许也是不够精确的。网络是一个缺乏规则的地带，对于网上的观点与统计数据要报以审慎的态度，也不要不假思索地引用网络里的图片和资料。保持旁观者式的警觉性和写作风格十分重要，在评价一个网站水准的高低时可以从以下几个方面来衡量：

- 权威性——是谁撰写或出版该网站的文章？作者在其研究领域里的权威性如何？该网站是否提供了可以进一步联络的信息？
- 精确度——在统计学概率上，该网站内容有多少可以被证明是精确、真实和正确的？
- 流通性——该网站内容多久更新一次？这种更新能够持续保持吗？
- 客观性——该网站的目的、立场和倾向性是什么？

• 有效范围——该网站的地址和所讨论的主题是否具有可持续性?

• 价值——该网站内容是否是专业且有益的? 文法的使用是否准确无误? 是否富于洞察力?

“利用图书馆资源并非如我想象那般麻烦。我已经学会运用搜索引擎和自校验码来查找我想要的期刊文章,现在我在家里也可以这么做了。这给我减轻了许多压力,并且让我有足够的信心全情投入学习。通过写作,我挖掘了自己以前未能展现出来的一面。”

——一位大学一年级新生

对时装专业学生有帮助的网络工具:

关键词搜索引擎:Google,Yahoo!,Alta Vista,Bing,Ask

专业网站搜索引擎:Fashion Net,Infomat,VADs,Angel of Fashion,Artcyclopedia,Dabble.com,IMDB

学术网站:Google Scholar,Intute,Athens,Ingenta,Intelliseek,Emerald,Searchedu.com,Infomine,Wikipedia,Project Gutenberg

主题搜索:Clusty,Dogpile

图片搜索工具:Picsearch,Imagery,Sxc.hu,Flickr,Wga.hu,Google images,Pixsy,Cooliris,Oskope,Search Cube,Tin eye

博客和社会新闻类搜索引擎:Technorati,Del.icio.us,Stumble Upon,Digg

商业搜索引擎:Lexis-Nexis

购物及价格比较搜索引擎:Froogle,Kelkoo,MySimon,Pronto,Blue Fly,Shopbop,Glimpse

工具和参考资料外挂:Dropbox,Zotero,Endnote,Refworks

计算机不仅对于设计作品来说是必要的工具,同时,它也是学生用来完成市场动态研究、设计师个体研究和采购原料等作业的基本工具。

资源的引用

初级资源指的是查询网站后所得到的原始资料,包括物品、面料和材料、访谈、调查问卷、事件和观察报道、数据和度量单位的集合。初级查询会为设计工作或是篇即将撰写的文章提供更多的专业引证和特色。例如,当你在某个时尚博客网页上找到一篇文章时,合理的做法是将博客里的文字原封不动地引用到自己的文章中作为开展分析和讨论的初级资源。

中级资源指的是建立在初级资源上的那些评论和分析,这一类的资源或许更加易得。像学术期刊这样的资源非常有助于支撑你的论点及方法,它们可以通过登录图书馆索引或是期刊和研究论文库来获得。

如果你想为自己所援引的参考文章建立一个文献目录,那么你完全可以罗列出一

上图，从左到右：预测部门可以帮助企业随时了解市场的动态变化。对于跨国公司来说，根据不同地区的时尚潮流来决定预算和营销策略就显得尤为重要。潮流预测公司可以从专业的角度对不同细分市场里的色彩、轮廓和面料的变化进行分析。企业及时地获得市场信息反馈，为的就是能够制订合理的成本预算。潮流预测公司会采访一些公司买手和设计师，也会雇用一些时装专业的学生来充当市场潮流侦察员和观测员。

个网站名单。鉴于许多网页上的信息只是被暂时保留，因此关注其首次发表的日期就显得尤为重要，例如“发表于2011年4月6日”。你需要为你的方法论做一些研究和说明工作，并且把你曾经访问过的网站整理成追踪或是文件归类的形式。个人书签和个人收藏可以保存在你家里的电脑上或是一个记忆存储棒里，但是如果你使用的电脑不是你自己的，那么你最好运用Zotero and Zotero这样的文献管理软件，它可以帮助你在任何一台电脑上都找到自己的备注。而社交性书签服务网站del.icio.us让你添加关键字的汇签；Tagging允许你将主题分类成组。你可以在这些网站上建立自己的账户，标注和输入所有你喜爱的内容，这样一来你就可以在任何一个地方登录进去了。

在网上进行调查研究时一定要小心，你要做的并不是简单地将散落在各处的素材重新进行打包，也不仅仅是把搜寻到的那些资料打印出来，你必须将它们进行横向的比较。注意，不要不加声明地就通过全球资源定位符（URL）和数据输入从别人的文章和作品里面借用或引用资料。互联网的世界里存在许多不同的惯例，你所在的大学或许会将像Harvard Referencing System这样专门提供参考图书索引的网站优先放置在校园局域网的前几位，所以你应当仔细阅读你的课程指南手册。EndNote这样的网络工具可以帮助你迅速地获得文献检索成果。

搜索引擎和索引卡片

好的搜索引擎工具可以提高搜索效率，而你自己也最好掌握一些基本的搜索技巧。学术类的搜索引擎往往会在文本或者段落中用加粗的字母突显出来，而娱乐和购物网站的搜索引擎则通常是用图标表示的。通过键入符合最初主题的内容和类似话题的词组就可以提高搜索的速度。你也可以在同一时间内打开多个窗口链接。在对话框里键入拼写正确的单词和数字是非常重要的。需要注意的是，有些搜索引擎的对话框是区分大小写字母的。对于那些在美式英语和英式英语中拼写不同的单词，例如“Jewellery”和“Jewelry”，搜索引擎可以自动地提供替代词语或符号。

图片搜索

图片搜索引擎工具可以帮助你找到相类似的图像资料，或者是拍摄者的姓名和摄影机构的名称。计算机运算法中所设定的颜色和形状识别模块可以对各种各样的纺织品和装饰风格进行归纳和分类。一些流行期刊，例如《国家地理杂志》就是一种很好的索引化了的资源，而Hulton Getty、Corbis和VADS这样专门的图片库网站也收纳了大量的时尚类和社会类图片。另外，像Flichr这样供大众分享图片的网站也蕴含着数目巨大的图片资料，其中的一些还是高品质的画面。你可以通过元标记(Meta tags)、变化率或是Lightbox（灯箱效果，一种程序语言技术，用于显示图像和其他网页内容使用模式对话框——译者注）来搜索你所喜爱的图片，同时还可以加入群组并上传你手中的图片资源。注意，绝大多数的互联网图片都是低分辨率的（低于72dpi），但是你仍然可以从出版单位或是公司下载或是请求下载他们所拥有的高质量的图片资料。

版权和剽窃

尽管你可以从互联网上获取大量的图片资料，但是你不能够擅自对它们进行复制、粘贴、编辑和翻拍。当你使用已经注册了版权的作品时，你需要核查有关的法律声明。游离于版权法规定以外的教育机制允许出于“设置或是完成某一项科目测试”的原因而复制他人的作品，但是像这样的素材资料是不允许被连续不断地印刷出版的。评估你所需要完成的任务，无论是学位论文还是那些版权法规定以外的教育科目，你都不必寻求包括第三方著作权所有者的同意，你尽可以在你的学术论文当中整幅地参考引用。你会发现许多标明“免除专利使用费”的图片其实也仅仅是提供给个人使用的。版权法规定以外的教育机制不适用于音乐和表演类课程，因为它们通常是无法进行复制的。

可以为了你的个人学习从以下渠道获取一份复制资料：

- 期刊和报纸——某一期上的一篇文章
- 书籍著作——一个章节或是至多占全书5%的内容
- 插图和照片——每幅作品或许都被要求注明其出处
- 商业视频一般是不允许被复制的，除非是被用来制作教学类的电影或是影视配音
- 不要以为互联网上的免费资讯可以任人攫取，特别是涉及那些名人或名流的肖像照片，如果处理不当或许会招致高额罚金。
- 以印制或电子文档的形式转发材料也是一种轻微的违法行为

一些网站会提供图片或资料的出版许可权，但是，如果这家网站不提供这项服务，那么你必须寻求合法途径来达到自己的目的。

当你大段地采用他人的文字资料作为自己文章的段落时一定要多加小心。目前大学里会运用像Turnitin这样的软件来帮助师生界定什么是剽窃行为并会告知有什么样的惩处后果。

更多的专业读物和资讯

Teri Agins. *The End of Fashion*, New York: William Morrow, 1999
Sandy Black. *Eco-Chic: The Fashion Paradox*, London: Black Dog Publishing, 2008
E.L. Brannon. *Fashion Forecasting*, New York: Fairchild, 2002
M. Braungart & W. McDonough. *Cradle to Cradle: Remaking the Way We Make Things*, London: Jonathan Cape, 2008
Christopher Breward & Becky Conekin. *The Englishness of English Dress*, London: Berg, 2002
S. Bruzzi & P. Church-Gibson. *Fashion Cultures*, London: Routledge, 2000
Gerald Celente. *Trend Tracking*, New York: Warner Books, 1991
Nicholas Coleridge. *The Fashion Conspiracy*, London: Heinemann, 1988
Joanne Entwhistle. *The Fashioned Body*, Cambridge: Polity Press, 2000
Caroline Evans. *Fashion at the Edge*, New Haven: Yale University Press, 2003
M. Featherstone. *Undoing Culture; Globalization, PostModernity and Identity*, London: Sage, 1995
Joanne Finkelstein. *After a Fashion*, Melbourne: Melbourne University Press, 1998
Kate Fletcher. *Sustainable Fashion and Textiles: Design Journeys*, London and Sterling, VA: Earthscan Publications, 2008
J.C. Flügel. *The Psychology of Clothes*, Guilford: International Universities Press, 1966
K.M. Grimes & B.L. Milgram. *Artisans and Cooperatives; Developing Alternative Trade for the Global Economy*, Tuscon: University of Arizona Press, 2000
James Laver. *Modesty in Dress*, Boston: Houghton Mifflin, 1969
Alison Lurie. *The Language of Clothes*, London: Hamlyn, 1983
Malcolm Gladwell. *The Tipping Point*, New York: Little, Brown, 2001
Dick Hebdige. *Subculture: The Meaning of Style*, London: Methuen, 1973
Anne Hollander. *Sex and Suits: The Evolution of Modern Dress*, New York: Kodansha, 1995
Catherine McDermott. *Made in Britain: Tradition and Style in Contemporary British Fashion*, London: Mitchell Beazley, 2002
Colin McDowell. *The Designer Scam*, London: Random House, 1994
Colin McDowell. *Dressed to Kill: Sex, Power and Clothes*, London: Hutchinson, 1992
Angela McRobbie. *British Fashion Design: Rag Trade or Image Industry?*, London: Routledge, 1998
Angela McRobbie. *Zootsuits & Secondhand Dresses: An Anthology of Music and Fashion*, Basingstoke: Macmillan, 1989
Ted Polhemus and Lynn Procter. *Fashion and Anti-Fashion: An Anthropology of Clothing and Adornment*, London: Thames & Hudson, 1978
Ted Polhemus. *Streetstyle: From Sidewalk to Catwalk*, London: Thames & Hudson, 1994
Ted Polhemus. *Style Surfing: What To Wear In the 3rd Millennium*, London: Thames & Hudson, 1996
Faith Popcorn. *Clicking*, London: Harper Collins, 1996
Hugh Sebag-Montefiore. *Kings on the Catwalk*, London: Chapmans, 1992
Barbara Vinken. *Fashion Zeitgeist: Trends and Cycles in the Fashion System*, London: Berg, 2005
Peter York. *Style Wars*, London: Sidgwick & Jackson, 1980

当代时装资讯：www.contemporaryfashion.net
　　网站的档案资料由欧洲一流的时装学院提供
制衣的历史：www.historyinthemaking.org
　　一个介绍男装发展历程的网站
纽约大都会艺术博物馆网站：www.metmuseum.org/Works_of_Art/department.asp?dep=8
　　从这个网站可以浏览纽约大都会艺术博物馆里的服装藏品
《英国时装业报》网址：www.drapersonline.com
《穿出成功》网址：www.dressforsuccess.nl
《时装之窗》网址：www.fashionwindows.com
《风格》网址：www.just-style.com
《女装日报》网址：www.wwd.com

全球各大时装发布会日程表

伦敦时装周发布会日程表及新闻资讯网站：www.londonfashionweek.uk
伦敦街头时装及店铺导购网站：www.fuk.co.uk
巴黎高级成衣资讯网站：www.pretparis.fr
法国高级时装及设计师网站：www.modeaparis.com
纽约时装门户网站：www.7thonsixth.com
美国时装业百科全书网站：www.thenationalregister.com

第二章　从生产到市场

历史背景

1829年，缝纫机的发明使服装批量化生产成为可能。男装和军装是首批投入缝纫机生产的服装。1850年，李维斯（Levi Strauss）开始为美国淘金者制造斜纹布的工装裤。在这一过程中，原料被裁剪分割成单独的布块送往家庭手工作坊加工。后来，为了节省时间及运输与包装的成本，确保稳定的质量，那些分散在各处工作的缝纫工就被集中到了工厂。

1859年，美国发明家艾萨克·圣家（Isaac Singer）发明了脚踏缝纫机，缝纫机开始在家庭和工厂中扮演举足轻重的角色。英国和欧洲的工业革命促进了生产速度和效率的提高，尤其体现在当时的纺织业和陶瓷业上（这两种产业都雇用了大量的女工）。车间负责人很快发现，如果每个工人只负责制作成衣的一两个部分，那么生产效率将会非常高，通过这种方式，服装沿着流水线进入下一阶段的生产，这被称作“计划工作”或“分步工作”，直到今天，它仍然是最普遍的生产方式。

1921年，电动缝纫机面市，这极大地增加了女装的产量，也促使国内的各主要工厂都配备相同的生产线。成衣的一致性和完美做工使“手工制造”第一次成为贬义词。在美国，大部分批量生产的服装通过分类目录和邮局订购被卖出。

第二次世界大战期间，欧洲贸易被中断，所有可用来制造的设备都转而生产战争物资。稍大规模的工厂都接受政府的补助以提高生产率——这就为这些工厂在战后继续进行高产量的生产创造了强有力的条件。许多稍小的工厂由于维持艰难，渐渐破产，使得英国遗留下一批能生产大量质量中等服装的工厂。相反，意大利和法国这两个曾遭受战争重创的国家，受到了来自美国和欧洲共同体的资助，使本国家族产业和其他小企业的发展受到鼓励，从而带来了高质量生产的发展和繁荣。

NOVEMBER 1920 THE SARTORIAL GAZETTE. 343

THE BEST MACHINES FOR TAILORS.

Machines for all purposes connected with Tailoring.

LABOUR SAVING. INCREASED OUTPUT. ECONOMICAL PRODUCTION.

The TABLE shown is a very convenient and popular form for the use of Tailors and Manufacturers handling large quantities of material in irregular form.

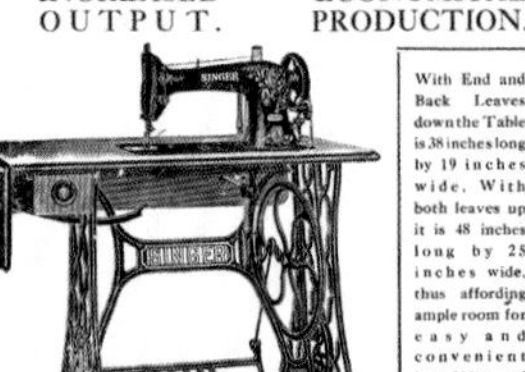

With End and Back Leaves down the Table is 38 inches long by 19 inches wide. With both leaves up it is 48 inches long by 25 inches wide, thus affording ample room for easy and convenient handling of large quantities of work.

SINGER MACHINE 31K.

THE BOBBIN HAS A CAPACITY FOR 100 YARDS OF No. 60 COTTON.

High Speed. Lock Stitch. Specially Designed for Durability, Stitch Perfection and General Utility.

FOR CASH, OR EASY TERMS OF PAYMENT CAN BE ARRANGED.

Singer Sewing Machine Co. Ltd. SHOPS IN EVERY CITY.

The high rates of wages can only be counterbalanced by using labour-saving devices to secure increased production.

上图：在时装产业，锁针机很快变成了大货生产线的主流。

左下图：这是一家20世纪早期的紧身衣生产企业。内衣的手工缝制有着严格的时间规定。

右下图：样衣工掌握了更多的缝纫技巧，区别于重复生产同一部件的计件工人。

今天的服装制造业

近年来，服装制造业最富戏剧性的进步莫过于通过电脑系统进行纸样裁剪、等级分类及控制分配和销售。例如，在低端市场，新技术能在约90分钟的时间里裁剪、拼合和缝制一件标准尺寸的西服（而一件传统的定制西服至少需要200多个手工操作工序，用将近3天时间才能完成）。计算机辅助设计（CAD）技术能根据个人尺寸和激光裁剪来制作西服。一些CAD机械技术可为像牛仔裤这样的成衣创造出液压的“圆饼裁剪机”的冲模，使之可以被成千上万地生产。近期，日本工程师运用创新的计算机辅助“整体编织”技术实现了服装的整体编织，连同衣领和口袋，服装可以在45分钟内一气呵成。弹力纤维和织物的发展同样带来了轻质而牢固的内衣定型技术和规模生产方式，它们给予不同类型的服装生产以局部支持，只需要很少的缝纫技术就可生产。时装产业也存在全自动生产线，尤其是在袜类和运动服装的制造厂中。然而，让机器人处理复杂的织物还是有困难的，并且如果无人监控，机器人就会出错。

许多小工序的速度加快使服装产业能迅速地应对市场需求，这被称为即时（JIT）制造。在20世纪90年代，许多美国大供货商与商业集团合作，设计了计算机电子销售终端的“EPOS”技术，使用全球产品代码“UPC”——一个能识别样式、大小和颜色的条形码系统，它们能够实现追踪销售，从而能更加迅速而有效地替换或转移货物。更加完整的数据可以为下一轮的采购制订出更好的财务计划。

现在，这样做的结果是商场不太乐意将资金套牢在大批库存上，而更愿意与那些供货迅速的制造商，或是能提供更小的“销售或退回”风险及让步条件的制造商合作。这样，在中级市场，商场从订购到收货之间的时间差不多要10个星期。如果织物有存货，并且工厂可不定期地或按一定尺寸进行包装送货而不是等到整个订单被完成后才送货，这一时间可以大大地被缩短。

商品细分

传统意义上，时装的商品化过程包括生产促进、产品设计和价格定位三个部分。时装工业将产品清楚地划分为三大类：女装、男装和童装。尽管如此，在规划目标市场时，也应当考虑到生产制造过程中的技术发展以及文化观念的变迁。专营设计师品牌的公司大约占了三成，但其销售额在整个服装产业中还不到一成。

左顶图：所有明细单上的成分都应被集中在一起，并且依据面料和图案的种类进行分发。

左图：一位孟加拉国的制衣女工。平缝机在制衣业里是最为重要的生产工具，一些国家里的缝纫技工甚至被制造方要求自带缝纫机设备，并自行维护修理。

女装

女装的销售在市场中占有最大的份额，大约占57%，有75%左右的时装公司都主营女装产品。几家时装公司甚至就能承担起一个国家四分之一的财政收入。正因如此，女装市场的竞争是激烈而残酷的，对于服装设计师和营销人员来说，这个领域所带来的成就感也会比其他领域来得更加强烈。女装的更新速度比男装和童装快得多，其时尚周期也要求更加敏捷的反应能力和灵活多变的生产能力。

男装

男装的销售在市场中大约占24%，并且还有上升的趋势。经过一个世纪的剧变，男装已成为一个具有活力的产业。在20世纪，手工定制的男套装几乎占据了男装世界的半壁江山。目前，尽管男人们将对服装的注意力大部分移向了小物件、运动和度假，但实际上他们购买服装的频率更高了，并且大多喜欢舒适而休闲的服装。虽然欧洲设计的男装在风格上优于美国男装，但是美国设计师在休闲装和运动装设计上总是领先潮流，他们的设计模糊了商业装和休闲装之间的界线。男装的特点是在款式造型和面料方面变化甚微，但是更加注重细节的处理，并且在市场推广中，品牌的影响力十分重要。

童装

童装所占有的服装市场份额最小，通常根据年龄和尺寸来划分，其中以年龄的不同阶段为主要的划分标准。在童装市场中，休闲装的份额在不断上涨，而礼服类和学校制服类服装在逐渐减产。儿童与青少年一样，也逐渐开始有了品牌意识，据调查显示，4岁的儿童对例如耐克、Evisu和汤米·哈费格等知名品牌就已有所认知。时装零售商目前正在抢占这块市场，在美国，盖普品牌将其业务范围扩展到童装领域，成立了Baby Gap和GapKids品牌。在购买过程中，父母和孩子两方面的决定使童装的市场推广充满了未知的因素，因为要先搞清楚究竟是谁得到了产品信息，是谁对产品有所需求，以及他对于品牌的价值评价。英国的童装和少年服装的发展速度不如美国，其时尚程度或者品牌附加值也不及法国和意大利。

在英国，童装及青少年服装市场没有像在美国那样发展迅速，也不如法国和意大利的品牌那样走在时尚的前沿或是具有较高的品牌附加值。

生产商的类型

无论市场划分或服装种类如何，设计师和纸样裁剪工都必须在他们所能获得的制造能力范围内一起工作。他们必须清楚地知道制造商或生产者在技术和人力资源限度内所能达到的最好状态。对于设计师来说，如果一个好的设计无法按需要的数量或价格更多地再次生产，而发现这一切时又已太晚，那么再没有比这更令人沮丧的事了。

市场分割

欧洲板块	美国板块
女装	
女装市场按照价格、质量和目标顾客群而划分	*美国服装市场的划分更为具体和细致*
高级时装	高级成衣
设计师品牌	设计师品牌
传统经典样式	少女装
中级市场	青年设计师品牌（前卫时装）
街头流行时装	较好的服装品牌
经济实惠的女装	过渡性的服装
	现代派/潮流派
	高级服装品牌
	中级服装品牌
	经济实惠的女装
	自有品牌
	大众服装
男装	
与其说男装市场是以价格进行区分，还不如说它是按照生活方式来划分的	*美国在定制服装方面总是落后于欧洲，但在中级服装市场方面则优于欧洲*
定制服装	客户定制
设计师品牌	设计师品牌
街头流行时装	过渡性的服装
运动装	家居制品
休闲服装	(例如衬衫和领带)
经济实惠的男装	中级服装品牌
	运动休闲装
	运动装
	流行服装
	超市出售的服装
	(例如沃尔玛)
童装	
以下为一般由设计师提供品牌的中级市场和实惠价格的区域	*以下为有较好品牌的中级市场和大众化价格的区域*
新生儿服装	新生儿全套服装
婴儿服	婴儿服
学龄前儿童服装	学龄前儿童服装
女孩服装	女孩服装
男孩服装	男孩服装
少年服装	少年服装

“追求完美究竟有什么好呢？我并不喜欢追求完美。我希望看到一些差异，我不想自己的东西和其他人的一样……”

——设计师　雪利·福克斯（Shelley Fox）

时装产业主要由三种生产者组成：制造商、批发商和承包商。

制造商

制造商(Manufactures)有时被称为“纵向型制造商”，他们统管生产和销售的全过程，处理诸如购买面料、设计或买进设计、制造成衣、销售和交付成衣等所有的工作。这种方式的优点是能够很好地控制质量和保护品牌的专卖权，但也常产生高支出的现象。通常，纵向型公司向大型百货商场和连锁店提供面料、时装和经典服饰时都是有专业分工的。一些制造商甚至有他们自己的零售批发商店，但大部分只是做批发货物的交易而已。

制造商也能发展到相当的规模，但许多是以注重手工艺的设计师的才能为依靠的小买卖，包括高级女装设计店和定做裁缝店，他们都是在商店内生产自己的产品。在这种情况下，服装只有一件，需要无数次的修改，设计师要与裁剪师与缝纫工紧密配合。产品受以下方面的限制：必须可以由一个小型的、技术娴熟的工作小组管理并据此来定价。褶皱、刺绣、纽扣穿洞和后整理等需要特殊机器完成的工序通常要转包出去。女装裁缝师和定制裁缝常在“前店后厂”的商店里工作。

批发商

许多顶级时装设计公司属于这种批发商(Wholesales或Jobbers)，因为他们设计产品、购买原料并设计剪裁方案、销售及交货，实际上并不制造服装。这一体系使批发

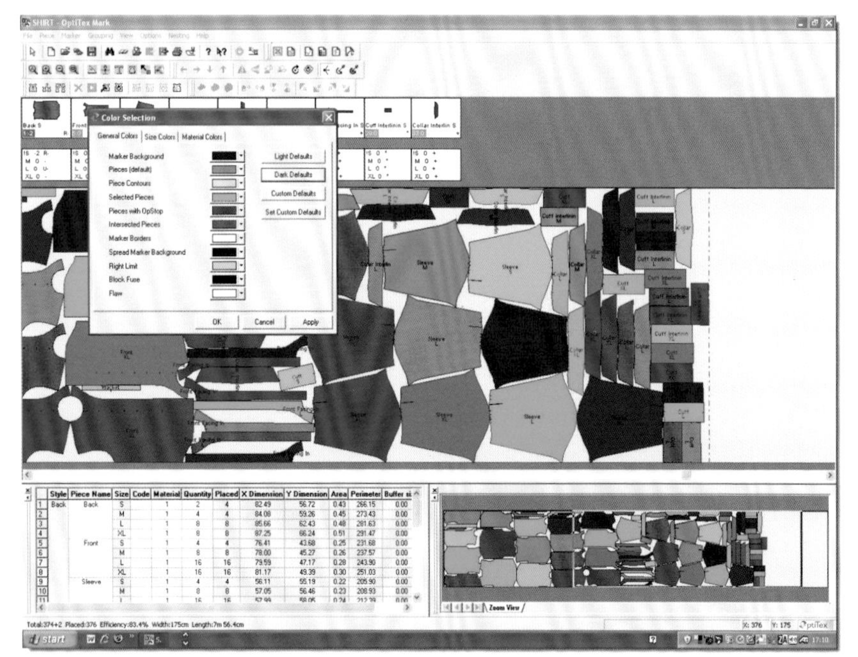

CAD软件会自动测算面料的使用量并创建出一个排料的方案。这个方案一经采纳，就会被传输至一台标绘器并生成纸样图以供剪裁时作为蓝本使用。按照不同的形状片和尺寸，裁片被标注成不同的颜色，这样它们就可以被穿插安排在同一片面料上以获得最大的面料使用率。

明细表

在设计师或客户与承包商订货前，他们都想看看样品是如何较好地被生产出来的，承包商制成并选取一个或多个样品来征求其意见。一旦装饰、细部和成本被确认，选中的样品就被贴上确定的成衣标签，并会附一张规格说明。从前，最终样品(Sealing Sample）上贴有金属标签以避免有争议时弄错。制造商或承包商收到的设计师或百货商场的确认订单是一张明细表(Docket)，上面明确列出所需成衣的不同尺码的数量。传统上以“打”来计算、12打为1“罗”——通常是一个订单的最小量。衣服加工至最后，通常被贴上标签、挂上吊牌并在最后工序完成前接受检查（通常也称作货物签条），用运货车运离工厂。在批发商的仓库里，它们将根据商店的订单来分配和贴标签（Kimballed），即在被派送到商店前标上说明或贴上价格标签。

Taille F-E-B-P		36	38	40	42	44	46	Evolution gradation	tolérance
Taille UK-Size UK		8	10	12	14	16	18		
Taille S-D-A-NL-CH		34	36	38	40	42	44		
Taille USA		4	6	8	10	12	14		
Désignation Mesures			BASE						
long épaule / shoulder	A	11.5	12	12.5	13	13.5	14	0.5 cm	0
carrure devant	B	34	35	36	37	38	39	1. cm	
poitrine	C	90	94	98	102	106	110	4. cm	
taille	D	76	80	84	88	102	106	4. cm	
hanches	E	96	98	102	106	110	114	4. cm	
longueur manche	F	29.5	30	30.5	31	31.5	32	0.5 cm	
longueur milieu dos	G	64.5	65	65.5	66	66.5	67	0.5 cm	
profondeur encolure dev.	H	8.75	9	9.25	9.50	9.75	10	0.25 cm	
largeur manche	I	28.5	30	31.5	33	34.5	36	1.5 cm	
longueur encolure	J	37	38	39	40	41	42	1 cm	
profondeur emmanchure	K	17.25	18	18.75	19.5	21	22.5	0.75 cm	
carrure dos	L	39	40	41	42	43	44	1. cm	

商能灵活地通过转包给CMT工厂来制作具有新意的服装。但是，小的批发商要冒着被手里有大订单的制造商排在候选名单末尾的风险，它们对质量、价格和成品的控制能力（Knock-offs）也较弱。但在另一方面，批发商不像生产者那样需要支付大量的员工工资或遇到机器故障等问题。为了提高服装的价格，他们需要花更多的资金投入在广告、贸易、时装展示及形象设计上。

请注意，美国“批发商（Jobber)”一词的概念与英国略有不同，它是指那些购买额外的库存货或是从制造商那里购买次等品后，将它们在鉴定特卖场或者自己的商店内进行再次销售的中间人。

承包商

承包商(Contractors)在规模上大小各异，有设备完善的大规模经营者（也被称为“大家伙”），也有中等规模的CMT工厂和单独的小型外包工（Outworker）。大型的承包生产厂多位于或靠近工业城镇，这对于运送货物较为有利。这些工厂的设计小组按照与订货的商场协商形成的框架来进行工作。工厂负责所有的生产环节，不仅有式样设计、生产和装饰，还包括包装和交货。

承包商不生产整个系列的时装，而生产围绕一个轮廓、一种面料或预计的市场需求来进行设计的一组产品和主题产品。设计小组制做出大量的样品，一些样品在旗舰店里接受市场的考验，其中经过考验保证能够售出的产品被商场购货商或推销商选中。这些服装被贴上商场自己的标签而且承包商不卖给其他商户，在美国叫做“自有品牌”（Private la Bel）。承包商承担设计和制造的风险，而不承担那些销售失败的风险。他们和订货的连锁店签订复杂的循环合同，要在销售季节前将产品生产出来，因为缺乏订单将会使他们濒临破产。

CMT工厂是雇用人员不到30人的小型的家庭经营企业。它们经常在繁忙季节接大生产商的转包活，但它们也为独立的设计公司工作，这些工厂在专业程度和可信程度上差别很大。一些工厂有专长的领域，如做内衣或用特殊机器进行加工。虽然CMT工厂也印制、悬挂、打包或装箱，但它们不提供式样、布料或饰物，不承担设计或销售的风险，并且忙时也会使用外包工。

外包工通常指在家工作的女工。她们通常技术娴熟，在家里开辟一角作为工作间。外包工常被独立设计师雇用，这些独立设计师的订单对CMT工厂来说太小了。设计师通常为她们提供一系列的裁剪包、线和装饰物，协商并支付缝纫费。如果同一式样被包给不止一个外包工，则式样的统一性或交货将成问题。

海外生产

现在许多批发商都使用海外生产的制造方式。与远东及其他低工资或高补贴的工业地区相比，英国、欧洲各国和美国的生产费用很高，尤其是在质量控制、生产速度和最终工序及修饰上花费极高。20世纪90年代，美国设计师卡尔文·克莱恩将所有的产品移到远东制造，这一做法很快被其他的时装公司效仿。大公司雇用代理和经纪人来谈判和监督生产，保证其按计划和按标准完成。

对于使用外来劳动力，社会上普遍地存在道德谴责。许多顾客对于知名品牌的服装是由廉价和受压榨的工人在“血汗车间”制造出来的状况感到不舒服，尽管其中多数人仍乐意花更少的钱买心仪的服装。一些制造商因为其雇佣政策而成为被联合拒绝购买、示威和抗议的对象，这转而造成贸易配额限制、关税壁垒及货物抵制，例如开司米毛衣的“香蕉战”。

中国香港在英殖民地时期是欧洲和美国转移成衣制造厂的第一个地区。香港基于推崇效率和成本效益的精神，有着良好的劳动力市场和不断提升的技术，这使它很快成为紧随意大利之后的第二大服装出口地。今天，香港大约有一万家大小不等的服装厂。

现在有如此多的公司进行全球贸易，成本不再是首要考虑的因素，关键的问题在于适时性。人们对于新时装的需求很大，所以服装必须迅速地投放市场，否则就会被淘汰。中国和韩国的制造商能够高速度、高质量地应对，并且有技术组织的支持。美国公司从香港代理处大约需要一千小时的周转时间——从确认新式样到交付大约一万件成衣——这一切都远在一万英里之外。

“我们做四季的服装——春、夏、秋、冬和假日，并且春、秋有两个完整的系列，每个系列有170件成衣，其中30％是在远东制造的针织衫。完整系列被编

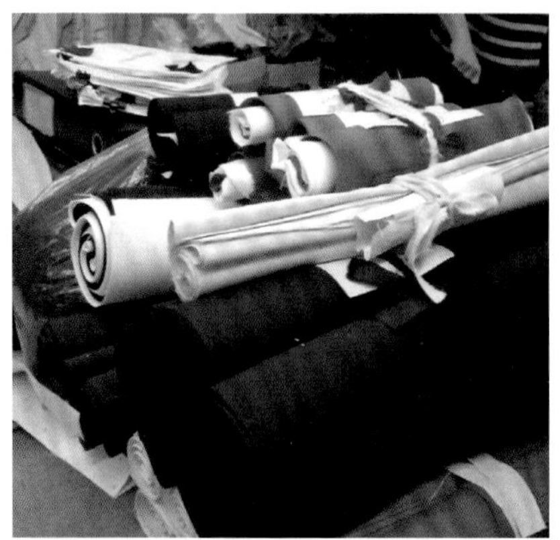

从上至下：

排料裁剪：面料经由锯齿裁刀、转轮裁刀或是激光裁刀剪裁成衣片。

样品明细表和小批量的原材料被分别捆扎起来分发给每个缝纫工去缝制加工。

质量控制是指对完成的服装和面料进行检查，以发现存在于其中的瑕疵与缺陷。

选确定后，差不多有100种式样被淘汰，就像在一年内进行4次毕业展示。工作压力很大，但是与合适的人一起工作就充满乐趣。关键在于组织……”

——拉尔夫·劳伦品牌的针织衫设计师

操作针织机需要有一双灵巧的手，因此这一工种在制衣业里通常是薪酬最高的岗位之一。

供货链

随着海外制造在全球贸易当中的比例日益加重，服装的加工生产在设计、产品开发和销售方面已经呈全球性的分布。产品规格、原料、辅料和成品货物从广泛的区域内以不同的渠道到达制造商的手中，这就叫做“供货链”。

互联网已经改变了现代供货链的模式，在电子数据交换（EDI）系统的帮助下，电子商务或企业间的电子商务已经能够通过即时反馈的订货信息和图表来确保其供货链的顺畅。如果密切关注库存量盘点单位（SKU），就会发现各个阶段的数据和市场动态被及时地自动更新了，那些有关于产品发展、资金、管理、物流等方面的信息都在同一个平台上呈现——这对于企业管理者来说，预见瓶颈的到来和快速解决问题都变得易如反掌。当时尚潮流在快速变化的时候，对于价格及汇率的变化就应当更具前瞻性。这一综合性、智能化和反应迅速的供货链管理体系就叫做“敏捷服务”，它甚至引起了“快速时尚”（QR Fashion）现象，即消费者的兴趣点能够被制造方快速地估测出来，于是更多或者更类似的产品能够被迅速地送达至消费者的面前。

现代供货链的高速度和智能化已经造就了一种新的行业现象，那就是供货链的“反向流通”。现在的零售商可以对某一款产品提出一个特殊的价格要求——当然，前提是他们无需通过固定的供应商就可以得到这款产品，有时他们甚至自己组织生产。为了能够掌控住这条反向流通的供货链，他们必须保证面料和款式都是消费者最想购买的类型，而产品的价格也必须极具市场竞争力。这种商业行为有时被称为“推拉模式”(Push v. Pull)。像Primark和Zara这样的时装零售公司的崛起和壮大引领了新的业界模式，拥有Zara、Massimo Dutti和Bershka等品牌的西班牙Inditex公司已经能够将产品的交付周期缩短数月，甚至可以在短短的一周内就制造出消费者想要的新产品。

电子商务

可以说，电子商务是随着20世纪80年代零售电子销售点（EPOS）数据的发展而诞生的。电子销售点数据原先记录的仅仅是所销售的库存单位（SKU）的成本和数量，但随着信用卡消费的兴起，目前连消费者的个人信息以及交易时间都可以被记录下来了。这项数据为那些规模更小的公司提供了成长的空间——因为它们可以通过对热销产品的数据分析来预测究竟什么类型的产品能够投消费者所好。在企业管理和产品设计中，统筹并转化这些信息对于市场战略显得极为重要；而在商贸环境中，具备快速调节产品价格的能力是企业制胜的关键所在。

互联网让一家企业能够随时随地展开贸易活动，不受地域和时间限制地为消费者提供全天候的服务。然而，由于产品的某些质量特点（例如手感、合体性和颜色）在网上难以表达，因此制衣业在这一领域内常常因为信息传达不畅而显得缺乏活力。尽管如此，电子商务还是为那些新成立的、小型的或是灵活多变的企业提供了一个从数码科技中获益的独特机会，有时这些小企业的产值甚至远远地超过了那些规模更大却发展更加缓慢的集团公司。

电子商务有两个基本形式：一是公司间业务（B2B），另一个是公司对个人业务（B2C），而绝大多数的公司都选择了二者兼有的经营模式。早期的网上销售只不过是服装公司经营模式的一个副产品，但是时至今日，少有知名品牌厂商（包括许多固定的供货商）会忽视这一可以直面消费者的销售平台了。目前的电子商务不再仅仅只局限在网络上的买卖行为。一直以来，企业的行政及人事管理、产品设计、生产加工、质量检验、经营销售、广告宣传、物流配送以及零售等板块都是作为专项分开单独进行运作的，这就造成了很多的重复劳动和资源浪费；而过去依靠纸制品所完成的订单和交易也往往显得缓慢、不够精确和不够协调。从以纸制品为主导的公司间业务书信往来转变成电子形式的书信往来使得交易过程变更为有效、快捷和环保。在企业资源规划（ERP）和产品生命周期管理（PLM）软件系统的支持下，上述分开运行的部分逐渐地实现了电子合并，这就促使传统贸易的许多方面实现了结构重组，电子商务由此成为主流。

服装成品经过装袋并用标签进行标记，然后被码放在仓库里。在大型工厂中，一般使用空中传送装置将那些经过选择的货品送入打包仓库。

企业资源规划系统包括了企业的许多基本数据，由于任何举措都会导致瞬间的变化，因此这一数据总是处于更新的状态。不同的企业职员或是供货商伙伴都被获许进入这一系统查询相关文件。企业资源规划系统通常是围绕着面料及辅料订单、供货链布局、采购及销售、市场推广、财务及税务、产品预测及规划、员工薪酬总额及税收、库房管理、后勤及进度安排、货品退换及售后服务等不同种类的业务来展开企业管理的。通常情况下，产品生命周期管理体系被用来与企业资源规划一起进行企业内部微型组织机构和产品同步计划表的管理，同时还能够密切注视企业事务摘要以及库存量盘点单位的变化。

大众定制服务和时尚的流行周期

今天，信息流通方式的优化已经使得设计师能够为自己所服务的市场或是品牌提前做出预测。在公司间业务的循环流通当中，供货链上的成员、批发商或是店铺销售人员都能够向核心公司贡献计策、反馈信息和提供库存数据，这一形势说明，为某一类核心顾客提供个性化的定制服务已经具备了条件。于是，大众定制服务——一项由设计方和制造方共同创立的私人化服装产品和有着特殊针对性的生产线由此诞生了。这一服务形式尤其适用于那些以基本款型作为基础，然后通过不同的颜色、后期处理和品牌标签加以区分的产品种类，例如，欧洲定制品牌Matteo Dosso就将其服务的对象按照服装的款型和材质分为航空系列、酒店系列和小型商务系列。运动鞋商家，包括Nike品牌和Puma品牌都已经建立起了直接面向大众的定制服务系统；而像Unicatum和Bivolino这样的公司也展开了专门针对男性的套装和衬衫定制服务。这一趋势在男装市场普及得十分迅速，皆因男装款式的变化比较缓慢，目前女装市场逐渐也开始接受这一新的经营思路。

设计师与消费者共同协作完成的这一产品设计过程被称为“合作设计”(Co-design)。作为对大众定制中颜色和材料选择的补充，个人化的量身定制(Made-to-measure)和电子裁剪(E-tailoring)是两项新的服务项目，它们可以将从顾客身上测量到的相关人体数据直接用电子邮件发送至工厂，而根据这一数据生成的服装三维立体图像也可以立即展示在顾客的面前。高科技的运用可以集中体现在人体三维扫描技术上面——它将服装的板型进行了电子化处理，并且将其发送至单层刀片的自动激光裁床上进行面料的剪裁。

在过去，出于商业上的考虑，布匹的纺织和印花生产都必须数以百计地进行。而在今天，电子提花机或是喷墨打印机能够使微量生产成为可能，这也让个人时装定制避免了在用料方面的浪费。如今的顾客可以易如反掌地将他们自己喜爱的图案发送至T恤生产公司以获取独一无二的时装单品，这一切都在预示着：在不久的将来，人们可以获得由更加复杂的面料和设计完成的“个人化”时装产品，一如今天它们所提供的“合体性”一样。

合作设计让消费者不必掌握绘画、立体裁剪、制板和组织产品等专业技巧就能够参与到对自己服装的设计中来。鉴于过去的消费者鲜有途径能够与设计师进行面对面的商讨，因此，创建一个在线的对话平台对于拉近设计师或者品牌与其顾客之间的亲密关系是大有裨益的。零售商店或是大众产品不会因此而消失不见，但是一对一的市场也正在悄然兴起，它将有助于提升个人的价值感以及培养个人对于品牌的忠实度。

意大利和苏格兰都曾经拥有过很发达的针织产业，但是如今的羊绒产品、美利奴羊毛产品以及丝绸制品的制造中心似乎已经转移到了这些原料的原产国和出口地。

市场细分

“只有那些为细分的目标市场提供有特色及有差别服装的零售商才会兴旺发达。”

——MTI / EMAP报告（1999年）

零售经理可以根据计算和观察进店的人，推断出实际的顾客或目标顾客的情况。20世纪80年代最新发展的EPOS技术的应用，使追踪和更换畅销款成为可能。滞销款很快被撤换而使商店可以陈列吸引人的商品。断码的服装很快被补充上架，这种反馈被称作“矩阵式营销”。

依据国家统计数据、经济状况、市场分析和商店零售情况综合得出的统计数字能制作出反映广泛趋势的图表。这项工作可以表明：西服和外衣的销售基本上已经让位给男女运动服装；牛仔裤的市场正在缩小；独立商店正在让位给特许店、驻店设计师及高级时装连锁店；对品牌的意识和品牌忠实度在增加；青少年对于街头时尚服装和鞋有更多的需求；女式服装的尺码变大。

过去，大多数的制造商及他们所供货的商店将精力集中在某种特定的产品上，如日装、男式衬衫或晚礼服。这种相似的分类法在百货商店中也使用，例如，所有的针织衫都被放在一起。而现在，商店推销员可以根据年龄、生活方式和社会经济状况对成衣进行分组，或者按时装屋来分组——时装屋通常提供全套色彩和织物的系列。

商店报告

作为一名时装设计专业的学生，你应该学习写商店报告。这是一项必要的技能，可训练你对市场分布、销售环境、消费者和预测趋势方面的兴趣。你需要用经过训练的、会评估的眼光，看到流行趋势的变化，变化中的或即将变化的表面处理、色彩、

中低端的零售商通常有很大的产品销售量，但是利润一般都比较稀薄。他们的销售季划分也是含混不清的，许多品牌在一年之内会推出6个甚至更多的产品系列，以此激发消费者持续购买新产品的欲望。

目标市场定位

市场分析师在确定目标市场时应考虑以下的重要因素。

年龄 这种分组方法有助于零售商根据人们正在经历的人生阶段来确定其购买习惯。了解每个年龄段的人口数量有助于计算潜在的市场份额大小。在英国和美国，对时装最敏感的15～24岁的人数正在减少，而25～34岁的人群占据最大的市场。

性别 直到目前为止，大部分的男装店和女装店都还是独立的。随着更多的男士热衷于购物，在大型连锁店和休闲服商店将出现包含两种性别服饰的趋势。

人口统计 对人口分布的研究可以用来追踪全国的社会经济群体、少数民族、收入水平和休闲时段。在闲散的乡镇或热闹的度假胜地需要的服装种类是不同的。少数民族则可能偏爱某些特定的颜色、品牌和饰品。

生活方式 人们如何生活及旅行影响其对服装的需求。例如，职业妇女需要可配套穿的单件服装、商务用途套装和经典服装，而单身男士的兴趣则更多在运动服上。

身体特征 身高与遗传因素有关，在有些地区，身高可能是决定性的因素。调查显示，西方国家人口的身高和体重普遍都在增长。

心理特点 心理学可研究人们对时装的偏好。有热衷于时装的人，还有或早或晚接受时尚的人；城市居民比农村居民更乐于尝试新式样。

社会阶层 人们喜欢被视作属于某个社会的特定阶层，并喜欢和他们的同伴一起去购物。例如，伦敦的哈维·尼克斯百货公司（Harvey Nichols）被认为是中上阶层的购物天堂。在纽约，分析师已将人们分为“非商业区的”和“商业区的”两种购物者。

社会行为 社会生活的广泛变化，如高离婚率及单亲家庭的出现会影响人们的购买力。

价值观及态度 这些生活方式的微妙暗示有助于市场营销者决定如何精细地调整销售及广告素材，他们做调查以收集人们对许多事物的反应，如约会和性、电影和音乐、时事和政治。

经济情况 薪水并不等同于可自由支配的收入——高收入的中产阶级家庭可能会花钱让孩子们上私立学校，而不花钱买服装。透支信用卡而需偿还贷款的消费方式同样会影响服装的购买。

宗教 宗教庆典可能会影响特定社区的人们对朴实或艳丽的服装的购买力，或使人们产生更多购买昂贵的全套婚礼服装的需求。但同时，这也可能意味着在一些邻近的社区里，商店在一周的特定几天或节日期间不营业。

款式、价位、新的面料品种及尺寸和商标的引入。搜集市场情报的目的不在于模仿，而在于确定设计款式的时间框架、避免将同一个设计过多地投入到市场中，并检验生产标准和为服装的流行趋势获取灵感。使用记事本和谨慎地询问销售人员及消费者，都能获得这种信息。

今天，购物是主要的休闲活动之一，对某些衣物种类的需求和最方便或愉悦的购物方式都反映在零售方式的成功或失败上，时装设计专业的学生需要了解不同类型的零售环境的定位以及每种零售环境的局限。

零售商的类型

独立经营者

所经营的店铺少于十家的零售商组成了这个群体，他们中大多数是只开一家商店或精品店的独立商人。在美国，这种商店叫"夫妻店"，因为它们能够提供个性化的服务，并往往在特定种类的服装上非常专业。独立商店因为要比大型连锁店支付更高的商业成本和房租而受到更大的压力，因为成本的原因，它们通常也不开在繁华的地段。男装独立商店的数量很少，尽管其增长迅速并很快就要赶上逐步下降的女装独立商店的数量。独立商店的商品与大型商店的商品有很大的不同，因为成本较高，所以需要时装设计有更大的创新，以设计师的名气及独特性来吸引顾客。然而，独立商店比百货商场对供货商的控制力较弱，百货商场有更大的预算权力，来决定何时以何种价格买进或卖出存货。

多样化商店

多样化商店是指连锁商店，或几家由同一母公司所有的连锁店，例如Primark、Mango、French Conneotion和Gap等知名服装品牌就都隶属于同一家公司所有。一些连锁店在特定的领域非常专业，而另一些则提供更为广泛的商品。它们拥有或租用繁华市区的购物中心，因此通常有较高的回报。它们能够大量购进或许可使用独家品牌的商品并将其分配到分店。连锁店通过设计公司的形象、标志、包装及广告建立起品牌知名度和忠诚度。顾客希望找到中等价位的合适的时装。连锁店通过咖啡馆宣传、商店卡和宣传品等方式吸引顾客，以提升产品价值。

百货商店

百货商店在不同的楼层或部门提供种类相当广泛的商品，并尽可能长时间地留住顾客。在19世纪晚期出现的百货商店，以其精美的建筑和内部装潢，及坐落在繁华的地点的优势脱颖而出。典型的百货商店销售的商品大约有70%是时髦商品。许

奢侈品牌及高端市场零售商每年会按传统推出两季最新的时装产品系列。他们有着遍布全世界的销售网络，而实际上，这些大牌在饰品及香水方面的销售量要远远大于时装产品。

2007年5月，英国高街时尚品牌Topshop推出了由凯特·莫斯（Kate Moss）设计的时装新品。这位超模在橱窗内的现场展示引发了伦敦最繁华大街——牛津街的拥堵，而Topshop网站的点击率也从150万激增至500万。

多商店提供贵宾卡，从而了解到顾客的基本信息，并允许零售商根据这些信息来确定特定的消费群体。百货商店的特点是拥有特许租借经营权（Concession）和提供范围广泛的商品。它们同时提供额外的设施如卫生间、餐馆、信用卡机、银行设施及婚礼礼品服务等。今天，百货商店必须努力地更新过时的形象和不受年轻消费者喜爱的设施环境。

租借经营店

上图：位于巴黎的萨马丽丹（Samaritaine）百货公司是一座典型的新艺术风格的建筑，它于1869年投入使用，现在是国际著名奢侈品集团LVHM总部的所在地，这里掌控着全球时尚产品的销售状况，也是时装经销商们心目中的圣地。

对页图：针对目标顾客群所采取的品牌价值提升策略主要集中于公关活动与店铺展示。

百货商店过去常常从生产商和批发商处购进所需的所有货物，这样做的主要好处在于购货的多样性和不负担制造成本。将资金套牢在存货上是昂贵和冒险的行为，商店必须在应季时间内创造出利润，否则就无法购进顾客期待的下季服装。如果买家在预测方面出了问题，或者有天气或其他诸种因素改变了消费者的兴趣，未售出的存货就会在商店内折价出售。

租借经营则给零售商或生产商留出固定比例的回报，从而摆脱了零售中的风险，双方的协议保证了商店最小比例的收入。租借经营店（Concessionaire）雇用自己的销售人员，提供设备和配件，并负责存货和改换橱窗展示。这种方式特别适于小型的装饰品商店和化妆品公司。对于要在零售业中站稳脚跟、检测不同款式的市场反应而无法承担风险和开店成本的年轻设计师而言，在繁华的百货商场里开个专卖店是非常流行的做法。

代销公司

代销是零售业中一种风险较低的经营方式。本质上，代销公司都是经营状况良好的商行，能够管理库存、分销货物、推广宣传、展示原料和拥有公司招牌（Fascia或Logo）。代销公司的经营者（Franchisee）购买在特定地区内销售这些货物的权力，支付初始费用及以后的专营费——这些价格对所有代销公司都是相同的。虽然母公司只从利润中抽取一小部分，但这种销售方式能将产品销售到更广泛的地区，并能拥有稳定的市场份额而无需管理该地区的销售和员工。

超级市场

当世贸组织于2005年改变进口关税之后，超级市场零售业巨头如美国的沃尔玛和法国的家乐福都扩大了服装类产品的进货量和货品范围。2000年,超市里的服装销售额大约占据了整体服装市场的10%，到了2008年，这一数据增长到23%（据2009年8月的《服装零售市场报告（增刊）》），并且这一增长趋势看起来似乎要持续地成为那些开设在外埠的主要超市连锁店不断扩大经营面积的动力——这一次不再是为了食品，而是为了服装、配饰和鞋子。

“它们瞬间可得，令人轻松，它们也是穿着方便且不会令你破产的产品。”

——安吉拉·斯宾德勒（Angela Spindler）在谈及英国Asda公司的“乔治”（George）系列时这样说

Ben Sherman

在英国，像Asda、Sainsbury和Tesco这样的大型公司都拥有自己的服装品牌。Asda公司（沃尔玛旗下的子公司）率先在英国超市零售业中推出了名为“Must Have”和“Signature”的时装品牌。其后推出的“George”系列目前在英国的服装零售商中居于领先地位，超过了马莎百货，在这一系列中甚至能够买到结婚用的礼服。根据2006年的“零售业意见报告”，Tesco旗下的Florence & Fred品牌居于销售排行榜的第9位。超市销售在童装方面业绩十分突出，据统计，大约有三分之一的销售额是在学生校服和鞋品方面完成的。

然而，随着人们对服装中设计元素的重视，超市里的服装产品开始受到冷遇，人们纷纷以从超市中能够买到某款类似于设计师品牌风格的服装而为荣。因此，某些零售商例如Sainsbury旗下的Tu range，则通过提升道德层面的行为（例如推出有机棉花制成的长袜或是维护公平贸易）来抵消超市服装销售的不利因素。

折扣店

折扣店以较低的价格购进种类广泛的国际货源的存货，尤其是制造成本低的地区或转包商希望处理的存货（Cabbage，或称过量的织物）、取消的订单产品和过量的产品。折扣店的销售已增长到市场份额的15%，因为它们能提供非常有竞争力的价格。折扣店习惯于拆掉商标以使购买者无法辨认出服装制造者是谁。

厂家直销店

厂家直销店由生产商将所生产的过量产品和有瑕疵的产品以低价提供给其雇员发展而来，后来演变为厂家直接向公众销售。20世纪80年代经济萧条时，厂家直销急剧增长，它们离开工厂的所在地区，与其他厂家组合起来创建小型城外购物村，以低价提供高质量的产品。这类顾客常常是经济社会中的高收入阶层，他们有大轿车和较高的购物预算。

自由市场

人们普遍认为在活跃和非正式的市场环境中可以买到廉价商品。市场摊位上销售的时装常常与折扣店的货源相似，市场经营者以非常低廉的价格购进破损商品或像二手货这样被退回的货物。自由市场的商品通常用现金交易，消费者所普遍关心的“商品质量”的保护措施并不能十分严格地得到执行。一些自由市场也吸引了希望凭借才华吸引目标顾客的年轻设计师和学生。像伦敦的波多贝罗（Portobello）大街和巴黎的克里雍故（The Porte de Clignancourt）跳蚤市场，既是二手货专业市场，也提供丰富的灵感源泉，那里有出售学生喜爱的漂亮古董织物的摊位。

顶图：大型购物场必须具备“舒适安全”的特性。许多商场因其杰出的建筑风格和浓厚的休闲氛围而吸引了人们，后者可以在里面进行全天的购物休闲活动。

上图：被称为“古着”（Vitage）的服装是指那些大约产自于80～20年前的服装服饰。再造及二手服装有时也会冒充“古着装”。去那些促销商店和小古玩店搜寻灵感是获得过往风格的良好途径。

在自由市场，可以用成本较低的方式开展业务，还能由此理解商业操作和顾客需求。

邮购订货

邮购订货适合那些不能或不愿意去商店购物的人。自从美国早期定居者需要将货物送抵他们偏僻的牧场开始，邮购就已经成为一种流行的购物方式，例如Sears和Roebuck公司就满足了农场居民对于工装和家具的需求。邮购商品的目录一年寄出两次，并以分期付款的方式来吸引购买者。目前，邮购订货正在扩大经营范围，因为许多职业妇女不再有时间去购物，许多零售企业也因此开始经营邮购业务。每月一期的商品目录（Magalogues）是供货商和百货商店最新的营销工具。

网上购物

2000年时的网上购物份额还只占所有零售业的0.1%，而到了今天，这一数据已经增长至5%。在美国，目前有67%的人已经习惯于频繁地在网上购物，平均每月的网购次数超过了两次。服装实体店第一次受到了来自网络的威胁，他们已经意识到许多购物者在亲临店铺"血拼"之前都喜欢在网上浏览商品信息，这在今天已经被许多商家视为维护品牌忠诚度的重要法宝，目前，绝大多数的商店开设了网页以供消费者访问浏览。许多品牌努力营造品牌氛围以求自我价值的增长，而另一些品牌则选择了聚集在某一个电子商城例如Fashionworld.com里集体亮相。

在十年以前，网上零售还是一件十分错综复杂的事情，但是随着宽带及无线网络、交互式时装图片及动态影像的发展，还有像Skype这样的互联网语音协议的制定以及个人数据法律保护和传送安全环境的成熟，都使得消费者在网上购买时装产品时信心大增。优秀的网站会提供不同价位的商品种类、网购的支持战略、高品质的图片画面、3D技术（例如个人服装的原型定制）以及物流服务。

2006年，经Mintel公司评估，网上的服装消费已经占据了整个服装消费市场的44%。其后，由于世界经济的衰退，在2010年年末时这一数据已经有所降低。2007年，服装已经成为网络购物中的第四大类项。ASOS是销售量最大的服装网店之一，在2008年时它的销售额就达到了8100万英镑，平均月点击率大约有200万人次。另一家时装网店Net-à-Porter成立于2000年，这是第一家以出售高端女装和有影响力的设计师品牌为特色的网上时装店，2009年时的营业额就已经超过了5500万英镑。

网上购物让消费者了解到了过去知之甚少的服装品牌，也促使时装产业更加全球化，消费者甚至可以远距离地从海外购买紧俏的奢侈品。对于想要闯出一番事业的设计师来说，网络的确是一个理想的曝光渠道，也是一个接近顾客的很好的平台。

设计和视觉化软件

服装和时装市场不仅只包括产品的销售，它还关乎创造和实现梦想的过程。像力克（Lectra）、格博（Gerber）和因维斯（Investronica，现已被力克收购）等开发制板、设计的软（硬）件的大公司目前已经推出了具有真实的三维效果的设计类和产品类软件，以适应那些样衣产品的开发。具有逼真效果的三维立体样衣节约了劳动力和金钱，因为它能够在开始设计产品和进入销售周期之前让设计师和销售人员充分地发表和交换意见：从确认绝大多数消费者的身材尺寸到营造一个好的设计思路，甚至到确认这个品牌形象是否具有可持续性，软件工具能够被运用在许多不同的地方。例如，软件可以清楚地显示出一种颜色或款式的产品是否生产过量，或者是哪一种货品应当以比例进行补充。计算机辅助软件有助于设计师向批发商展示他们的系列产品，令批发商为他们的目标顾客挑选适合的产品和风格种类；逼真的商店三维图可以模拟设计的效果和店内的购物氛围，而不需要用真正的购买行为和导购员的协助；服装的挂杆陈列和色彩区域的划分可以提高顾客视觉的兴奋度或营造一种安详的气氛；店铺的规划可以通过不同的电子部门轻易地完成。

从左至右：

现代的CAD或CAM系统已经远远超出了以往只是草拟制图和利用虚拟的三维人体显示不同规格尺寸和姿态中的服装状况的功能了。各部位的面料裁片可以被组合在一起以逼真的缝合效果展示出来（前两张图片承蒙OptiTex软件提供）；像Lectra公司出品的CAD软件Modaris甚至可以依据人体不同部位的体温差来指出服装的哪些部位还需要进一步地调整以增加其合体性（第三张图片承蒙Lectra公司提供）。

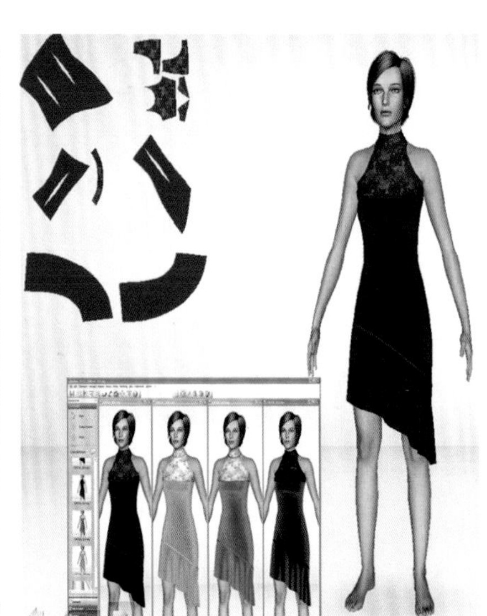

信息查询

消费者已经习惯于在大型商场和百货公司的信息平台上查询资讯。许多人购物只是为了要穿上美丽的新衣服，而诸如信息查询台和手动的RFID（无线电频率的识别仪器，类似于条形码）这样的装置就可以解决顾客在寻找目标产品时所遇到的麻烦。RFID标签系统可以在动态的销售活动中锁定哪些商品的需求量最大，如果一家分店的货品已经售罄，那么就可以从别的分店调来货物，或者干脆将货物直接送到顾客手中。消费者可以在众多的货品中挑选自己满意的色彩和尺寸，而不必亲自到商店中去。盖普和普拉达品牌就在它们的货仓管理上采用了此系统，而且在其专卖店中也推广这样的系统。对于一个浏览者来说，服饰品、鞋类和化妆品的影像仿佛是从一面真实的镜子中获得；根据服装（如夹克）的不同用途，可以将其按照正式场合和休闲场合的分类一一列出；浏览者不仅可以比较价格和品牌的知名度，而且还可以在现实生活的场景下混合或搭配这些物品，真可谓“高级销售、交叉销售”。

相对于那些以杂志图片或者产品目录手册作为互动手法的营销模式，针对于每个个体的性格特征而展开的商品推介显得更为有效——这被称为“一对一市场”。人工智能化（AI）的计算机软件具有记忆货品种类和购买行为的功能，甚至可以储存类似风格的产品以供替换选择。这也为造型设计师和美容专家提供了全新的机会，令他们能够在一个品牌的商店里从专业的角度帮助顾客做出决定。

价格

“富人的妻子穿阿玛尼（Armani），而他的情人穿范思哲（Versace）。”

——时尚格言

作为一名时装设计师，你需要清楚地认识到不同的市场分类、合适的产品价格以及同类型竞争对手所制订的价格底线。你最好能够进行店铺调查以评估各种各样的零售策略，同时留意在激烈的市场竞争中零售商们是如何实现各自商品及服务的差异化的。你一旦为企业设计商品，那么你最好同时给出合理的市场定价以及让人能够接受的成本范围。

时装产品的定价与其所用的材料质地、生产工艺、设计水准以及所针对的目标人群密切相关。然而，这些元素之间的平衡关系是十分微妙难辨的，不同品牌和不同资源条件下产出的时装商品甚至可能会出现一些非常特别的现象。近些年来，影响消费者对于价格和质量态度的决定性因素是外部经济环境的变化，尤其是互联网带给他们更多的意识和选择。自进入2000年以来，服装并不像其他的日用品那样价格一路上涨，反倒是由于新增了更多的海外加工厂而变得越发便宜。

时尚买手们每季都会将订单进行比较，以避免将来在价格方面引起客户的反感。商店的买手一般拥有很大的权限，他们致力于从众多设计师的作品里面挑选出优异者，并将其推介给广大的客户。

价格的制订必须合情合理，过低会影响利润收入，过高则无法刺激消费。若生产商或零售商想要长期立于不败之地，就必须学会一套复杂的成本计算方法。为一个时装系列建立起一套可信的价格上限和底限——这和设计一样重要。这种有着限定意义的定价有时被称为“保本价”（Baseline Prices）或是“最高价”（Ceiling Prices）。总体来说，价位的制订必须留出合理的利润空间，并且让各方面都感到满意。一些品牌会制订刺激消费的价格策略，例如亏本甩卖、富于戏剧性的橱窗展示等——这些都与特价商品和优惠政策一样能引起人们极大的兴趣。

材料和工艺的价格含量并非总是显而易见的，譬如，衬衫的生产成本往往就高于西服上装，而昂贵的纽扣通常要比腰带或是搭扣更能增加一件衣服的成本。在克里斯汀·迪奥（Christian Dior）的自传里就阐释了为何制作一件珠绣晚礼服的成本要低于制作一身西服套装，原因是在制作西服套装时可以进行两次收费以弥补差额。一般来说，越昂贵或者精致的面料，越没有额外添加贵重装饰品的必要，这些细节理念都应当持续不断地贯穿于一个品牌或者一个系列的运作之中。商品的价位必须与其目标市场符合，并且和其他同类型的商家保持步调一致。很少有商店会为了吸引顾客而寄希望于“价格战”。在市场的价值终端，由于商家设置的财务系统都会按照“四舍五入”的原则进行整位数收款，因此“买二送一”或是“零头”策略（例如商品标价为9.99英镑、14.99英镑、19.99英镑、49.99英镑）都成为商家长期以来屡试不爽的营销手段。促销时节的折扣价格或许会让品牌形象在公众脑海中有所降低；别看消费者在商品特卖会上大肆抢购，但是这样一来你也很难保证他们会在未来愿意掏钱购买正价的商品。由此可见，要保持一个良性的价格系统绝非易事。

批发商和零售商在“保本价”上可以抬升100%的毛利润空间，但是，并不是简单地提高商品价格就是商业制胜的法宝，在零售环节中价格的差异与商业税收和优惠的幅度密切相关。如果独立设计师在高街时装店中开设自己品牌的产品线，那么他们将奉行一套完全不同的定价公式。不同的独立商店在销售相同款式的服装时可以自主决定提升（或是降低）利润比例。由于“保本价”的定价公式里没有将广告、包装、运输、管理等费用以及给销售代表或是促销人员的佣金考虑其中，因而在此建议那些独立设计师，给批发商供货时要在此基础上增加25%～35%的利润空间以应对偶发事件或是订单被取消而造成的损失。一旦企业扩大经营规模进行大批量生产时，在成本核算里就应当增加一定百分比系数的企业管理成本（例如店铺开支、房屋租金、电费和通讯费用等）。如果企业的生产还涉及远距离的采购，那么还应当考虑到代理、运输、法律咨询和保险等开销的支出。这些费用或许会在商品巨大的销量中使企业开支得以平衡，而更低的批发价格也使得消费者能够持续地受益。

“成本非常重要。你必须很好地经营才能为企业创造出利润。但是你也必须承担风险……去年冬季我们最畅销的面料是52英镑/米（大约100美元/码）；在涨价之前这都已经算贵的了。”

——设计师乔伊·卡塞利-海夫德(Joe Casely-Hayford)

附加值（Cost-plus Pricing）是服装业中一个常见的概念，它是一个整体价格，即在材料成本、人员工资以及预期利润等费用总和的基础上再增加50%～120%之后所得到的价格(设计师品牌的附加值会更高)。实际销售价格取决于卖方，附加值可在销售总额的上下进行浮动以达到贴近理想的状态。当同一个产品板块里的绝大多数公司都采用这种方法时，就会导致商品价格的相似性和竞争的最小化。很多人认为这是一种给商品定价的较为公正的方式，因为它取得了广泛的认同，也限制了销售商，使之不能够在货物短缺的时候攫取暴利。然而，以附加值定价的方法只能在预期的销售量能够实现的情况下才能够发生作用；一旦销售状况不理想，商品的附加值就会降低，而公司的运营就可能会在很长的一段时间内一蹶不振。时装市场对时间因素极其敏感，为了防止全盘的崩溃，公司必须在大市降低价格之前达到收支平衡点（或是目标利润点）。

买手价格（Buyer-based Pricing）是根据各个买家对于货物价值的判断而得出的

五种价格的制订

1. **附加值**（附加在保本价格上的价钱，以企业的收支平衡和目标利润为参考值）
2. **买手价格**（以产品的价值为基础并考虑到买手接受度的价格）
3. **心理价格**
4. **竞争价格**（可砍去的比率，可削减的价格或者可以承受的让利限度）
5. **浮动价格**（依据消费阶层和市场的状况而改变的价格）

成本价格的计算方法

1. **原材料、面料、装饰性辅料、衬里、标签、裁剪、缝纫、交货期限和人工劳务费用的总和。**
2. **将批发价格乘以2就是建议的零售价格。**

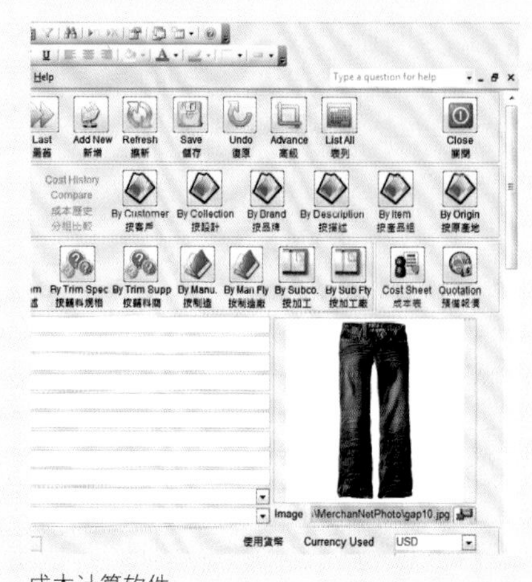

成本计算软件

价格，并不是像“保本价”或是“最高价”那样是真实的货物价格。“以价值为基础”的定价方法推翻了“成本定价”的方法，从而使消费者成为商品价格的制订者。任何一个相关的销售人员都会辨别出“对的”或“错的”价格——哪怕两者间或许只有几分钱的差别。

心理价格（Psychological Pricing）是保留价格末尾的数字或小数点以刺激销售（例如49.95英镑和985.00英镑）的一种策略，这与银行的汇率关系颇为紧密。在销售的终端，这一价格通常会是一个整数。时装公司会将目标价格制订在目标消费者能够接受的价格范围内，然后再有策略地围绕着这一价格进行产品的生产。这种方法不是将服装作为唯一的参考因素，而是将销售服务、售后服务、包装和运输等因素都包含在内，这通常需要有坚实的市场以及竞争知识的储备。因此，设计公司会在他们制订的利润范围内调整产品的价格以满足消费者的价值期望。许多时装产品，例如皮革和丝绸服装往往比它们的实际价值高出很多，从而使时装公司能够得到高额的利润回报。一件外套的成本有可能会比一件男士衬衫还低廉，时髦货和遭淘汰的货品总是被掺杂在一起出售，以此来获得总销售额上的平衡。

竞争价格（Competition-based Pricing）在很大程度上受控于竞争对手品牌的价格，而与产品成本和市场需求的关系不大。它通常出现在那些跟随大品牌发展的小公司里，或是在市场的价格战争爆发时出现。一些合同制造商在投标时会参考竞争价格，这在互联网投标活动中尤其常见。

浮动价格（Dyhamic Pricing）是一种在商店和网络交易中日渐盛行的新的定价办法，它是指时装公司会依据市场状况、对方下订单的日期、对方以往的购买记录和对方商店的预算、信用卡等资料给不同的买家或者来访者提供不同的商品价格。对于合作客户或是个人消费者来说，这是一个重要的利好交易方式，但是其中也暗含着一些重要的商业敏感资料，它们也许会造成负面的影响。

价格循环

时尚是一场革命，它要求在新的样式出现之前要剔除或者重新定位已有的产品。换而言之，就是通过时尚的循环（Fashion Cycle）和季节性的调整来实现时装产业的管理。尽管如此，大众不会愚蠢到被迫去购买那些已过时的商品，更确切地说，市场是由消费者引导的。不过，商家拥有属于自己的有力武器——价格：在市场的顶端，商品的独一无二性和昂贵的价格是身份地位的象征；而在中级市场，商品的地位体现在，价位更低一些的商品会受到热捧。一家批发公司或者时装设计公司会收到一定数量的订单，从这些订单里可以窥见一款服装产品受欢迎的程度，从市场测试或是以商业促销为目的的走秀表演中也都可以捕获这一信息。当一款新品在新的流行周期里被挂上货架出售时，通常都能够达到服装公司预期的最大利润额。通常，这些新货首先会被送到自有品牌的专卖店中出售，或者仅仅提供给有特殊关系的供货商——人为地制造出一种货品稀缺的现象；之后，它们才会被送往其他的销售点，在这一阶段里，服装面料或许会被更加廉价的品种取代，以此适应再次销售时的价格回落；如果几个星期内，该服装仍然受到追捧和杂志的推荐，类似产品和仿造品就会以具有竞争力的价格充斥于大街小巷，如此一来，价钱便宜、做工粗糙的产品和仿造品就会出现在小商贩的摊位里，整个市场里都充满了这样的服装，使得设计公司很难再维持他们原有的价格；然后，随着需求量的消失，这款服装遭到淘汰，余下的存货就会被降低价格出售，其余的部分则转到折扣店进行仓储式销售或是循环出售。因此，设计师品牌必须通过不断地先于行业和季节介绍新品的方法来刺激消费者的购买欲望。

价格循环

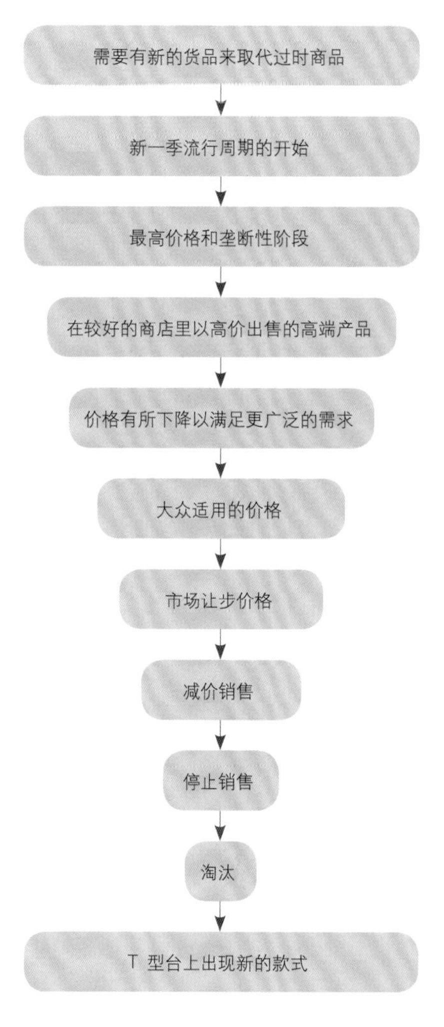

公司的标志和品牌

一个设计师或公司会花费大量的时间、金钱和专业技术用于发展新款时装和服饰的创新。一旦一项产品以及针对目标市场的零售方式建立起来，公司就希望保护其产品，并赋予其独一无二的易于辨认的标志。

所有的时装公司都希望拥有图形标志（Logo）、标签或商店招牌（名称牌），以宣传它们的商品、鼓励与奖励其忠实的顾客。对于消费者来说，有时被人看见身着带有名牌标志的衣服比服装本身更重要。公司对商标名称（Brand Names）、品牌标志（Trademarks）和图形标志要申请付费后才可以享受专有的使用权。品牌标志也能够进行国际注册，甚至允许公司注册某些设计特征，例如，夏奈尔就注册了带有金色链条和签名的手袋为其标记，而李维斯则将其牛仔裤背面口袋上与众不同的双缝线进行了注册。注册费花费不多，而且品牌或商标很快就会因专有权而成为一项资产，使简单的成衣（如T恤和内衣）增加了相当多的价值。耐克公司曾以仅35美元从一名叫卡罗琳·戴维森（Caroline Davidson）的年轻设计师手中获得了"那一钩"（Swoosh）图形标志，而现在需支付上百万来宣传和保护此商标——它的商业价值和标志性价值就是这样的珍贵。在美国和在签署了1986年《欧盟伪造货物法律》（EU Counterfeit Goods Regulation）的签约国中，错误地使用商标或伪造商标，是一项应受指控的违法行为。

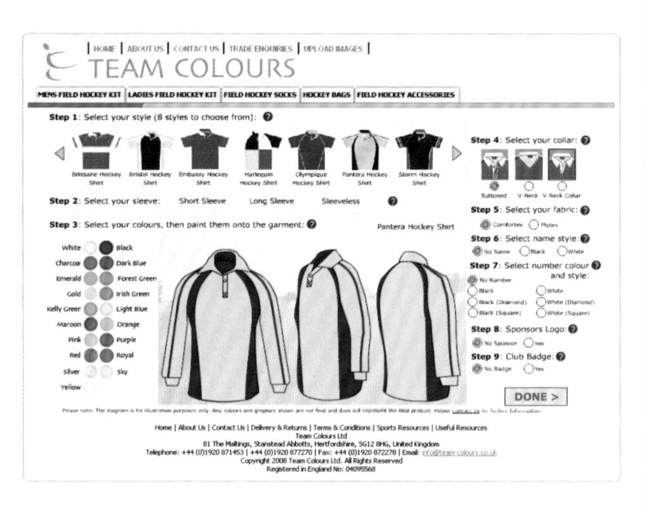

版权

在时装领域，有时很难确定一种设计的源头在哪里，经常是新的设计作为前辈设计的改进版本出现。一些经典式样，如男式衬衫、六片裙、低腰喇叭裤等是如此常见，以至于通常认为它们属于公有领域而不能受到保护。然而，面料上的创新、裁剪上的创新及全新的时装元素的搭配不时地出现，它们代表了一种值得以著作权、专利权来保护的设计。创作者可以用自己的名字注册设计，除非他是为公司工作。在后者的情况下，公司拥有的使用权通常为创作者有生之年加上死后70年的时限。时装设计师只能注册设计的原始稿件，不能注册成衣。注册品必须被签名并盖有邮戳日期，以清楚地标明著作权标志并在银行或律师那里存档。其他人如果想使用这种设计，必须申请使用许可权，并为每件成衣的生产支付专利费，在行业标准中，其费用介于批发价的3%～8%之间。法国设计师皮尔·卡丹是这种专利之王，20世纪70年代他名下拥有超过800件的时装、饰品和家居物件的专利。当然，劣质的受许可商品最终会损害公司品牌的形象。

顶图：一些服装和鞋的网站可以为消费者提供色彩及尺寸方面的量身定制。球队服装类的产品甚至允许学校和团体自己来参与设计他们所喜欢的样式。

上图：商标和标签必须起到推广品牌的作用，要为消费者标示出价格、尺寸等产品信息，条形码则反映出供货商的有关数据资料。

如果设计受到非法仿制，就被看作是其版权受到了侵犯并且案件会被送上法庭。仿制的成衣被称为仿造品。遗憾的是，版权法有国界的限制，在英国有版权的设计只在英国境内受到保护。大部分盗版的服装都是在远东生产的。在印度尼西亚、菲律宾和中国台湾，知识产权还未受到足够的重视，仿冒也很少受到法律的处罚。在美国，虽然有较完善的版权法，但女装晚礼服一旦进口到顶级商场后就会立即被仿造，这已经成为一个长期的传统。虽然设计师授权给一些美国制造商以版权，但这些权利被广泛地滥用了，并且钻了监督薄弱的空子。

很难证明服装款式是否被仿造。时装公司何时算作紧跟潮流，何时算作违反了版权法律？只有当款式从承包人的工厂偷出或复制，大量成衣原件或织物被发现或按订单生产，仿造才是确定无疑的。许多公司采取强硬的手段来保护其知识产权，其他公司则认为仿造是最发自内心的恭维方式并很快会转向新的设计。

然而，全世界的服装品牌都十分惧怕那些模仿者（当然也包括那些赝品购买者）追捧自己的畅销款式，因为这预示着商业厄运的来临。他们不仅抢走了潜在的客户，而且其简陋的视觉包装、原创设计焦点的移花接木、广告回馈的削减都严重损害了原有品牌的内在价值，削弱了服装品牌发展的根基。

作为初露头角的设计师，关键的一点是要意识到受其他人作品的影响和抄袭行为的区别。做学生的时候，你需要学习并研究过去和当代的服装，临摹并分析著名设计师的作品，以获得裁剪技术和式样细节，一些项目也许会要求你参照某些特殊的设计

近些年以来，大量的零售商都在激烈的市场竞争中艰难地谋生。

师或者品牌进行。从他人的作品当中获取灵感是最自然不过的事情了，但重要的是要分清楚“参考”、“佩服”和“抄袭”之间的区别——这不仅仅是程度上的区别。当你“借鉴”他人作品寻找灵感时，最好能够确认对方是知情的，并且也已经融入了自己的创意理念，而不是拿别人的作品来充当自己的成果。学术委员会视“抄袭”为一件极其严重的事件，如果你抄袭他人作品或者让他人代写论文或报告，那么你会彻底地失败。

常言道：“没有什么东西是常新的”，许多设计都在周而复始地出现。诚信的、有创造力的设计师使用现代化的织物进行再次的设计，其细微的差异体现于剪裁和合身度上、穿着方式上、款式与其他配件的更新上，设计师用这些方式体现时代的面貌并创造出新的时装。作为学生的你必须非常重视原创的价值。在偶然情况下，当学生的作业被规定为相似的设计主题或是从相似的题材和资源中汲取灵感时，彼此竞争的、雷同的作品就会时有出现。如果出现恶意抄袭的情况，你应该向导师及时反映，但绝大多数情况下，这仅仅只是“无缘类同”罢了。这种情况在商界也时有发生，却不易在时装领域发生——除非有充裕数量的人群对同一个款式或者同一个理念感兴趣。大多数的服装院校将学生的在校成绩视为个人从业资质，尽管如此，了解一下相关的政策还是有必要的。如果材料和资源是由他人提供的，那么你的作品通常会被归结为是集体创作的一部分。如果你得到了一家公司的赞助，或是得到奖学金，你最好确认已经将未来与自己作品相关的期望事项写在了协议书里。学校也许对作品的获得、复制或其存储和发布都有相关规定，以防学生将它们拿走或是出售。确保你已经将参赛作品拍成照片留底了——因为有时参赛作品会被扣押数月之久，或许还会被损坏，而你的一些学术测评却又离不开这些作品。

更多的专业读物和资讯

- J. Bohdanovicz and L. Clamp. *Fashion Marketing*, Oxford: Blackwell Science, 1995
- Margaret Bruce and Rachel Cooper. *Fashion Marketing and Design Management*, London: International Thomson Business Press, 1997
- Leslie De Chernatony. *Creating Powerful Brands in Consumer, Service and Industrial Markets*,Burlington: Elsevier, 1998
- G. Stephens Frings. *Fashion-From Concept to Consumer*, Upper Saddle River: Prentice Hall, 2002
- Thomas Hine. *I Want That! How We All Became Shoppers*, London: HarperCollins, 2002
- T. Jackson D. Shaw. *Mastering Fashion Buying and Merchandise Management*, Basingstoke:Palgrave, 2001
- Naomi Klein. *No Logo*, New York: HarperCollins, 2000
- M. Lindstrom, D. Peppers, & M. Rogers. *Clicks, Bricks & Brands*, London: Kogan Page, 2002 Mintel. *Home Shopping*, UK: Mintel, 2006
- Carol Mueller and Eleanor Smiley. *Marketing Today's Fashion*, Upper Saddle River: Prentice Hall, 1994
- M. Pegler. *Visual Merchandising and Display*, 4th ed., New York: Fairchild, 1998
- Pietra Rivoli. *The Travels of a T-shirt in the Global Economy*, 2nd ed, Hoboken, NJ: John Wiley & Sons, 2009
- Paco Underhill. *Why We Buy, The Science of Shopping*, London: Orion, 1999
- Nicola White and Ian Griffiths. *The Fashion Business*, London: Berg Ltd, 2004
- A. Zingale & M. Arndt. *Emotion: Engaging Customer Passion with e-CRM*, Chichester: John Wiley & Sons, 2001

营销和市场分析
英国零售咨询公司（Verdict Research）网站：www.verdict.co.uk,进行零售咨询和报告
公司运营及市场状况分析网站：www.keynote.co.uk
欧洲商业资讯网站：www.euromonitor.com，进行全球市场分析
英国工商管理部网站：www.dti.gov.uk，在这里可以查询到英国商贸及进出口资讯

曼德尔国际服装及纺织工商名录
《时装市场及营销管理》期刊网站：www.emeraldinsight.com/info/journals/jfmm jsp
市场调查网站：www.markerresearch.com

专利及版权管理机构
反设计剽窃有限公司网站：www.acid.uk.com
反设计剽窃有限公司（Acid）是一家专门从事打击设计活动中剽窃、盗用行为的商业协会，它的服务对象为跨国公司、学生、新晋设计师以及自由职业者

版权许可代理网站：www.cla.co.uk
版权许可代理有限公司是一家专门处理再生产过程中权益问题的英国机构

产业资源
《英国服装工业年鉴》，这是一本按照不同的类别（例如男装、女装、童装、服饰配件、面料及织物、装饰花边、机械及配套设备、服务机构等）将公司、展览和商业机构按照字母表顺序进行罗列的实用手册
《时尚追踪报》*(Fashion Monitor)*
这是一份用列表刊登时尚界大事和商业活动的日报，其通讯地址为：
27～29 Macklin Street
London Wc2B5LX
020 7190 7788
WGSN网站：www.wgsn-edu.com，这家网站提供时尚资讯、新闻材料及行业资讯
时尚英国网站：www.widemedia.com/fashionuk/fashion，提供英国时装商业活动及事件信息
“胡弗”网站：www.hoovers.com，提供跨国公司的真实材料

第三章　人体及时装绘画

人体：灵感之源泉

我们从早期记载中得知，发明服装的人是受到人体与布料之间互动的启发，从而创造出崭新的、功能性和装饰性的身体覆盖物。为了使这些覆盖物有效、舒适和恰到好处，设计师需要对人体的动态结构有所了解。服装已经经历了几个世纪的演变过程，它与测量、制图、展示人体形状以及将这些信息与他人交流的能力有密切联系。

视觉性的人体

想要设计时装，就需要对解剖学有较为详尽且全面的了解：肌肉如何附着在骨架上，它们怎样与骨架一起运动。这些基本构造决定了一种织物如何适合人体，如何与身体协调运动或不一致地运动。人体姿态的含义——脆弱、坚定、有活力或倦怠——取决于姿势和诸如脊椎上部、头部或足尖的坡度等因素。时装设计师要能够在设计一个系列作品前，设想出形体来。

人的身体结构始终围绕一条垂直的中轴线对称分布。头部形成整个轮廓的中心顶点，这个轮廓在运动的时候，无论是从前面看还是从侧面看，都呈三角形。在日常生活中，我们能从许多角度看到和认出运动中的人体。然而，最常见的人体图形是从正面进行描述，以上半身和面部作为焦点，且多取其被动姿势。图解中的男性和女性轮廓外形明显不同。女性形体在各方面都更加圆润，经典地被简化成和时常被夸张成典型的细腰。男性形体则是一个拥有较宽肩膀的扁平“倒三角”的轮廓。

成熟女性的人体结构较为复杂，圆润的体形使人易于描绘，却难以制作服装，因此，这对服装制造者来说是一个更大的挑战。妇女们已经痛苦地忍受了几个世纪了：她们穿紧身胸衣、捆腿并束缚自己以达到性吸引力的标准。社会学家和服饰历史学家在此问题上意见有分歧：究竟是男性的驱动，还是对服装的需求，使女性修饰或强调体形并努力试图吸引异性？

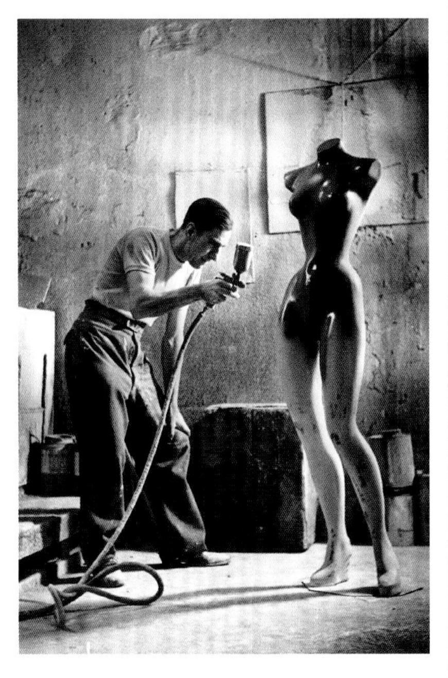

上图：一位20世纪50年代的制造模特的产业工人正在给蜡制的模特喷涂纤维素光面材料。模特所采用的形状和材料反映出当时人们对于人体的普遍审美心理。

对页图：学习和绘制时装插画要首先对人体解剖学有一定的了解，并且知道人体在运动时皮肤和肌肉下的骨骼是怎样的态势。

美化形体

每个社会、时代都有关于美的不同的观念。从年轻时起，人们就经常将自己和他人进行比较，挑剔自己和他人的身体。这些印象因共同的观点而得到加强：身材纤瘦和肌肉发达意味着年轻、有活力的生活、对身体的自我控制以及性别模糊。身高确实意味着优越性：高个子的人不得不俯视他人。理想化的形象是健康和快乐的，拥有梳理得很好的头发以及明显而对称的面部轮廓。贯穿整个20世纪的还有另一个明显的倾向，即使用病态的、平胸的、面貌凄楚的模特。其中，崔姬成为遍布于20世纪60年代的、未发育的、天真顽皮的青少年的典型缩影，这种形象代表了一种对于男性保护的似是而非的邀请，而与女性新兴的自由和经济独立背道而驰，她的“苍白和有趣”的面容还是90年代骨瘦如柴的模特形象的先驱。

人体骨骼结构

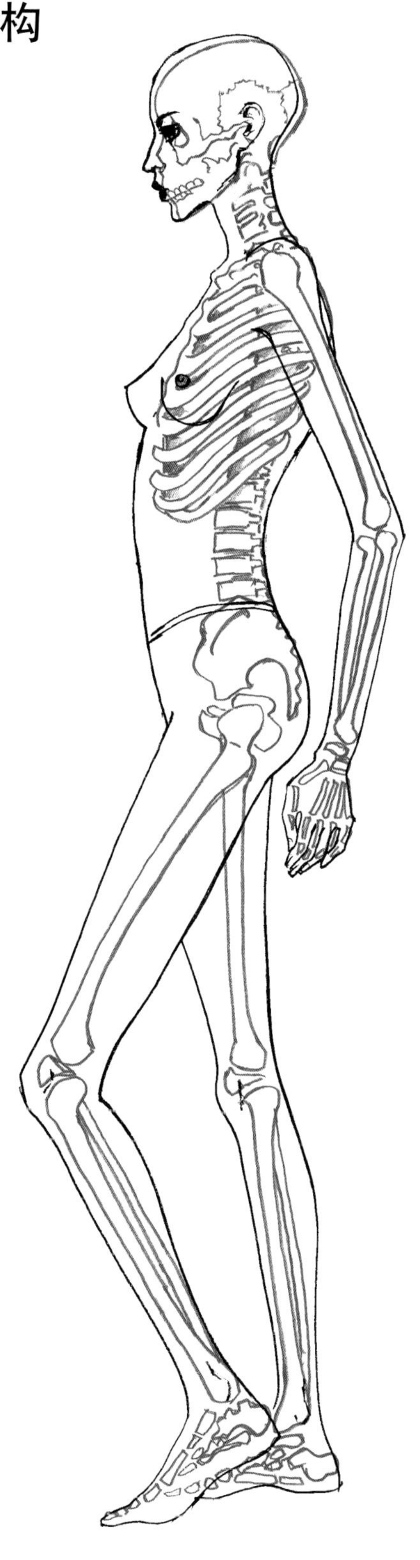

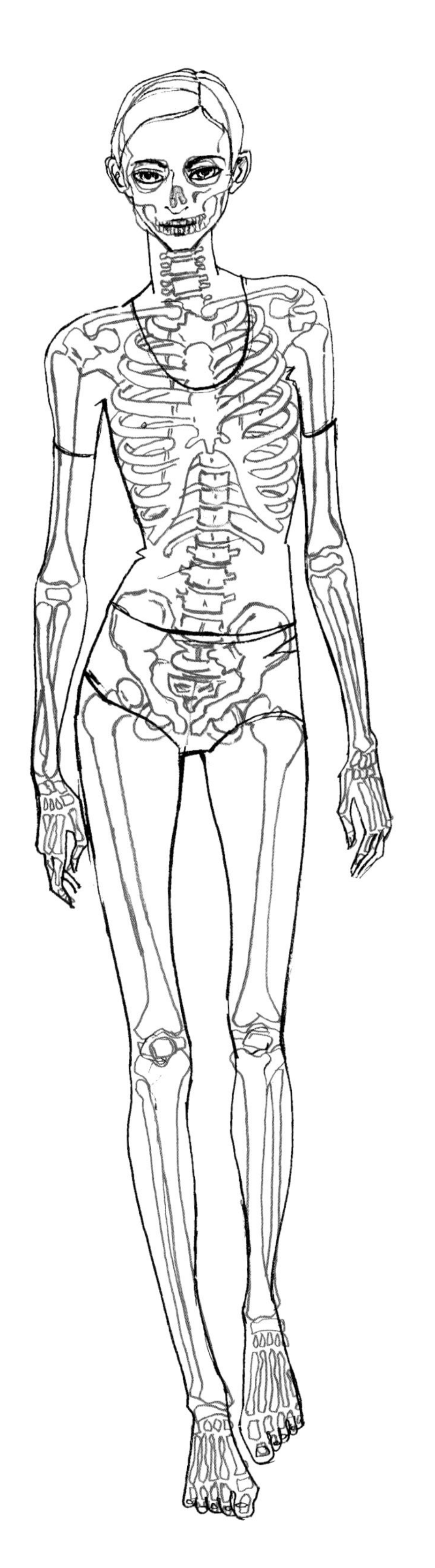

左图：自从20世纪60年代以来，罗丝特因（Adel Rootstein）公司一直致力于生产展示代表当下理想的形体、姿态和容貌的人造模特。高雅时髦且充满女人味的外表曾一度让位于笨拙的少女形象。

下图，从左至右：

通过仅穿着于身体端部的服装，你会注意到除了头和四肢以外的人体躯干。

模特的沙漏体型因裙装上对比鲜明的图案得到了强调。

在当今的时装秀上能看见不同年龄段和不同种族的模特。

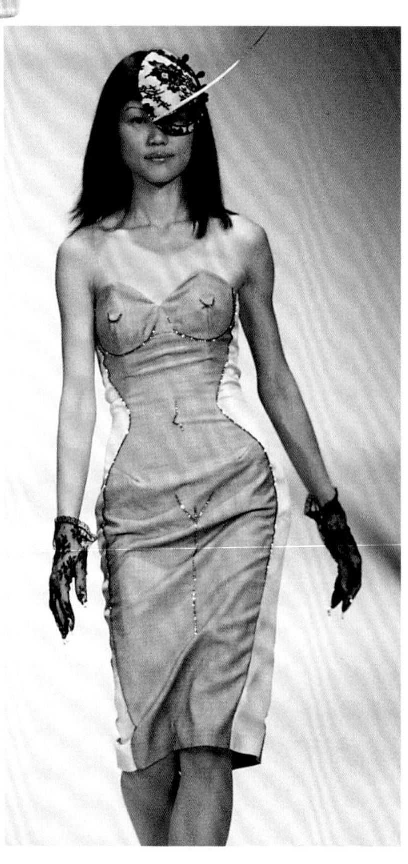

直至目前为止，时装界仍是西方白色人种的天下，黑色人种、亚洲人和东方有色人种在媒体中很少见。现在，在高级时装展和广告牌上出现了更多不同风格和种族的模特。她们体现出在身体形态美学上的细微而影响深远的转变。诸如伊曼（Iman）和娜奥米・坎贝尔(Naomi Campbell)这样的黑人模特为非洲美女阿列克・韦克(Alek Wek)铺平了道路。

美女天生就是稀有的造物，因此，那些被人们精挑细选出来的美女并不能代表大众。只有不到5%的成年女性达到了时装模特的身材尺寸标准。今天的模特体重比普通人轻了23%，20年前这个数字是8%。人们已经习惯了看杂志和广告中瘦得可怜的模特，以致于正常体形的人认为自己不正常。人们对于形体外观的要求是不切实际的。许多评论家批评媒体，尤其是时装工业的媒体，指责他们推销宣传不真实的身体。的确，许多在媒体上展现的完美的形体在实际中是不存在的，广告商通过数码技术创造出无法企及的女性形象标准：眼睛和牙齿被增亮，腰围被缩小，腿被拉长，赘肉、皱纹和缺陷都被剔除。

情感与姿态

与展示身体的视觉美感同等重要的是表达运动中的身体情绪。裸体模特为绘画摆造型已经有几个世纪了，绘画本质更加增强了静态的或倦怠的姿势。而模特为时装摄影所摆的造型则创造了一种全新的体态语言。在对塞西尔·比顿(Cecil Beaton）和于尔根·特勒（Juergen Teller）等人的摄影作品进行的一项研究中，兰金（Rankin）和科琳娜·戴(Corinne Day）揭示了每个时代截然不同的极富情感的姿态的重要性。在时装艺术表演中，时装模特内化了这些具体的夸张动势，学会了慢走、昂首阔步、撅嘴和许多难以用言辞表达的充满情感的姿态。

理想典范

设计师、时装造型师、摄影师常将某个模特或某个人种的个性外貌特征确认为他们理想的灵感来源或缩影。他们希望时装能够被时下最令人期待的身体所展示，或希望发现一些模特具有无法抗拒的表情。当一个模特要去作时装展示时，会被要求“走几步”、转身、摆个姿势，然后返回，就像她在T型台上被期望的那样。模特会被要求穿上外套来看一看它随身体移动的情况。织物在被穿着时会有非常不同的表现——飘荡、沙沙作响、反弹和拖曳、闪闪发光和使人目眩。

不同的设计师需要不同的效果来展现服装，甚至可能不同的作品系列也需要不同的效果。有些设计师希望看到一个自信、性感、昂首阔步的模特，而另一些则喜欢慢步、疲沓的步履；休闲装系列需要表现出不同于晚装系列的生活情态。若作品想突出某一个身体部位，如背部，设计师会希望看到颀长而无缺陷的背部。当维维安·韦斯特伍德希望将人们的目光吸引到胸部和女性曲线上来时，她发现索菲·达尔（Sophie Dahl）的性感躯体是实现其设计的绝佳工具。一般说来，衣服在宽而直的肩膀上悬挂会较为舒展，长腿使短裙更富戏剧性或使长裙被延长。颀长的肢体更能突出强调姿态。

顶图：麦当娜凭借着多样的身体语言而风靡世界流行乐坛，例如高超的芭蕾舞动作以及女子竞技技巧等，她通过大量的训练重塑了自身的形体。

上图：2010年伦敦春夏时装周Mark Fast秀场上的“大号”女模特。目前有许多设计师都倾向于选择体形较为丰满的模特来展示自己的作品，以此来反对兴起于20世纪90年代的关于模特必须“骨瘦如柴”的审美观念。

有时设计师会希望展示出一些其他的诱人表情，诸如“自然”或“智慧”。三宅一生曾采用50～60岁的男士和女士增加其作品的庄重感。亚历山大·麦昆因为支持艾梅·马林斯（Aimée Mullins）——她是模特、田径运动员和双腿截肢者——而使时装界惊奇。他甚至为她设计了一双手工雕刻的腿，她曾用它在T型台上全速奔跑。

时装绘画

作为一个时装设计师，你必须考虑到你的设计所依据的体形：哪些特征需要强调？哪些特征需要削弱？需要裸露多少身体部位？织物如何在形体上达到悬垂和伸展的效果？这可以通过研究艺术作品和时装历史学到。但更好的方法是对形体的第一手观察，在真人模特身上反复做将织物拉伸、绘画和染色的试验。

在任何的情况下，你都能够观察和描画人体。随身携带一本小速写本并迅速地记下吸引你目光的轮廓、线条和细节。为了表达你的兴趣点，你应当有所突出地而不是忠实记录。

从某种意义上说，你不仅是在创造服装形式，也在发现你理想中的形体。你可以选择独有的灵感并在那种形体上展示你的设计，勾画出最能表现设计的姿势和情绪。然而，不容置疑的是，你会意识到时装市场并不是为了追求完美身材而存在。无论设计师心中的完美形体是什么，他们需要逐渐了解现实社会中的人体及其与织物和服装的互动关系。

时装设计师经常需要快速描画，匆匆记下飞逝的构想，捕获短暂的瞬间，迅速地构思出足够多的想法以编辑出连续一致的整体。像格拉迪丝·佩里恩特·帕尔默（Gladys Perint Palmer）和科林·巴恩斯（Colin Barnes）这些擅长表现T型台表演的画家，会通过不同寻常的寥寥数笔，表现出比相机更有效的形状、织物质感和情绪。

时装课程会安排大量的时间进行素描和时装画技法的训练，大量的教学重点都集中在“如何能够创造性地将无形的概念转化成为可视的图像”上面。时装画在传达服装的工艺技巧和美学概念上有着举足轻重的作用。时装画或者时装效果图有自己特殊的绘画方式，掌握炉火纯青的绘画技巧有赖于多学习和多练习。导师会希望你能够创造出属于自己的“笔迹”：一种独特的绘画风格——从人体绘画到最后所设计的服装。

草稿和速写稿样板不仅能够反映出设计者对于服装廓型和细节的设想，同时还能够传达出某种情绪。此图的作者为卡罗琳娜·诺德荷姆(Karolina Nordholm）。

人体写生

在人体写生课上，你将第一次有机会来学习如何从解剖学的角度来观察肌肉与骨骼的运动以及在各种不同姿态下的相互平衡。对模特进行研究有助于你进行形状和体块的塑造，并且能够画出令人信服的线条和影调。你可以尝试不同的作画工具，例如软铅、彩粉笔、油画笔以及拼贴的技法。在这一过程当中你可能会发现某些工具很适合自己的绘画风格和作画姿势，继而你还会发现适合自己的画幅尺寸和画纸的类型。不要约束自己的想法，而是要尽量去尝试更多的方法。一些人或许会喜欢简洁而细腻的线描法，而另一些人却恰恰喜欢用粗重的线条和浓厚的色彩来加以表现。负责授课的导师可以提供一些建议或意见——例如在你挑战一种高难度的角度或是用更硬一点的铅笔来勾画线条时。在学习时，没有什么对错之分，你需要做的就是找到属于你自己的绘画风格。

“一些学生对水彩画和素描的喜爱更甚于设计。这不是学术问题，因为前两者像一场游戏，有趣、搞糟一切——它无需考虑现实，人们可以在纸上表现自己并使自己的创造力完全地展现出来。”

——插画家和教育家霍华德·坦吉（Howard Tanguy）

上图：站立于画架前作画可以获得更为充裕的活动空间，也更有利于涂涂改改时的手眼协调。

下图：这是一幅学生创作于课堂上的淡彩人物速写。感谢布赖顿大学（Brighton Universing）供稿。

时装效果图的表现有许多明显不同于日常绘画和水彩画的技巧，需要对此多加考虑和掌握。时装效果图主要有两种不同的表现方法：自由表现或图解画法。当艺术才华和天赋得到充分表现时，时装效果图具有非凡的魔力，能够捕捉到某个设计及其穿衣搭配的用意和本质。要达到此目标，除了努力和实践别无他法，这不仅是为了精确地表现出设计理念，而且也为了磨砺出你独有的表现风格。

自由绘画

自由绘画与人体素描非常相似，学校极有可能安排这一类的课程。时装素描的目标不在于捕捉形似而在于捕捉一种情绪或“面貌”。明显地，时装模特比常人更高和更瘦，他们的人体轮廓和骨骼结构通常比较明显，因此观察的重点在于骨骼的运动形态。在画时装画时，你只要找出所谓的“骨点”就可以了。

要弄清楚所有的人体对称线（例如骨盆线）的动势对于其他身体部位的姿态及位置的影响。进行透视处理和缩短透视角时，要保证四肢长短的真实性。在时装画中，人体的某些部位被进行了变形处理，和一般的绘画相比，时装画人物的头部变小了，而颈部和腿部拉长了。人的头部通常从童年时期开始就固定了大小，因此可以通过头部在全身所占的比例来判断一个人的年龄。一般成年女性其头长占全身长度的五分之一，而在时装画里，这个比例被调整至九分之一甚至十分之一；腿的长度被夸张得比躯体长出许多，因为时装画强调将服装比例稍微拉长，这样不仅仅是为了突出优雅的效果，更是为了使画面有足够的空间来展示诸如口袋和接缝线等细节。请注意，过分拉长这些服装的比例会使设计稿看上去千篇一律。在男性方面，其姿势通常不像女性那般多姿多彩，男性的腿部不像女性那样被过分拉长，上半身的躯干是重点表现的部分。在表现男性姿态时，一般不会像女性那样融入更多的“态度”元素。

如何利用参考线绘制一张时装画

- 动笔之前首先要设想人物的头部、骨骼形态和姿态。
- 用轻松而短促的笔触从水平方向标示出头顶及下颏的位置，然后自上而下画出一条贯穿躯干部分的脊柱线，这条线终止于两腿的分叉点。
- 想象（或是轻轻地画出）一条由头顶位置垂直向下延伸的人体中心线，其终点位于两脚之间。尤其要注意人体的对称关系以及重心所在的位置。肩线与盆骨线可以是倾斜的，但是头部的参考线往往都是水平的。
- 加上三条水平方向的参考线：肩线、腰线以及盆腔底线(即大腿根的位置)，这三条线可以确定人物的基本形态，然后用更轻的笔触画出倾斜的三角形盆腔。你所给出的这些线条都将反映出你所要表达的“态度”。
- 臀围线与肩线的倾斜方向通常是相反的。
- 画出两条代表下肢的竖线，并且由上而下确定好膝关节和脚踝所在的位置，它们最终都会影响双脚的形态。膝关节点一般处在两腿的分叉点到足部之间的二分之一处，千万不要画得过低。注意不要把双脚画得太小，它们的长度应与头部的长度保持一致。
- 腰的轮廓线要画得比实际尺寸更细一些，为的是强调女性的柔媚。
- 在时装画中，人物的手臂在绝大多数情况下都是伸展出来的，而不是含混不清地潦草带过。手肘的位置与腰线的最凹处是齐平的。
- 用曲线和带有角度的线条来表现和谐完美的人体造型。胸高点的位置一般处理成略高于实际的人体位置，但也只是用略大于半圆的弧线简单示意即可。两侧的腰线应当被处理成内凹的弧线，但其宽度一定不能小于头部的宽度。
- 一旦人体四肢的位置和相互间的平衡关系被确定下来之后，你就需要用淡淡的曲线勾勒出它们的大致轮廓，然后在此基础上用更加明确和浓重的笔触将四肢的形态流畅地勾画出来。有时为了追求一种优美的形态，可以不必十分强调人体结构的准确性。不要把四肢画得过于粗壮，因为此时还未给人物画上服装。
- 画上发型。面容、手和脚可以不必精细地刻画——除非它们对于表现设计理念至关重要，但是也不要处理得过于潦草，否则你的画作会给人以未完成或是缺乏技能的感觉。
- 最后，给人体画上服装。需要注意的是，衣褶和面料的运动方向都应当与人物动态相一致。添画阴影和色彩以丰富画面效果。

时装画的人体通常被画成正面的站姿图，姿态比较放松。

动感大一些的姿势在表现休闲装或者运动服时才用。四分之三侧面的姿势常常被用来表现服装侧面的缝线和背部的细节。如果服装背部的细节处理十分重要或是明显不同于一般人的想象，那么就要多画一幅背部结构的放大图。通常手臂的位置应离身体较远，而不是被身体挡住。手和脚的结构往往不需要交代得特别清楚，除非它们有着特殊的设计意图。

简洁是描画时装草图的关键，阴影并不是必要的表现手段，除非是为了表现织物的厚度、重量，或是为了强调造型的轮廓。纽扣、拉链和重要的细节都应当被展

后页：通过臀线和肩线之间运动夹角的变化，人体可以被描绘成许多不同的姿态。头部和双脚之间的重心点必须落在同一条垂直线上，人体才能够保持平衡的状态。在不同平面的视角上，透视作用还会缩短人体的四肢长度。将肩膀处理的动感一些或是让人物的头部微微倾斜一点——这会让画面看起来生动不少。善于观察和勤奋练习有助于你提高作画的速度并建立个人的风格。

使用参考线绘图

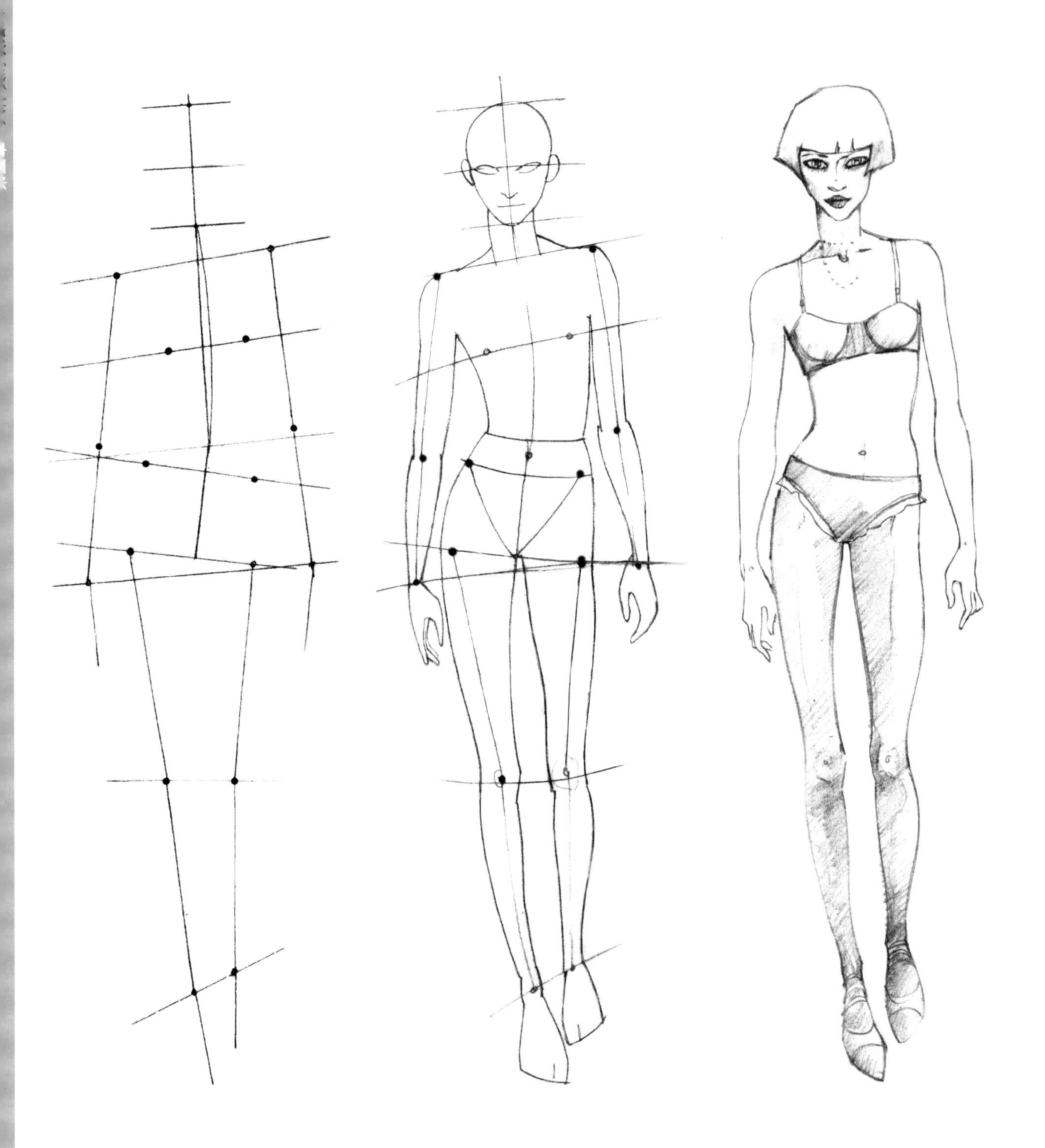

时装绘画的人体比例

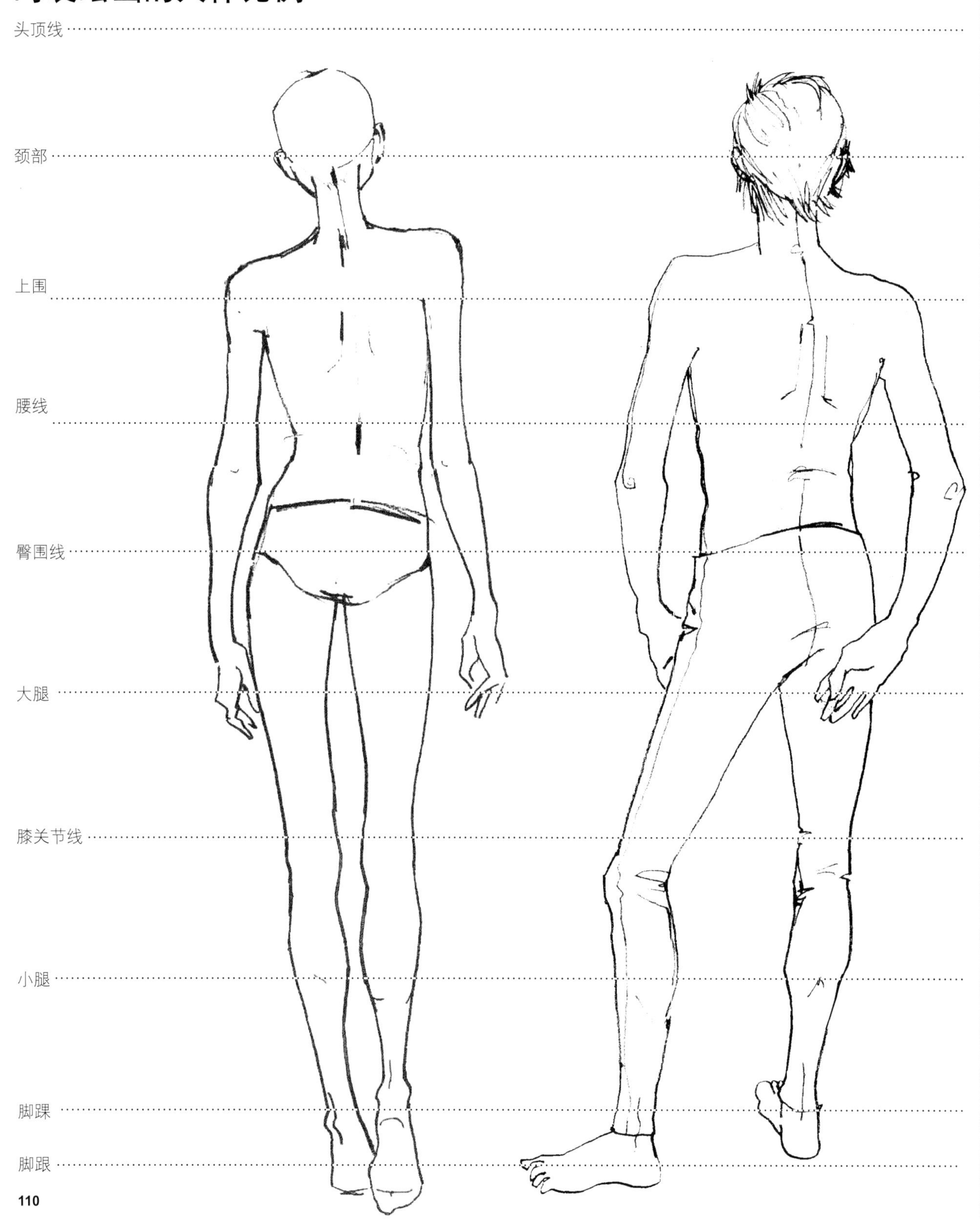

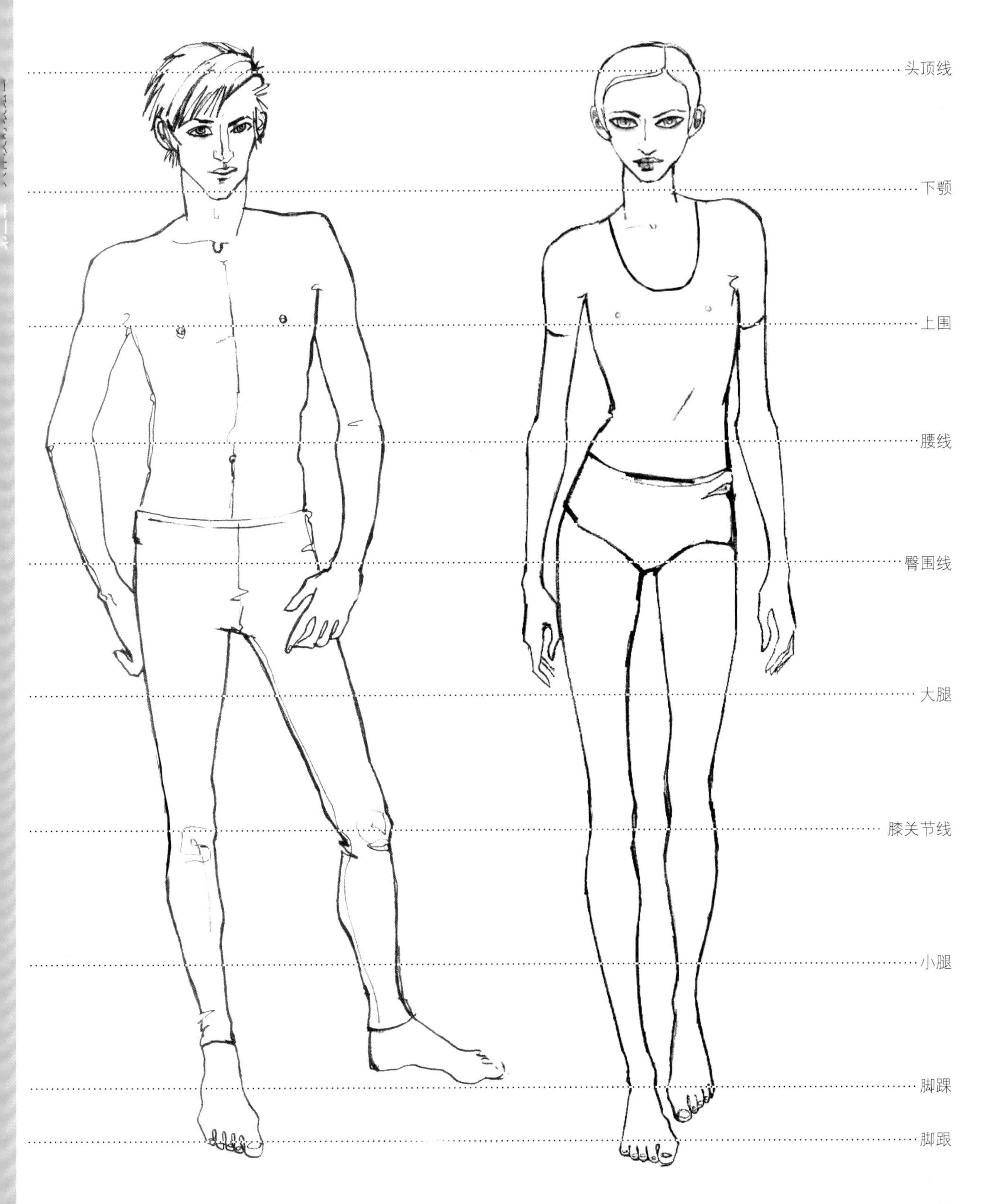
头顶线
下颚
上围
腰线
臀围线
大腿
膝关节线
小腿
脚踝
脚跟

模特造型

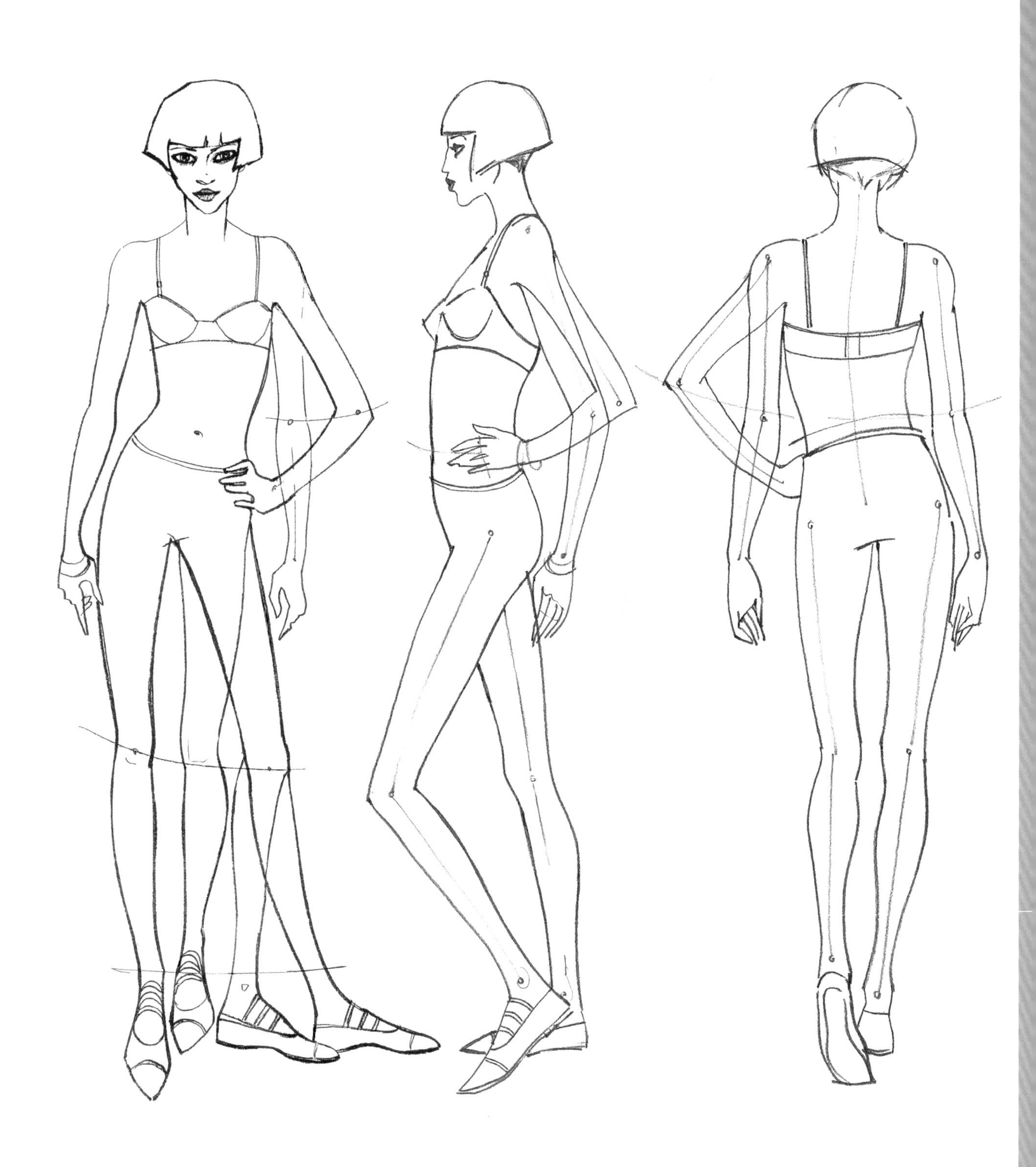

现出来，但是面料的肌理或是颜色无需画满全身，只需要在某些地方有一点表示即可。通常用彩色水笔、淡彩笔和马克笔来表达不同的色彩基调和织物。许多速写的笔法可以用来表现折叠、褶裥以及面料的类型，例如皮草、针织或是牛仔布等。背景和地面通常不用在画面里交代，如果要表现，可以通过一条水平的线条来托住，避免人物看上去仿佛悬浮在空中。

作为在大学里面学习的学生，应该以草图、设计发展图和完成图（也被称为时装画，即“Croquis”）来进行设计的绘图演示。绘图时不应过于费时耗力，而应该以风格化的笔触传达出一种特殊的线条、瞬间的特征或者情绪、样式。快速下笔会增加线条的某种自发性和信心感。基于这个原因，你将会被鼓励勾勒出瞬间的人物动态和捕捉款式当中的关键性线条。时装照片和杂志是寻找人物动态的极好来源，它们对分析人物的姿势和加快捕捉服装中的关键线条都起着很大的作用。通常，学生们会为每一幅时装画精心安排模特的姿势。当你积累了一定数量的姿态以后，你就可以把它们当成勾画草图和设计过程中的模板来使用。

上图：伊夫·圣·洛朗在位于巴黎的工作室里勾勒设计草图。

下图：从多种不同的角度练习绘画人体，夸张的角度会提高你感受三维空间状态的能力。

萝莉·邓肯（Laurie Duncan)用HB素描铅笔和色粉笔为River Island品牌创造出了一种清新的少女风格。作者用纤细的线条笔触逼真地再现了织物及人物头发的质地和量感。

头部和脸部的画法

头部的草图应当按步骤来进行。首先画一个鸡蛋形状的椭圆形，在下颏处要更加尖一些；椭圆形的宽度和两眼之间的距离是塑造“个性”的关键。椭圆形的水平中线上是眼睛的位置，并且穿过瞳孔的中间。嘴的位置在眼睛线与下颏线的中间，鼻子沿垂直中线的两侧轻轻画上即可。耳朵沿鼻底线以上，但它们的位置通常能够表达不同的视角角度。最后，添上发际线以及进一步深化那些细节特征。

上图：创造性地运用结构、肌理和色彩来表现人体、皮肤及发色可以让你的设计图进一步地完善和升华。

草图

画草图是运用你的速写簿或者散页装订的本子草草地记下你的创意。一些人喜欢把人物画满整张纸面，而另一些人则喜欢在同一张纸上画下所有能够想到的内容。什么样的作画习惯无关紧要，这一阶段应当刻画的重点在于服装的造型轮廓和色彩倾向。此时可将造型线和设计元素用很小的草图勾画出来，加入一些图形、面料以及瞬间闪念，并且考量工艺的可实现性。一种放松的作画状态通常能够成就一个好的服装设计作品，包括赋予它流畅的线条、美观的轮廓、恰当的面料和精确的比例。

设计发展图

一旦你确定了一个明确而直接的设计方向，那就挑选最好的方案，把它们组合成一个“主题”，然后再系统地按照你的构思来进行绘画，放大画面，试着画出不同的比例结构、领围线、袖子造型、纽扣、系带等内容，并考虑服装前片、后片和侧面的不同视角表达。一张半透明的衬纸可以辅助你将好的设计思路保留下来，并进行下一步的深入描绘。设计开发阶段应当描画出表达清晰、比例准确的时装效果图，以便他人易于了解所传达的内容。这就不需要表现人体的某些细微之处，例如脸部特征、配饰或者发型。如果你的设计是成系列的，那么你就需要创造一个“主题”，将它贯穿于整个美学创造活动中。要做到这一点，就需要贯彻某种设计元素和原则，对色彩和面料的选择也会帮助你创造出想要的系列作品。在这个阶段，你也应当考虑技术方面的问题以及服装对工艺的要求，并向有关专家进行咨询。当你确认设计的款式可以转化成板型时，就可以开始选择面料和制作样衣的工作了。

上图：要想成功地描绘脚和鞋，应注意脚的摆放角度和视角。鞋子的跟越高，从前面看脚就显得越纤长，从侧面看就显得短多了。时装画经常风格化地夸张足部的尺寸。

效果完成图

效果完成图是最高质量的效果图。通常，它们被画在特殊质地的纸上或是采用较大的尺寸以适应专业性的需求。你要准备好不同质地的绘画材料和纸张，以确保能够通过它们表现出不同面料质地的服装风格。在完成效果图之前，你应当花大量的时间去练习。整张画面应当尽量以一种经济又优雅的方式表现出着装者的“形态”或情绪。你需要充分地刻画出细节特征、结构关系和面料质感以说服观者，但不要追求过分复杂的表现方式。在一张纸上不要安排过多的模特，两个就已经足够。色彩并非必要的，但有时它也是有价值的和必需的。在脑中经常回想设计项目或是顾客的需求，将有助于你判定是将时装画画成现实主义风格的还是印象派的。

一张完整的效果图还应当附有平面结构图或是细节说明图。背部或侧面的细节通常要用单线条的轮廓线表示出来，以免显得结构上含混不清。或许你还会被要求附上面料小样。

应尽量避免在背景上画太多的图形，也不要把页面填充得满满的以喧宾夺主。对于不同的设计主题，应当采用不同的媒介和尺寸，并努力地表现出个人的艺术风格和笔触特征。如果要完成一系列的效果图设计，你最好使所用的纸张保持大小一致，所有的人物比例也要相同。按照正确的顺序将它们进行排列和标注，并且用塑料封套保存起来。长此以往的专业表现将有助于你有足够的信心迎接外界的评判和面试。

上图：黑色的毡头笔在彩色的毛笔笔触上勾勒出服装的结构细节——这是设计师马克·法斯特（Mark Fast）打造的编织装盛宴。

下图：水彩颜料和蜡笔之间相互不交融的特性特别适合表现柔软的织造结构和堆叠的面料。

只有极少数的绘画人才将时装绘画视为自己的职业，大多数职业时装设计师只是将时装画用作设计草稿或是进一步的设计表现，那些完成得比较深入的时装画则只是为了来表现一个时装作品系列，或是提供给新闻单位以对即将面世的作品进行预先的展示。人们总是对这个领域里的人才匮乏表现出过度的焦虑和敏感——尽管事实上服装的制作技巧才更为重要。

图解画法：尺寸标注图和平面结构图

一些学生更喜欢图解画法，此形式常被称为尺寸标注图（Specs）和平面结构图（Flats）。尺寸标注图和平面结构图是时装效果图中表达最清晰的形式。这些成衣的工作分析图，以清晰的、图解的方式阐明技术性的细节，不侧重描绘人体，但是必须和成衣的身体尺寸匹配。在这些情况下，非常重要的是不能夸张身体比例，并且每条边缝线、需要结构和裁剪的细节都以平面的、无明暗关系的方式展示，以防生产中出现错误。在工业生产中，这种方式比自由绘画更易于让他人理解。

左顶图： 用厚重的毡笔和细勾线笔画出一个“栩栩如生的平面款式图”。弯曲的手臂、若干条线暗示出织物的转折，使画面更加生动。

顶图： 添加了尺寸的技术性的平面款式图，按比例地显示出每个细节。

右顶图： 男式工装裤的平面图应将前面的开衩和侧面的边缝展开表现，特别是顶部的缝线处。一个大胆的外轮廓要加以强调。

左图： 采用速写的手法来表现针织衫织纹的肌理。

尺寸标注图和平面结构图的作图规范仍在不断发展，而且能与新技术结合得很好，它可以很容易地快速扫描并在计算机中进行调整，传真给供货商和激光切割的CAD/CAM机器，且不损失任何细节。这种时装表现图的本质在于传达，它是一种国际化的语言，并且在男装、休闲装、运动装和针织装中尤为重要。

彼得·贝利（Peter Bailey）

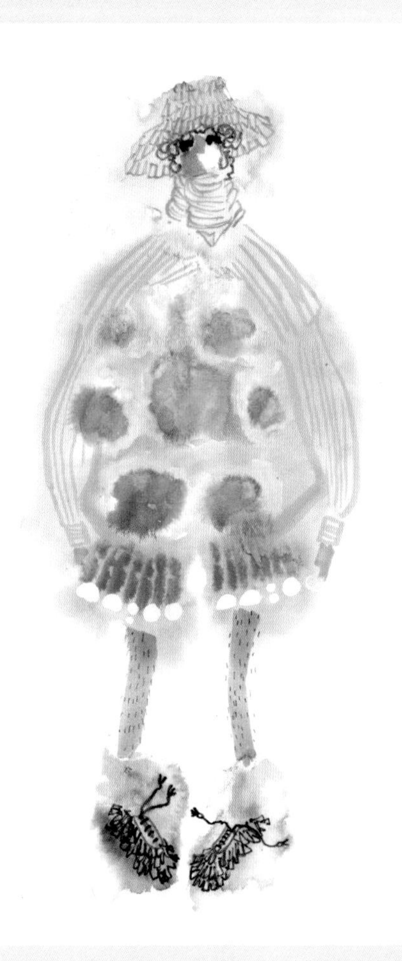

这组富于热带特色的夏日性感男装是以20世纪20年代著名的拉丁浪子彼得·贝利作为灵感来源的。在将设计进行系列化的第一个阶段里，设计师用铅笔勾勒出了超大型号的服装轮廓，这就使服装呈现出不同于英国本土的异域风情。接下来设计师选择使用了散发着动感热情的半透明面料为服装增添了既鲜艳夺目又含混不清的色彩效果。最后增加的诱惑元素是那些涂鸦式的印花图案，彩色方格和流苏饰边都促使穿着者恨不能像哈瓦那城中那些舞者一样通宵达旦地跳舞。

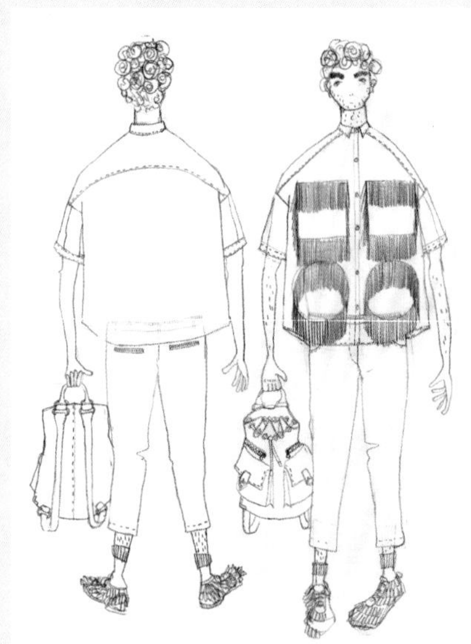

通常，平面图可以按一个大致的尺寸手工绘制，但使用计算机的矢量绘图程序能使其更精确。例如，纽扣的数量和位置间隔应与其尺寸相协调；身体、肩宽、袖长、领子尺寸和口袋大小都必须比例精确；顶部针法以一条沿着线缝边缘打点的连续细线表示出来。在平面图旁，任何繁复的细节都需以放大的方式展示。可使用颜色和一些艺术化的手法展示织物的柔软、褶皱甚至是“魔鬼”身材。

尺寸标注图比平面结构图更加精确，包括具体尺寸和技术性的生产细节说明，或者附带着装饰线、缝线、针脚线和商标位置的详细说明。可以使用光面纸或方格纸(图表纸)。使用方格纸时，要选择精确到厘米(或英寸)的比例合适的方格纸，顺着直丝的纹理沿着直边开始画，然后再添加线。先轻轻地用软铅笔画一遍，再用描笔勾勒一遍不失为一个好的方法。应使用一系列不同粗细笔尖的笔，例如0.9厘米的用来勾勒轮廓线，0.7厘米的画结构线和接缝线，0.5厘米的画衣服外缝明线。当一切都画好后就可以擦掉铅笔稿。也可以买曲线板来画曲线及其他形状。

尺寸标注图和平面结构图有极广泛的用途：附上明细表，可在生产过程中和样衣车间使用。与时装画相比，缝纫工人们更喜欢尺寸标注图和平面结构图，因为它们出错的概率很小；同时，它们也可作为销售商的辅助工具，即在销售一个服装系列时作为可视的参考档案。

“我常常在公交车票的背面开始作画，画好后再将其完善成详述图。因为到处都有大堆的纸，所以我从不用素描本。”

——设计师 乔伊·卡塞利·海福德(Joe Casely-Hayford)

设计师的任务之一就是利用技术创造性地、智慧地展示一种全新的思维角度。图中一种具有方向性的流动线条贯穿于人物的服装和影子轮廓之间。此图的作者是Onking Lai。

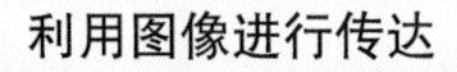

利用图像进行传达

尽管服装效果图或时装插画的完成一般都标志着设计创作活动中一个阶段工作的完结，然而实际上它们都还有继续完善的空间。时装专业的学生有时会错误地认为，在这项技能的需求上业界通常会青睐那些天才级的人物，由此甚至可能引发出焦虑和过分敏感的情绪，但事实上，设计以及实际操作能力才是更被看重的能力，最重要的是你应该找到自己与外界进行沟通的方法。除了徒手绘制时装画以外，还有许多行之有效的技巧可以让别人了解你的构思，例如，利用电脑软件所提供的数字化人体模板或人台模板，或者是采用剪贴画的形式，当然，你也可以借助于拷贝纸进行拓描。计算机辅助软件的出现对于那些没有过多时间练习作画或是缺乏这方面天赋的人来说不啻为一个福音，这意味着他们有机会能与时装画能手一较高低。

电脑绘图

织物设计者、平面设计者和效果图画家将电脑作为设计工具使用已有很长时间了。但是直到最近，时装设计师还是觉得手工创作素描和详述图更为容易。迅速改善的电脑系统及时装类软件的质量以及用户界面的友好度和价格，逐步改变了时装设计师和电脑之间的关系。

在20世纪80年代，时装工业中使用的大部分电脑硬件（和软件）作为单独的系统出售，它们常被称为“计算机辅助设计或制造”，简称CAD/CAM。这些系统不仅能够组织和加快设计的进程，而且可以驱动像编织机或激光切割机等一系列设备的工作。通常，这些设备之间不能兼容，因为软件有其独特的界面。操作人员需要经过特殊的训练才能使用这些设备。这些系统现在仍然非常有效并在许多时装工作室和制造厂广泛使用。你会发现自己也在学校和工作实习中使用这些设备。

微软公司出品的Windows系统已成了大部分计算机软件操作的标准。微软的Windows系统与第三方软件或流行的应用程序加在一起，意味着在大多数工作环境中你可以采用非常有效的办法学习使用电脑。

电脑的使用产生了全新的网络词汇和令人困惑的首字母缩略词。这种语言不会消失，所以你至少需要学习一点，以便能够有效地与印刷商、制造商及平面设计师交流。

电脑处理可视图片有两种不同的方式：矢量法和位图法。下面是对这两种方法的技术性解释，可以帮助你为手边的任务选择一个合适的处理方法。

上图：矢量图和渐变功能结合在一起使用可以创造出一种情绪氛围，同时画面中的主体部分也不会因此而受到破坏。对于运动装系列而言，一个正在进行着的姿势和情节编排要比只是摆一个时尚造型重要得多。这幅画的作者是Sylwia Blaszczyk。

下图：Adobe Illustrator软件和Photoshop软件已经各自成为功能全面的独立软件，并被广泛地运用在设计、插画、产品说明和建筑规划领域。归根结底，它们是设计师表达创意的好帮手。

矢量法

我们最熟悉的电脑表现图是技术性的绘图和说明，它们对设计过程是必要的，因为比起素描，它们较少给生产者造成误解。在电脑上做这种图的最有效办法是使用一种叫做“矢量”的数学语言。由Adobe公司开发的矢量语言PostScript用于画直线、曲线和几何图形非常理想，因为它总能生成最清晰的、最光滑的线条，边缘没有锯齿，也不会模糊不清，且不论形象的尺寸被缩放到任何程度都能被电脑监控器和打印机处理。矢量文件很节省内存空间，并且一旦重新调整尺寸其像素也不会下降。用这种方式，款式图和详述图能被传输到世界各地进行快速下载和精确放大。

以矢量为基础的表现图在创造性和技术性方面都是很有价值的工具，但是需要花费一些时间来练习。像Adobe ILLustrator、CorelDRAW和Macromedia Freehand等以矢量为基础的商业软件已引进了如填色、渐变、文本和文本色、无缝式样复制和填充、可定制的笔及媒体和数百种的过滤器等功能。你可以将手绘图扫描进电脑，然后将它转换为光滑的矢量图。男装行业部门尤其喜欢使用以矢量为基础的款式图和详述图。同时，它也用于制作运动服装和T恤的标志和装饰图案。

上图：Shara Hayes已经开发出了一款矢量图模版软件，只要点击选择不同式样的面料和服装零部件，就可以形成一整套产品系列。

对页图：熟练地运用软件可以令你的工作更加有效，这会使你的设计看上去比别人的更为专业性和个性化——在准备练习簿或作品集时尤其要记住这一点。

POP ROCKS
Crackling Cand

位图法

位图软件，或以光栅为基础的软件最适合处理照片类的现实图像。一幅位图是一个光点（也被称为像素）的集合。位图图像对分辨率很敏感，这就意味着设计师需要在开始工作前决定好他希望输出的图片的尺寸。将作品的尺寸放大会使图像看起来不整齐或模糊不清，而缩小尺寸会丢失重要的细节。

然而位图图像也有许多优点。因为它的每个像素都可以编辑或调整，所以适用于对色调和色彩细节的修正。二维的素描、照片和小样图能被扫描进电脑，作为图像文件保存，然后可被调整和组合。像纽扣、布片和棉线这类小而且平的东西也能被扫描、缩小和在艺术作品中应用。扫描的线条图可以作为有用的模板，如果使用打印机，你能印出任何数量的翻转和旋转的复制品和变体。你可以使用杂志彩页上的模特姿势、材料以及小配件，迅速而有效地开始进行拼贴画设计。背景可以被清除掉，然后用纹理和其他的场景图取而代之。

> *“我从事插画工作已经超过25年了，我原来总声称自己绝不使用电脑，但现在，我已不能将自己和电脑分开了。如果现在顾客希望有所修改，我就可以节省过去曾大量浪费在返工上的时间，而且还可以同以前一样收费。它真是物有所值，它最大的突破是数字化笔和画板——就像使用毡头笔或刷子一样。”*
>
> *——时装插画师尼尔·格里尔（Neil Greer）*

许多设计师使用鼠标或更灵敏的带有压力的传感笔直接在电脑上作图和上色，其效果与手工作品一样直观，而且不会像在工作室那样搞得很乱，也无需用到大量的材料。

数码设计和制作电子作品集

如同通过设计提升服装的美学效果一样，数码摄影技术与绘图软件(例如Adobe Photoshop、Adobe Illustrator或Corel Painter)的完美结合应用可以极大地丰富画面的效果。利用一些桌面排版软件（例如InDesign或Adobe Acrobat）可以将创造性的艺术作品、具有专业杂志水准的版面布置以及风格鲜明的图形设计有机地组织在一起形成一个完美的组合式项目。在许多大学里，你会被要求在一个虚拟学习环境下（简称VLE）或是校园局域网络里利用PowerPoint软件制作演示文稿并且形成自己的电子作品集。绝大多数的时装专业学生和自由职业者目前都需要掌握这项制作电子作品集和编辑个人履历的能力，以应对不时出现的潜在的求职机会。比起过去一本厚厚的作品册，电子作品集的携带和运用显然要更为灵活方便。

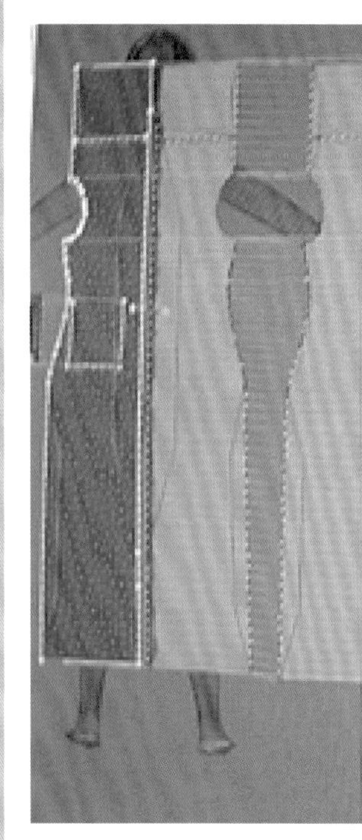

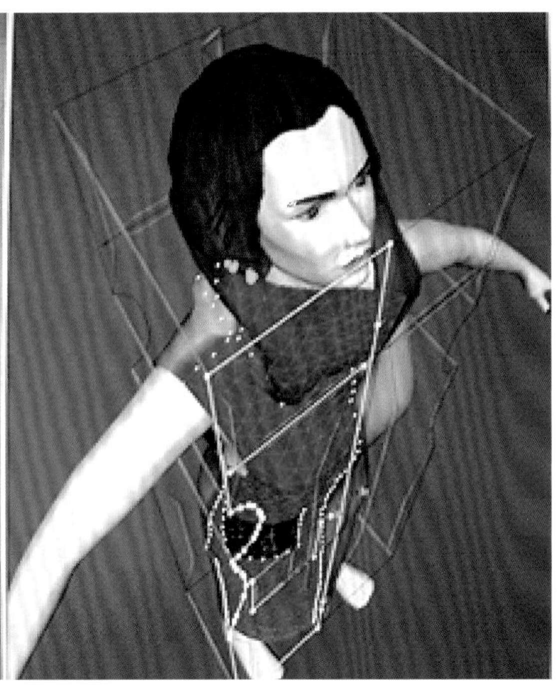

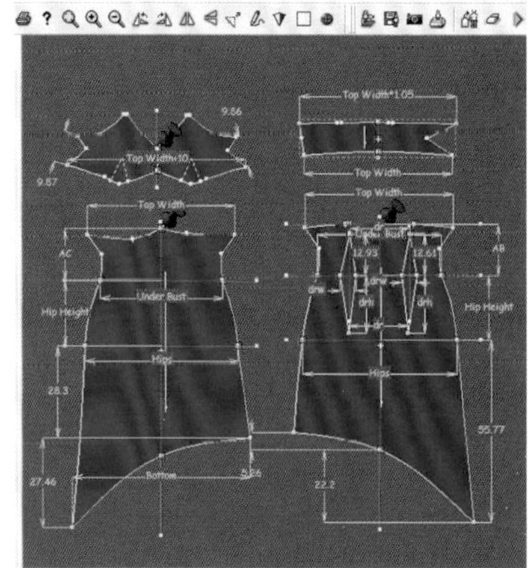

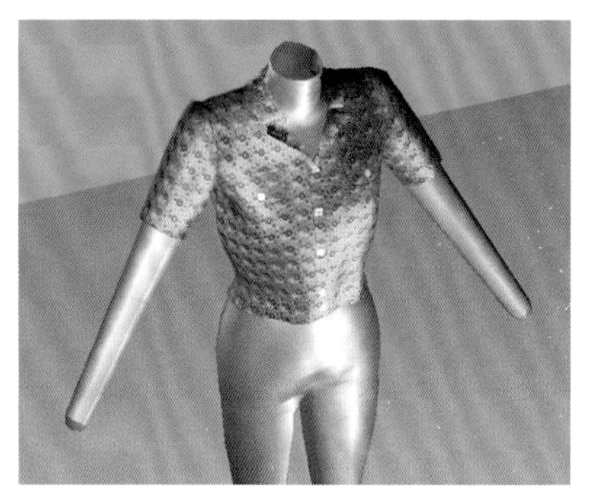

CAD/CAM原型技术

在本章中，我们已经分别从传统绘画和计算机辅助操作的角度介绍了如何进行时装设计，在后面的第五章中，我们还将对传统的制板房进行描述。但是实际上在今天，我们完全可以把经由2D制板软件生成的真实的服装裁片与经由3D参数生成的虚拟人体模型相结合来完成整个草拟和设计的过程。一般来说，服装样板自动生成系统（简称PDS）以及计算机辅助设计/制造系统（简称CAD/CAM）所提供的设计模板都是针对非常专业的用户所开发的软件系统，因此你大可不必从一开始就要掌握这门技术。按照一般的理解，认为只有通过实际的打板、纸样剪裁以及用真实的面料进行立体裁剪才能够真正地了解什么是服装的合体性、舒适性和协调感，但在实际的设计师生涯中，大部分设计、制板以及其他与服装专业技术相关的工作都是在电脑上完成的。你只要掌握了其中的核心技术并稍加培训，就能够将专业技巧通过电脑的方式表现出来，并且你会发现这比在纸张上操作要快得多。许多工业软件的制造商都会提供简单易学的入门程序来辅佐你的学习，当然，你必须获得专门的许可证书或是使用带有“水印”标记的软件。

制板及裁剪

电脑技术使得板型的修改和推板过程变得快速和简便。已有的服装样板可以通过一种类似于鼠标的设备或是电子笔转化成为矢量图形，并且用纵、横坐标来标明样板裁片上的各种参数，由此，各种板型可以被储存成为矢量数据，继而为建立一个板型库收集到基本的数据模块。这样一来，服装板样就无需再用硬纸板裁剪，也不必再费

左顶图：现在的CAD技术可以让设计师依据平面的纸样参数创建出身覆真实感面料的虚拟人体原型。

顶图：服装纸样可以被扫描至CAD系统中自动生成电子样板，或是通过追踪描摹工具生成矢量图形。此类程序还可以提供接缝的校对以及添加剪口和缝纫的功能。

上图：带有3D功能的CAD程序可以把服装样板直接转化成具有真实感的人体着装预览图。

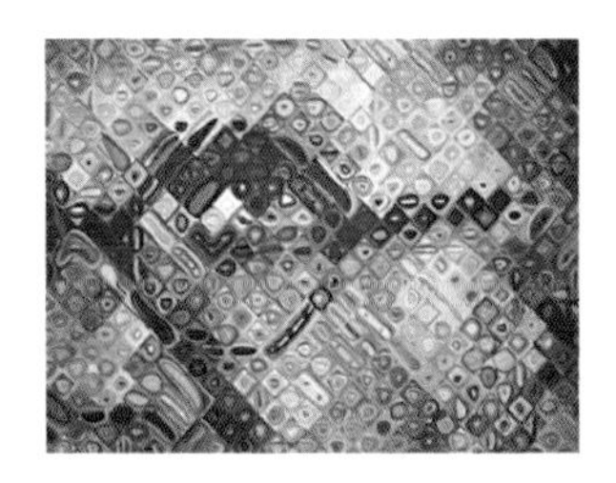

这个创意来自于擅长以像素分解方式来描绘人物肖像的画家查克·克洛斯（Chuck Close）的作品。我将选取部分画面进行像素风格的第二次创作——实际上，我只是从图像中提取了其中的色块。

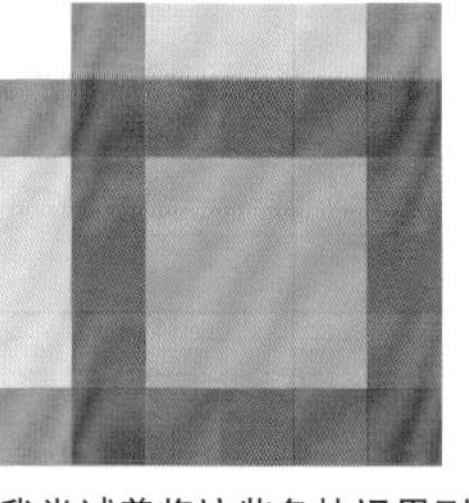
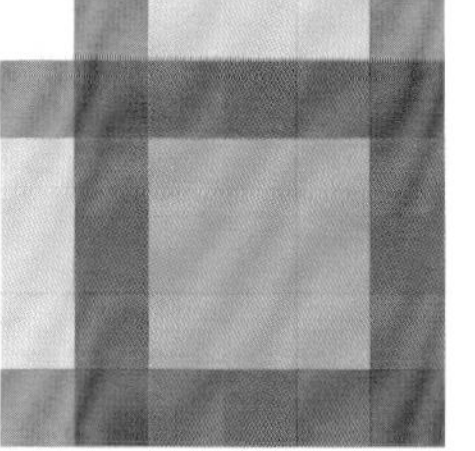

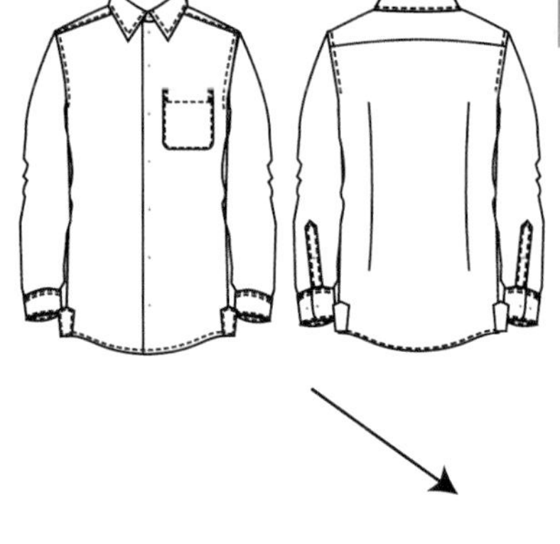

我尝试着将这些色块运用到衬衫的设计中，并且试图找出哪种大小比例是最完美的。

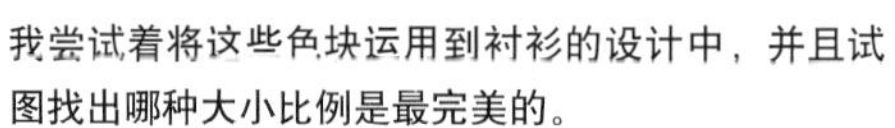

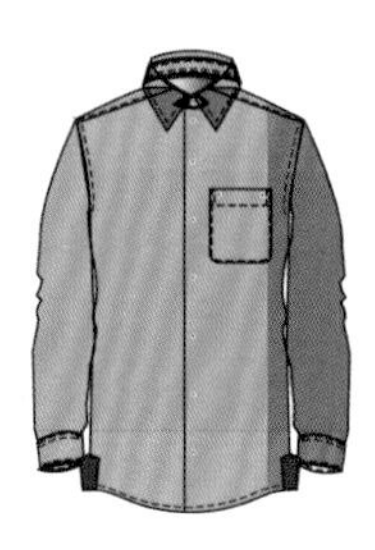

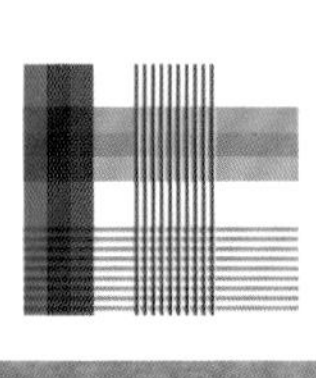
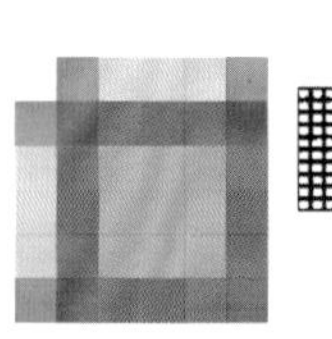
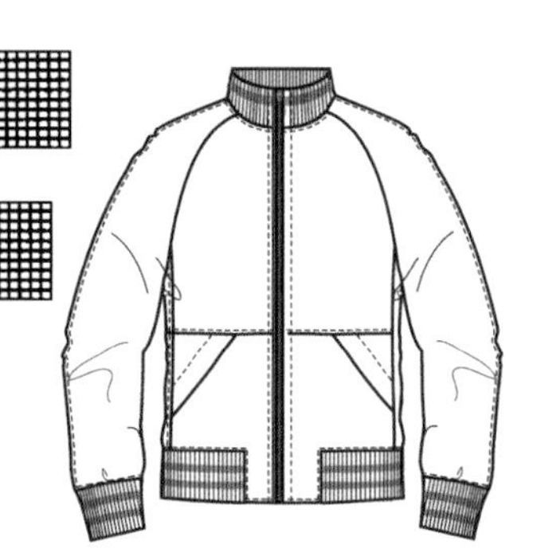
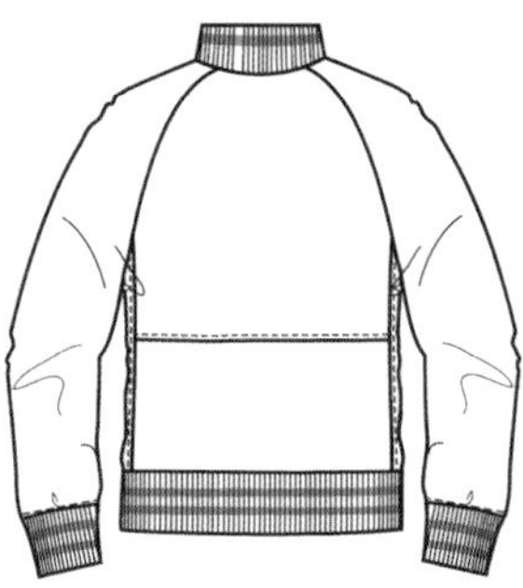

这里，我从研究题板中的这幅图像里提取到了创作灵感。

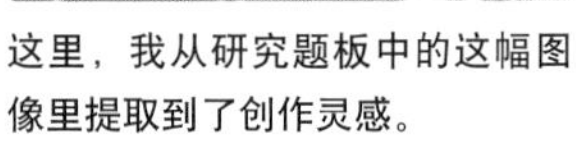

随后我把从中提取到的格子图案运用到一件夹克的设计中，并且不断地调节图案的大小和颜色组合。

这个故事板展示了设计师如何从一幅像素图中获取灵感，从而发展出一组和谐的格子纹样，并以大小不同、颜色各异的形态运用于一个充满活力的男装系列中。

心储存它们，而仅以一种常见的DXF格式的电子文档形式存储即可。即使并非那么精准，服装样板也可以通过扫描生成位图图形。随着设计方案的不断推进，板型数据模块可以用来适应各种不同的人体比例，这就免去了很多重复而繁琐的工作，尤其在打造一个系列的作品时，运用数据模块来保持服装整体性的协调性就更显得易如反掌了。通过屏幕上图形的放大或缩小，服装样板上的诸如剪口、省道等细节就可以进一步得到完善。在测试样板之间是否能够精确地拼合时，计算机也可以根据一张数据表按比例缩小那些处于活动状态下的样板，并将其存储在一个便于管理的桌面空间内。作为设计师团队里的协作成员，尽管分属于不同的专业领域，样板师和生产专家仍然可以共享同一套专业数字化解决方案工具（PDS）和产品生命周期管理系统（PLM）来对设计师的创作理念和面料风格进行一个快速而全面的了解，以便更好地统筹裁剪记要、排料和成本控制等工作。

在像“第二人生”（Second Life）这样的网络虚拟游戏中，用户被鼓励在人物的服装及时尚方面有所建树。在一些虚拟的竞赛中或是商店里，服装是可以被用来交易的商品。

虚拟时装

CAD/CAM系统中已经添加了三维可视功能，像Lectra公司的U4ia软件、OptiTex公司的Runway软件或是Browzwear公司的V Stitcher软件就可以把矢量化的样板迅速转化成左右对称的三维虚拟服装图像，同时位图形式的纹理渲染库（Texture Maps）还可以为其提供丰富的织物构造、肌理或图案方案，甚至可以调节纹理的粗细或是选择匹配的格子图案，抑或添加各种图形装饰。而质感功能则可以赋予面料弹性、悬垂性和柔软度等各种性能外观——这就为接下去的纸样剪裁、合体性调节、立体裁剪以及制造不规则底边等环节提供了重要的参考信息。彩色的热度图工具（Heatmaps）甚至还能够帮助你判断面料的哪一部分在人体上过于紧绷。三维立体图像可以被放大或缩小，还可以进行任意角度的翻转，有一些软件甚至可以把服装内部的真实效果展现出来。

比起过去对着一张平面的结构图或是样板图来想象服装的最终效果，人们发现三维可视图像提供了一种更为便捷的方式，这就相当于在样板变成织物之前你可以获得技术专家的意见支持。上裁床之前及时地发现问题并调整样板对于避免日后在生产环节里由浪费面料而引起的成本上涨显得至关重要。当设计得到了最终的完善、样板也被最终确定下来之后，三维可视图像就可以被运用于市场推广或是产品说明了。通过添加虚拟人体或是虚拟着装人像，设计方案将会进一步得到升华。虚拟的T台展示也并非遥不可及，CAD系统中的动画效果已经可以让虚拟的模特活动起来：T台走秀、跳舞或是体育运动。这些虚拟的秀场资料可以被分发到买家和媒体手里，也可以被用于网上推广，或是作为新产品发布。目前，掌握CAD/CAM技术已经成为服装行业里高薪人群所必备的一项专业技能，它要求从业者必须有在创意和技术之间取得良好平衡的能力。

有一些3D程序可以提供人体的三维扫描功能或是个人化服务平台以获取顾客的原型资料。它们可以根据设计方案的诉求而生成动画效果，这样就便于征询顾客的意见或是许可（图片承蒙Browzwear公司提供）。

更多的专业读物和资讯

Bina Abling. *Fashion Rendering with Color*, New York: Prentice Hall, 2001
Anne Allen & Julian Seaman. *Fashion Drawing: The Basic Principles*, London: Batsford, 1996
Cally Blackman. *100 Years of Fashion Illustration*, London: Laurence King Publishing, 2007
Laird Borelli. *Fashion Illustration Now*, London: Thames & Hudson, 2000
Laird Borelli. *Stylishly Drawn*, New York: Harry N. Abrams, 2000
Janet Boyes. *Essential Fashion Design: Illustration Theme Boards, Body coverings, Projects, Portfolios*, London: Batsford, 1997
• Sandra Burke. *Fashion Artist: Drawing Techniques to Portfolio Presentation*, 2nd ed. Burke Publishing, 2006
• Sandra Burke. *Fashion Computing: Design Techniques & CAD*. Burke Publishing, 2006
• Marianne Centner & Frances Vereker. *Fashion Designer's Handbook for Adobe Illustrator*, Oxford: Blackwell, 2007
• Martin Dawber. *Big Book of Fashion Illustration*. London: Batsford, 2007
Yajima Isao. *Fashion Illustration in Europe*, Tokyo: Graphic-Sha, 1988
• Harold Koda. *Model as Muse: Embodying Fashion*, New York: Metropolitan Museum of Art, 2009
Kojiro Kumagai. *Fashion Illustration: Expressing Textures*, Tokyo: Graphic-Sha, 1988
• Andrew Loomis. *Figure Drawing For All it's Worth*, New York: Viking Press, 1947
Alice Mackrell. *An Illustrated History of Fashion: 500 Years of Fashion Illustration*, New York: Costume and Fashion Press, 1997
• Bethan Morris. *Fashion Illustrator: Portfolio Series*, London: Laurence King Publishing, 2006
• Carol A. Nunnelly. *Fashion Illustration School*, London: Thames & Hudson, 2009
Julian Seaman. *Professional Fashion Illustration*, London: Batsford, 1995
Steven Stipelman. *Illustrating Fashion: Concept to Creation*, New York: Fairchild, 1996
Kevin Tallon. *Creative Fashion Design with Illustrator*, London: Batsford, 2006
• Kevin Tallon. *Digital Illustration*, London: Batsford, 2008
Sharon Lee Tate. *The Complete Book of Fashion Illustration*, New Jersey: Prentice Hall, 1996
Linda Tain. *Portfolio Presentation for Fashion Designers*, New York: Fairchild, 1998
• Naoki Watanabe. *Contemporary Fashion Illustration Techniques*, Beverly, MA: Rockport, 2009

插画和图片网站
folioplanet.com/illustration/fashion/
www.showstudio.com

人体图片
www.ourbodiesourselves.org/bodyim.htm
www.about-face.org
www.i-shadow.net

时装新技术
www.fashion-online.org
www.virtual-fashion.com
www.snapfashun.com

插画网站
cwctokyo.com
art-dept.com
artandcommerce.com
www.theaoi.com (Association of Illustrators)
www.illustrationweb.com
www.deviantart.com
www.drawsketch.com
www.portrait-artist.org
www.polykarbon.com
www.mangatutorials.com
www.fashionillustrationgallery.com
www.folioplanet.com
www.jason-brooks.com/portfolio
www.francoisberthoud.com
www.fashionillustration.de
www.jphdelhomme.com
www.howardtangye.com
www.daviddownton.com/fashion.html
www.davidzuker.es
www.cocopit.biz
www.edtsuwaki.com

第四章　色彩和织物

色彩基础

根据纱线、织物及成衣制造商和零售商的共同研究得出结论，顾客首先对颜色作出反应，然后对衣服的设计感觉产生兴趣，这之后才是对价格的评估。为一次发布会设计作品时，最先要决定的是为一个系列的服装选择颜色或基调。颜色的选择将会区分作品的情调或季节性“主题”，使它与前面的系列分开。

人们在直觉上、情感上甚至身体上都会对颜色做出反应。蓝色和绿色——天空和草地的颜色——可以降低血压；而红色和其他强烈的颜色会使心率加速；白色使人感到冷漠；黄色是代表阳光、友好的颜色；灰色很职业化但令人感到沉闷。同一个品类的产品由于颜色的不同，给人的感受也有差异。例如，小黑裙意味着精致和优雅，而小红裙则象征着热情和性感。在城市长大的人与在乡村或热带地区长大的人对颜色的反应也有所不同。相同的颜色在不同的环境或灯光条件下，例如，在多云的白天或者在商店荧光灯下，会看起来有所不同或产生不适当感。染色师认识到了这一点并向不同地区诸如曼彻斯特、迈阿密和孟买推荐不同浓度和耐光度的染料。

“粉红色相当于印第安人的海军蓝。”

——1963～1971年，美国Vogue杂志的编辑戴安娜·弗里兰

选择颜色时要考虑到季节和气候的因素。秋冬季人们倾向于穿能给人以温暖、欢快感的或者深色的服装，以此保持体温。相反，春夏季人们更多穿着白色（可以反射热量）和淡色的服装。许多社会传统与象征意义也与颜色有关：在西方国家的一些地区，绿色普遍被认为是不吉利的，虽然它也和自然与健康联系在一起；在印度，婚礼常见的颜色是鲜红色而不是白色；在中国，葬礼用的颜色是白色而不是黑色。因此,在设计作品时考虑到目标市场的文化背景是非常重要的。

定义色彩

普通人的眼睛可以分辨大约35万种不同的色彩，但人们并没都给它们命名。我们描述一种颜色时，也希望其他人能同样地看见这种颜色。人们已发展出了一些色彩体系，试图科学地识别和定义颜色。最早的色彩体系在1666年由英国物理学家艾萨克·牛顿爵士(Sir Isaac Newton)发明。他发现，在自然光中包含了所有颜色，能通过三棱镜将这些颜色分离出来。他确定了光谱的颜色——七棱镜色彩：红、橙、黄、绿、蓝、靛、紫。他同时相信，这七种颜色同音阶有联系，联想到“色调”和“谐调”，从此以后常用音乐术语来讨论颜色。牛顿还创建了一个六色条幅的色环（靛和蓝被合并了），这个色环现在仍被用以描述颜料和加减色。

1730年，雅克·克里斯托夫·勒·布隆（Jacques Chris-tophe Le Blon）发现了混合三原色（红、黄、蓝）中的两种颜

通常鞋和袜的色彩都采用中性色调，为的是更突出上半身的着装效果；可是在这张图中，色彩的运用带来了一种欢快的、炫目的、充满活力的效果。

上图，从左到右：

小黑裙总是处在时尚潮流。

黑白对比的服装总显得优雅而充满活力。

白色的服装既可以制造出如医生般刻板和冷静的外表，也可以制造一种戏剧性的效果。

色混合后可创造出复合色（橙、绿和紫），并且以不同的比例搭配三原色即可出现其他的中间色。还能将所有原色混合创造出第三色：各种色调的棕色和灰色，一直到黑色（见色彩术语，137页）。

除了对颜色本身命名之外，还可通过三元素即色相、明度和纯度来描述其特征。色相与基本色有关，即蓝、红或绿，纯色是相当少的。明度指一种颜色在白色（所有颜色的总和及源泉）到黑色（完全无光）尺度上的深浅变化。明亮的色彩称为浅色，较深的则叫暗色。纯度是色彩的相对强纯净度（纯净度）或弱纯净度（不纯净度）。用水将颜料稀释可降低其纯度，例如，红色因此就变成玫瑰粉色，再淡就成为浅粉色。

然而，科学的描述不能充分地表达出色彩的感觉或情绪，所以人们命名颜色时也依靠对于世界普遍共识，例如以动物命名（大象灰和金丝雀黄）；以花和蔬菜命名（丁香紫、蘑菇白、番茄红）；以糖果和调料名（太妃色、藏红色）；以矿物和珠宝命名（珍珠色、珊瑚红、绿玉色）等。

对颜色的联想在记忆颜色的深浅度和命名一套颜料时是非常有用的，但是对专家用来说明配色的要求是不够的。为了做到这一点，已开发起了一系列标准化的商用色彩搭配系统。

颜色是怎样形成的

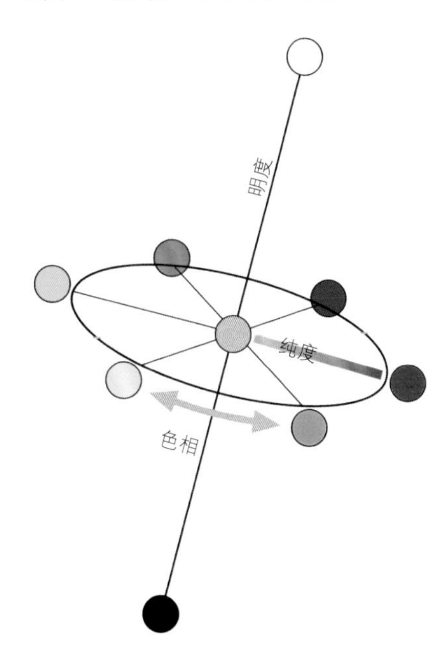

色彩空间由三个元素交织而成：色相、明度和纯度。

加色混合 物理基本色（光）的混色系统。当红、蓝、绿混交投射时，就产生白光。

减色混合 将红、黄、蓝混合创造出复合色：橙、绿、紫。

色环A
设计师需要一个广阔的色彩范围，染色颜料也应当尽量向色彩光谱靠近。

色环B
尝试着将色彩进行混合，例如将翠绿色和淡紫色进行混合，这个色环上的颜色都不是用基本原色混合得到的。

调和对比 色彩通常会被刻画成具有某种个性特征，还能够依据不同的背景环境改变自己的面貌。

在任何一个色彩体系里，某种颜色与其他颜色的相互配合就像它的个性一样重要：原本沉闷的颜色可以变得鲜亮；原本强烈的颜色可以变得平淡。一个颜色可以通过多种方式来改变自己的个性，这完全取决于它所处的周边环境。

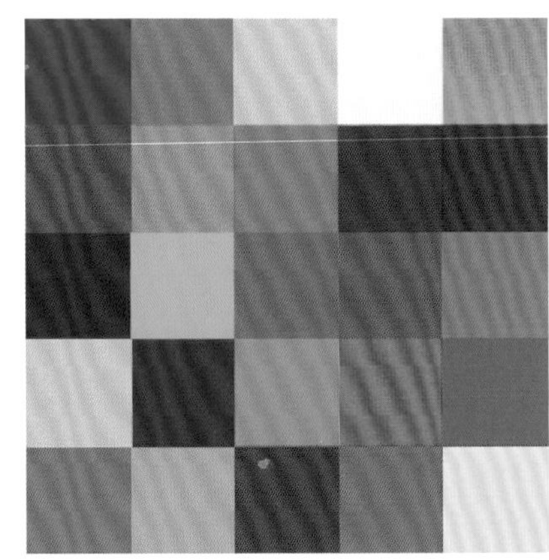

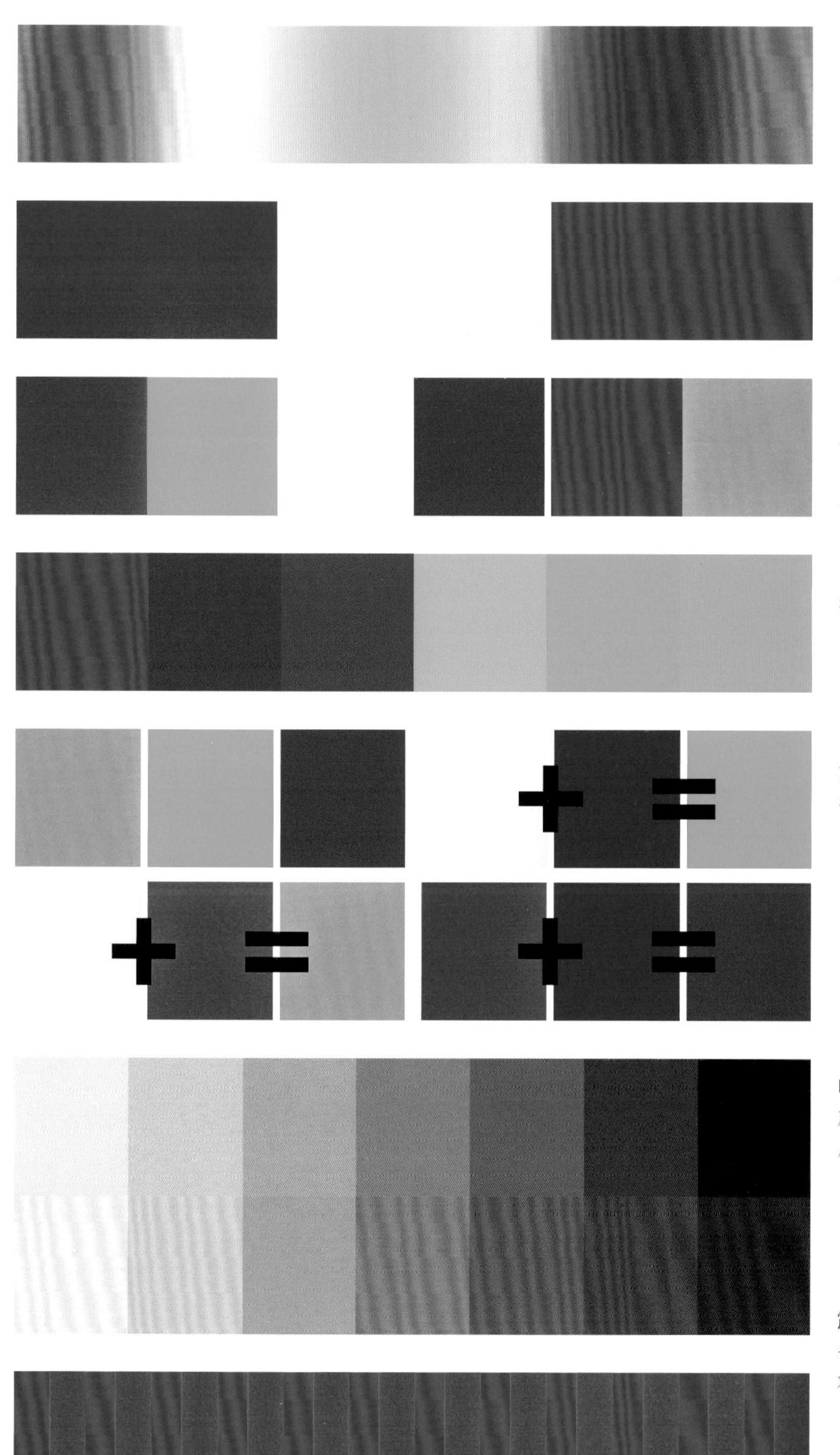

光谱 光谱包括了所有的颜色，从紫色到红色，就像棱镜分解白光后的效果。

原色 红、黄、蓝三种颜色是不能通过混合得到的，因此称为原色。

互补色 指红—绿，蓝—橙，黄—紫这些在光学上相对的颜色，在色环上它们位于相对的位置。

类似色 类似色是在色环上相互毗邻的，有共同色相的颜色，如蓝—紫、紫—紫红等。

复合色 指两种原色混合而成的色彩，例如，橙、绿、紫，橙色是由黄色加红色混合得出的。

明度 明度是测量灰度变化的指标，即指一种颜色的明度和暗度。任何一种色相均可以有明度的变化——红色可以变成浅粉色或栗色。

震动色 相同明度的互补色放在一起时，看上去比它们的实际纯度要高，这也被称为同步对比。

左上图（从上至下）：设计师在灯箱上用透明的模版为一款丝网印面料进行色彩设计和连续图案设计。

左下图（从上至下）：许多学院都有染色实验室，在那里学生被鼓励用颜色和印刷技术进行试验。

左图：面料的印染实验可以让你创造出独特的色彩方案，同时还能扩大材质的选择范围。

在服装制造业和纺织业中使用最为广泛的标准色彩模式是“潘通色彩体系”(PANTONE Professional Colour System）和“国际纺织品标准色卡”（Standard Color of Textile Dictionaire Internationale de la Couleur）这些标准色彩体系都是在阿伯特·曼赛尔所发明的“以色相、明度及彩度来测定颜色”理论的基础上发展而来的。

潘通体系能精确地标定出六位数字，以显示颜色在色环上的位置(前两位数字)、与黑白对比出的明度（中间两位数字）、纯度（最后两位数字）。许多计算机设计软件都包含潘通色彩体系。使用了这个体系，印染师将你的作品按照精确的要求重复生产就可成为现实。

染色和印花用的墨水都有自己的化学名称和编号，以此可以得知它在校准

“潘通纺织品色彩体系”是一种将1900多种颜色按照色彩类别进行编号的体系。颜色的编号标明了现有染料的品种，以及它在时装工业内常染的纱线和服装的颜色。

色彩术语

下列是一些在印染业和时装业中用来区分和混合色彩的学术用语。

色调 同色渐变。

深色 浓的、深的颜色。

深浓色调 强烈的、饱满的色调。

浅淡色调 渗入了白色的色调。

暖色调 和火焰、阳光、激情联系在一起的（如红、橙、黄、紫红）色调。

冷色调 和天空、海、冰、宁静联系在一起的（如蓝、蓝紫、浅粉色）色调。

中性色 第二第三色（如米黄色、灰色、棕色、卡其色、橄榄绿）。

柔和色 通过添加黑色、白色、灰色或互补色而加深或减淡的颜色(如黄色加入一点紫色就形成深金色）。

单色 使用单一色相，从黑色排至白色的灰度色阶或整个区间。

地色 主导性的底部色相、阴影或色调。

强调色 只占小比例却有着强烈视觉吸引力的颜色。

类似色 放在一起看起来平衡愉悦的两种或更多的色彩。

对比色 放在一起时对比强烈的色彩，通常在色环上直接相对的（如蓝和橙)。

互补色 几乎对立的色相；当它们分别采用暖色调和冷色调时，看起来更为和谐。

相近色 在色环上紧紧相邻的色彩和色调。

减色混合 用颜料和染料混合的颜色。

加色混合 用光线吸收混合的颜色。

光学混色 当两种不同的颜色以经向和纬向交织在一起排列时，从不同角度看织物会细微地变色。这种视觉混合用在夹花纱线的毛衫、棉布和闪光丝绸上。

易褪色 会洗掉的易渗色、脱色的色彩（但褪得并不快）。

对比调和 色彩的纯度随背景的明暗，或由于处在同一系列色彩中而产生的变化效果；常见于条纹布或印刷品中，也见于皮肤色与服装的对比中。

单一的颜色产生强烈的视觉效果。将薄纱分层进行渐变式的晕染，最终创造出了一种类似于蓝色水花四溅的视觉效果。Sohui Hwang 设计。

凯瑞诗玛·莎哈尼（Karishma Shahani）

“雅塔”（Yatra）或“朝圣”（Pilgrimage）是设计师凯瑞诗玛·莎哈尼对于自己这一作品系列的描述，其灵感来自于一次旅行中印度的传统神像、宫殿以及热带丛林所呈现的那些鲜明的色彩和精美的装饰，这些元素经由设计师的重新演绎之后，一种现代“都市流浪者”的时尚应运而生。设计师先将面料浸泡在由天然色素、矿物粉以及香料所调制的染色剂中，并在太阳下晾晒至出现一种孟买当地所特有的明快色调，然后她将那些华丽的布片与碎布头拼叠在一起，以一种颠覆传统的方式将现代简约型的时装进行了改造和装饰。这一系列作品从形式感上非常“养眼”，同时也保留了服装本身的功能性和舒适度。设计师希望这些带有实验性的法式花线结、线迹、压花和边缘装饰所形成的精妙构造及色调效果能够被人们所喜爱、穿着和重复利用，并且能够被一代一代地传递下去。

创建一个时装色表盘

在时装设计方法当中，灵活地运用色彩是最有效的创作方法之一，尤其当服装款式回归于传统的样式和轮廓时，色彩运用就显得尤为重要。通过收集面料小样或者色纸小样的方法建立起自己的“色彩库”，将有助于你从自然界里汲取色彩灵感，并知道如何有效地进行搭配，怎样平衡主体色与点缀色之间的关系。

一个时装色表盘通常包括4～10种颜色，其中一些是基本色彩并占主色调，而另一些或许会被谨慎使用。运用在服装上的颜色必须考虑与人的皮肤、头发和眼睛的色彩谐调，例如对许多肤色的人来说，黄色和绿色都不是好的选择，因此它们多作点缀色或是饰品的颜色；而浅褐色和浅粉色也要根据个人的肤色状况而定，因为它们也会使某些人显得委靡不振。在制订自己的色表盘时，一定要考虑到年龄群体和所要服务的市场区域。明亮色和中间色搭配能够形成一种平静、保守的感觉，而对比色和跳跃的色彩能够吸引穿着者的注意。作为服装设计元素，色彩可以突出或炫耀身体的某一部分，也可以制造或破坏设计焦点。由于这一原因，色彩的搭配可以被形容为“后退型”和“进取型”。时尚媒体给出的风格建议和色彩推荐已经不再具有说服力了，而“规则”却更加受到人们的重视，可以运用它来研究那些顶级的时装大师们是如何创造色彩潮流和进行突破的。

如果你能够进入印染实验室，就可以尝试染出不同的颜色并将它们进行组合，以此来创建属于自己的独特的色表盘、面料小样或者纱线库。将你的配色方案和印染技术编撰成册。染色和配色方案在时装课程里时常会被改变。

不同系列的染料对不同的面料有着不同的“亲和力”，例如一种被称为“快速染料”的染料就很不容易褪色。如果没有选择正确的化学试剂，一些布料就不容易被某种颜色染色。漂染、过度染色、扎染、交叉染色和漂白等各种各样的印染技术往往会带来各种意想不到的奇妙效果。

“潘通”色彩体系是一套系列化的色彩样本，它为专业设计工作室在进行面料染色或是印花组合时提供精确的色表盘参考。

色谱上所占的区间和变化范围。印染公司通常设有自己的化学制品公司，例如ICI、BASF、Zeneca、Bayer和Ciba-Geigy公司，目前有越来越多的印染厂致力于用自然和环保的方式来进行纺织品的印染。

色彩预测

色彩预测已成为一项重要的产业。它不仅影响服装业，还影响漫画、家居装饰、生活用品和汽车工业。染料公司无力承担预测失误的巨大成本，于是不得不在零售前两年就做好满足色彩需求的准备。色彩预测者从世界各地的销售数字及流行趣味变化中整理出信息。他们每两年在欧洲和美国举办会议，以总结和确定出总体的产业趋势。

主要的色彩咨询机构包括英国织物色彩小组（British Textile Colour Group）、国际色彩局（International Colour Authority，简称ICA）、美国色彩联合会（Color Association of the United States，简称CAUS）色彩市场组织会（Color Marketing Group，简称CMG）。在进行数据分析的同时，预测师们还观察和理解潜在的社会和文化背景，以此对未来做出预测，因为它们可能预示着时装界要出现的色彩方向。例如，在20世纪90年代，许多消费者意识到并开始关心化学染料对环境造成的损害。色彩预测师警告染料公司应将注意力集中于更自然的色调和配方上。此举促使人们使用更为柔和的“自然”染料，并在时装界开始流行未印染和未漂白的面料。

色彩预测师的工作并不是要描述色彩本身，而是要分析和诠释其背后的社会文化文化事件，以及各种不同消费圈的人们不同的色彩感受和家庭色彩模式。在时装中存在着长、短两个色彩循环周期，人们甚至能够预测出哪一种颜色将会在一段时期内成为主要的流行色，其后，它将逐渐被其相似色或对比色所取代。

色彩预测师通过视觉、个人经验和数学方法来进行他们的预测工作。在经济繁荣时期，鲜亮和稀有的颜色十分畅销；而在困难年代里，人们却倾向于选择那些更加暗沉和保守的颜色。观察结果表明，暖色与冷色之间的转换周期大约为7年，而从浓烈、多彩过渡到柔和、灰暗的色调则要经历一个更长的时期——大约是12～15年。同时，色彩在女装上的更迭周期要短于男装。某种流行的复苏——例如20世纪50年代的摇滚风格卷土重来时，通常会与最初的那个色彩系列相伴而至。有许多颜色会因社会名流或体育明星的推崇而变得十分流行，因此，即使四年一届的奥林匹克运动会也会以当时在休闲装及青少年服装中最受青睐的主要几个颜色作为自己的色彩系统参考。一般说来，白色总会出现在夏季服装的色表盘中；到了冬季，无论是泥土色还是中性色，都要让位于所有色彩中最受欢迎的黑色；而娇艳的粉彩系则更多地出现在春装中，因为它们能够很好地表达春天万物复苏、欣欣向荣的情景。

“每一季我都会问自己：我对自己目光所及的什么感到厌倦？透过眼睛我看见了什么？比如‘现在橙绿色有一点过时，请留意粉红色’。”

——色彩大师　桑迪·麦克伦南（Sandy MacLennan）

多色印花可以被作为复杂的珠片装饰和刺绣面料的底层。曼尼什·阿罗拉（Manish Arora）设计。

色彩与设计师

只有在一家大型的生产企业工作，你才有可能按照自己的意愿进行染色试验，否则就只能按照企业所订购的染料色彩进行创作。时装生产中常见的几个色系有黑、白、海军蓝和红色，而一个流行季节中最时髦的颜色一般都由色彩权威机构与印染公司联合发布。在面料博览会上被挑选的色彩要到6～18个月之后才会出现在商店出售的货品上——这段延缓期叫做“交付周期”(Lead Time）。近年来，机械技术进步已经使“交付周期”大大地缩短——为了更加贴合顾客的需求，对面料色彩的选择甚至可以到流行季节的晚期再决定。计算机控制的染色过程已经极大地加快了配色程序和批量生产的速度。一种称作“整件服装染色”的工艺可以让一件固态、单色的服装因其独一无二的色彩而显得与众不同，内衣、针织服装、运动服、休闲装等这类不需要添加额外装饰物的服装尤其适合于这样的后处理。贝纳通公司已经成功地建立起了能够快速供应多彩针织装的“United Colors of Bentton”品牌，并且还创建了以传播色彩和文化重要性为主旨的《色彩》（*Color*）杂志—不乏为一本反映时代风貌的文档记录。

对页图： 通过有意模糊男装与女装之间的界线以及添加朋克式的花卉图案，王海岚（Hoi Lan Wang）将这两种看似毫不搭界的元素混合在一起创造出了一种令人惊叹的效果。

纤维的类型

纤维或纱线都是组成面料的初始原料。纤维的品种可以被分为三大类型：动物纤维（即动物的毛发），植物纤维（即纤维素纤维）和矿物质纤维（即合成纤维）。一个有经验的设计师一般通过触摸和观察就能够分辨出纤维的种类。今天，出现了许多成分复杂的混合面料，还有一些人工合成纤维则被冠以专属的商标。纤维的长度（即切断纤维）、纱线的纺织方法和直径大小都决定了布匹的特性。混纺技术会改变主要纤维的内在属性，例如，棉和麻都是吸水性很强但抗皱性很差的材料，但如果在其中混入涤纶纤维，那么就增加了面料的快干性，而且也能够使其更易熨烫平整。

纤维的特性包括重量、保暖性、外观和属性，它们决定着纤维的质量及其适用于机织还是针织。

缝纫线的染色必须适时地迎合生产的需求以跟上流行的步伐。

纤维类型

醋酯纤维　这是一种用纤维素浆液和醋酸合成的半化合材料，通过冲压使之成为醋酯人造丝纤维。大规模地进行人造丝的生产是从1921年开始的。

丙烯腈纤维　这是一种从汽油内提取并和空气进行化学反应后生成的合成纤维，其质感类似于羊毛。杜邦公司（DuPont）于20世纪40年代开始发展这项技术。它是 种轻薄、便宜和易于护理的纤维。

羊驼毛纤维　来自于南美羊驼身上的柔软而纤细的毛，属于奢侈型材料。

安哥拉兔毛纤维　从安哥拉兔子身上梳下来的轻细的毛，是很受欢迎的纤维材料。

澳洲博坦尼精纺纱细毛纤维　来自于生长在澳大利亚博坦尼（Botany）海湾地区的美利奴绵羊身上的顶级羊毛。

驼毛纤维　从骆驼身上脱落下来的毛。它是一种重而耐用、保暖性好的奢侈材料。

山羊绒纤维　来自于亚洲山羊身上的细软绒毛，多用于奢侈品。

纤维素纤维　从植物纤维中得到的或木浆经过冲压后得到的纤维或薄片。

凉爽羊毛纤维　最差的一种用于西服面料的纱线，手感干涩轻薄，只适于夏季穿着。

棉纤维　从棉籽里面提取的纤维。棉是一种成本低廉并且种植分布十分广泛的农作物，它的品种也十分多样。多样化、柔软、易于染色和洗涤是棉纤维的特点。

纱支　纱线粗细的计量单位；也是精纺毛料和毛料的公制单位。

绉织物　纤维被按照“S”或“Z”型进行加捻，“Z”型的捻向能够让其手感更加富于弹性。

弹力纤维　通常由经过高强度拉伸并恢复后的聚氨酯形成的纱线。

毡纤维　在加工和使用的过程中，密实的纱线或纤维缠结在一起就形成了“毡”形态纺织品。

易燃纤维　一束长长的花式织物可以给纱线增加生动的效果。

亚麻纤维　从亚麻上剥离下来的坚韧的纤维。

季隆羊毛纤维　从八个月大的美利奴羔羊身上剪下来的极细的羊毛。

标准规格　用来标注缝纫机的针型以及相匹配的纱线型号的一系列术语，例如，10gg意味着每英寸内有10个针脚。

大麻纤维　从大麻植物上剥离下来的纤维，是制作麻包和麻席的强韧而易弯的纤维。

平针织物　机械针织面料。有平面的、管状的、单面或双面（双罗纹针织）的。

黄麻纤维　从芦荟上剥离下来的束状的纤维。

羊羔毛纤维　指100%的未成年羊羔毛，通常情况下这类纤维应当至少保证有三成的羊毛是来自于尚未断奶的小羊羔身上。

亚麻纤维　从亚麻植物的茎上剥离下来的纤维，特点是耐用、凉爽、吸水性好。

卢勒克斯纤维　金属化的、闪光的纤维，其横截面是扁平的，多应用于晚礼服。

莱克拉纤维　世界上第一种化学合成的弹性纤维，由杜邦公司发明并拥有其专利权。

混色毛纱　将两种不同颜色的单股纱线混纺在一起的双股纱。

混色纱　印色或喷涂成多种颜色的纱线以及用其制成的服装。

美利奴羊毛纤维　美利奴羊毛（原产地为西班牙）是一种高质量的羊毛纤维原料。

超短纤维　尼龙纤维被纺成非常小的丹尼尔（纤度单位)，其面料的手感很柔软。

矿物纤维　石棉、碳、玻璃和金属都可以被制造成为纤维，并可以应用于室内装潢和建筑当中。

马海毛纤维　从安哥拉山羊身上获取的长而有光泽并且耐磨的纤维。常用于制造高级的针织衫和套装。

尼龙纤维　世界上第一种完全经化学方法合成的纤维，由杜邦公司在1934年发明，后来其将所开发并经营的这项生产技术注册为“Nylon”、“Bri-Nylon”或“Celon”。它是一种坚韧而多样化的人造纤维。

聚酰胺纤维　尼龙只是聚酰胺的一个品种，聚酰胺是一种平滑、坚韧而富于延展性的纤维类型，在针织类服饰和内衣中的应用尤其广泛。

聚酯纤维　由英国多乐士集团（ICI）和杜邦公司于1941年共同研制开发的一种廉价而易于护理的合成纤维，涤纶（Terylene）、大可纶（Dacron）和克林普纶（Crimplene）等这些市场上出售的常见的纤维都属于此，它们是从再生塑料和煤炭颗粒中提炼出来的聚酯纤维。通常

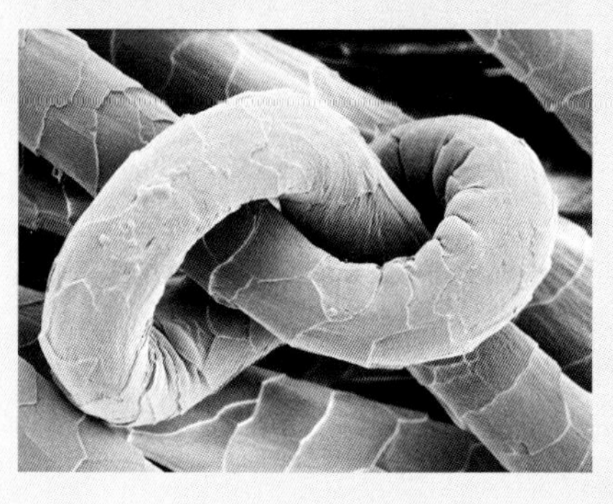

上图（从上至下）：黏胶纤维的原有组织。纤维在被纺织之后能够进行自我修复，从而展现出柔软的手感。

羊毛纤维上的一个结点。此放大图显示的是羊毛纤维在温热的肥皂水中打结的情形，这就是毛毡的形成过程。

它们都与其他的纤维进行混纺。

PVC材料 即聚氯乙烯，是一种广泛应用在雨衣上的塑料。

苎麻纤维 从苎麻上获取的纤维，性能类似于亚麻。

设得兰羊毛 一种来自于设得兰群岛的耐磨、廉价的羊毛，目前这一词汇也指那里所出产的针织和机织面料。

丝绸 一种从蚕茧中抽离出来的纤细、强韧、富于光泽的长丝纤维，用于制作最奢侈和昂贵的时装。

斯潘德克斯弹性纤维 一种合成聚酯纤维的橡胶纤维，有着高度的弹性。

天丝纤维 一种“绿色”的人造纤维，比棉纤维强韧，但有着类似丝绸的悬垂性。

小羊驼毛纤维 从受到保护的南美洲羊驼身上获取的纤细而回弹性高的纤维。

黏胶纤维 从木桨和苏打中提取的纤长、半合成、多用途的纤维。

粗纺毛料 用短羊毛纤维按照非平行的经纬方向编织而成，手感丰厚、柔软而蓬松。

精纺毛料 用纤长的羊毛纤维按照平行的经纬方向纺织而成，其纱线平滑而耐用。

纱线股数 指纱线的折回或绕圈的数目，例如，三股纱线或三股头表示纱线的尺寸、重量和质量，这一参考数值在产品说明和市场销售时尤其常用。

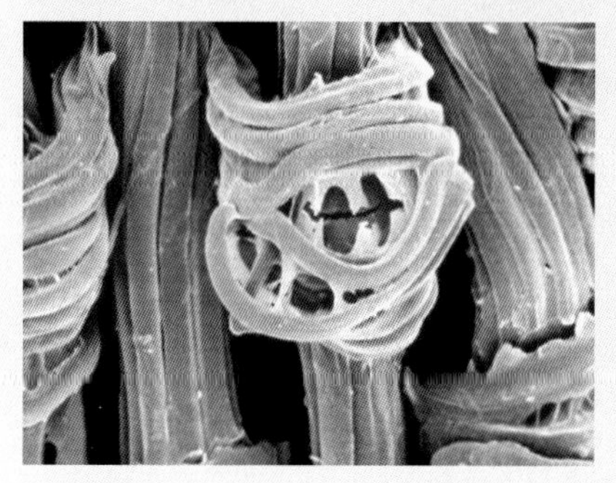

从上至下：针织结构可以在经、纬方向上加强棉平针织物的牢度。

经由手工织造的涤纶平纹织物。

一种羊毛华达呢的斜纹组织。

与苏打接触后，丝纤维遭到了灼烧破坏。

织物

织物对于设计师来说就像颜料对于艺术家一样：它是创造性表现的媒介。一些设计师直接在织物上创作，还有一些设计师先在纸上画出构思，然后才去寻找合适的面料。选择适当的面料是设计成功的关键。它不仅是视觉喜好的问题，而且涉及重量、手感、价格、可获得性、性能、质量和供货时间等问题。时装设计中织物的适当性取决于纱线、结构、重量、质地、颜色、手感款式和印染方式以及诸如保暖、防污及舒适感等附加的功能性因素。设计师对织物必须有一个合理的预测：不论在视觉中还是在实际操作中，都不能强行地将织物制成与其特征不相符的风格及形状。

你需要对织物的不同种类、来源、价格构成和它们的适用范围有良好的认知。用专门的笔记本将它们记录下来。一些组织机构也能帮助学生找寻织物。

国际纺织品护理标志

法律规定，所有的服装商品必须附带有标明面料成分的标牌。在英国，不按照规定提供纺织产品是犯法的行为，对其所做的处罚可以从罚款直至坐牢。产品中成分最多的纤维应当列在最前面，而成分低于7%的装饰性辅料可以不在标牌上明示。产品的原料成分旁边还伴有护理说明（有时它们也会被分成两张标牌）。全球性的制造业中，不同国家之间的关系是按照ISO服装质量管理体系来协调的。欧洲国际纺织品护理标签协会（GINETEX）所制订的标牌当中包含了一组符号，被称为“国际纺织品护理标志”（International Textile Care Labelling Code），在主要的服装生产国中普遍采用，洗衣机和干衣机目前是用同一个图形符号表示。

知道面料所含的成分将有助于人们识别它们的性能，最起码能够让设计师了解面料的手感和特征，以及是否是符合其心意的理想材料。如果想要进行面料的二次处理，例如印花或压褶，那么一定要选择合适的面料。

越来越多的纤维面料和现代面料产品都采用辨识度很高的品牌标签来证明自己质量的高水准和正宗性。如果直接从制造商那里购买面料，他们会提供装订成册的面料样本，里面有详尽的面料成分和重量说明；但是如果去市场上购买面料，则将很难得到这样详细的资讯。请记住，要经常询问织物的名称和成分，要像问价钱和幅宽一样习以为常。很多时装学校都有面料实验室，也可通过课程帮助学生认识各种各样的材料，但是最好的方法是学生自己积累。据说约翰·加里亚诺将所有的面料都裁成小样，并将它们保存在玻璃广口瓶里。

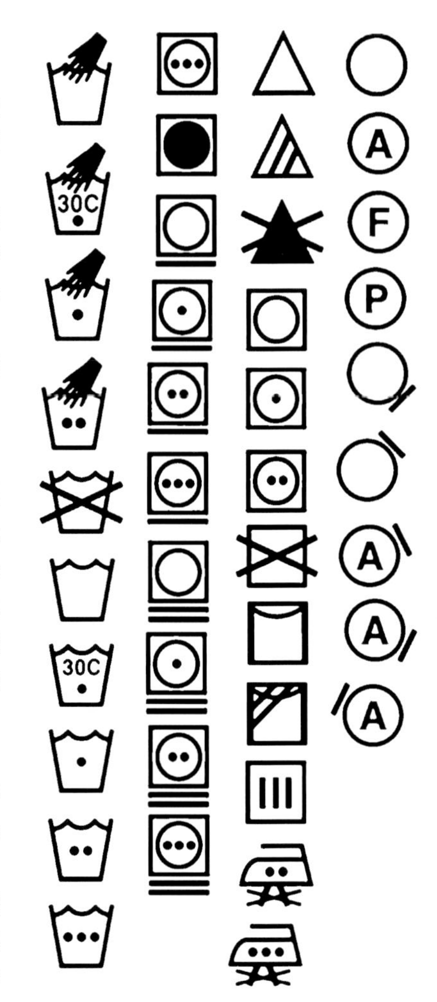

“国际纺织品护理标志”是经过国际公认的、用来指导消费者如何清洗和护理纺织品的一系列图标。粗鲁地对待面料会导致浪费和缩水，从而会大幅度地提高工业生产的成本。

“纯羊毛”标志是质量和信誉的保证。

织物结构

纤维变成织物主要有两种方式：机织和针织。用其他方式制造出的织物，例如毛毡、网眼、蕾丝和粘结织物，被归类为非编织物。对面料基本结构的认知对设计师的工作非常有用，这可以使设计师了解如何运用织物和制成成品。考虑成衣上身时将被如何穿着、拉伸和变形是很重要的。

纺织织物是由经纱和纬纱以垂直的角度交织而成的。这些线的交织纹路也被称为织物的纵向或横向的纹理。织物的松紧是由每厘米或每英尺的经线和纬线的数量决定。服装的底边通常用更密实或更牢固的线加固织物，这被称为织边（Selvedge）。因为经纱在纺织前已被均等地拉抻，大部分的纺织织物有良好的纵向稳定性，因此，成衣通常沿着平行于织边的方向裁剪，从而使衣服的主体顺着纵向纹理，而横向纹理的拉伸性有助于像臀部、膝盖和肘部的伸展。

黑白相间的犬牙纹是经典的时装面料纹样之一。此图中的作品由设计师曼尼什·阿诺拉（Manish Arora）设计。

织物组织的种类

通过改变经纱和纬纱的种类或颜色，能生产出无数不同种类的织物。值得注意的是，纺织类型的不同将造成织物悬垂感和性能的不同。

平纹组织　这是所有织物组织中最普通的形式，当经纱和纬纱尺寸相同并紧密地纺织在一起时，平纹是最牢固的组织。其织出的织物有平布、阔幅布、法兰绒、方格色织布和雪纺绸。

斜纹组织　这是纬纱在交叉时穿过至少两条经纱构成的织法，由此织出的织物表面有对角线的纹理。华达呢、卡其布、马裤呢是流行的斜纹料，人字呢是这一类的变种，常用在西服套装中。

经缎和纬缎组织　是指能制造出有悬垂感且可伸缩的平滑、光亮的织物组织，在经纱表面用经缎组织，在纬纱表面用纬缎组织。

绒面组织　这是一种花哨地使用额外填充线排列或环绕在织物表面的组织。环绕线可以留着不剪，如毛巾布；也可以剪掉，如灯芯绒、天鹅绒和仿皮织物。像灯芯绒这样的高凸起的绒面织物是通过在底布上用针或钉将填充线固定的程序而制成的。

提花组织　这是在提花织机上生产的精致的、带有图案花纹的组织，每根线都被一个与自动钢琴的滚轴类似的打孔卡的程序控制而提起或停留在某一个位置。锦缎、花缎和绒绣都属于提花组织，多用于制作晚礼服和一些特殊场合的服装。

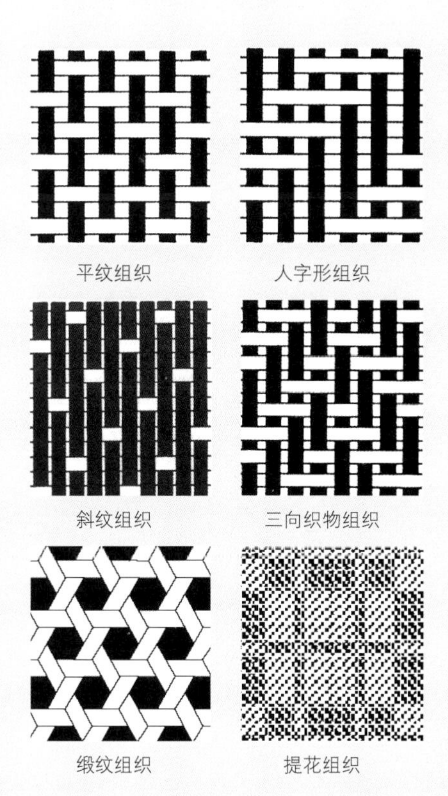

针织织物由联结的纱线线圈织成，水平排列的叫做线圈横路，垂直排列的称为线圈纵路。它们都可以向两个方向伸展。其伸缩性使它们具有很好的悬垂性和抗皱性，但同时也易于因穿着和洗涤而变形。因为这种织物的结构相当松散，可以“呼吸”，能使人体保持温暖或凉爽，所以适于做内衣及运动服装。好的针织品易于贴身，因此也常被用来做晚礼服。与机织品一样，针织织物也有颜色和式样的变化。

现在大多数的针织机由手工编织技术发展而来。与手工编织相比，现代化的机器可以高效率地生产出更为复杂的织物及成衣。完成一件完整的外套仅需45分钟。然而，手工编织的服装因其独有的特点和魅力在时装界仍占有一席之地。机器编织的织物既包括最轻薄的女用内衣又包括粗线羊毛衣物，其织物尺寸由标准尺寸度量，简写为“gg”，指的是每英尺或每厘米的针数。

针织组织的种类

单平针织组织　在这种组织中，织物的表面（编织面）是平滑的，而背面（反针面）相对较粗糙、更易吸水。如果漏织一针或者有洞，织物就会抽丝，或沿着纵列长度脱掉。裁剪时，单针面料易于在边缘起卷。此种织物很轻，是制造T恤和女性内衣的理想面料。

双罗纹组织　也称为双面针织组织，这种方法使用双排针织，使织物两面都光滑、稳定，不易起球或脱丝。

罗纹针织组织　这是一种垂直排列的针法，交替地使用反针和正针以织出可伸展、可两面穿的织物。罗纹织物可紧贴身体的腰部、颈部和袖口部位，也可用作运动服中的机织物的装饰品。

单面提花针织组织　这是同时使用两种颜色的纱线织出的小花样的单平针织组织，由与苏格兰相邻的设得兰群岛（Shetland Islands）上的毛衣式样发展而来。

提花双平针织组织　这是在一行中使用多达四种颜色的组织，通常由计算机编程和控制。

嵌花针织组织　这是用于织造色彩丰富的单平针几何图案和花纹织物的组织。由于它操作起来比单面提花针织组织更困难，在计算机设备出现之前，只用于最昂贵的奢侈品和开司米毛衣市场。

经编针织组织　这是一种针织和编织的混合组织，用一排移动的针齿将一束经纱联结在一起织成。用这种方法织出的织物不会纠结或脱丝，常用于泳装、运动装和女式内衣。

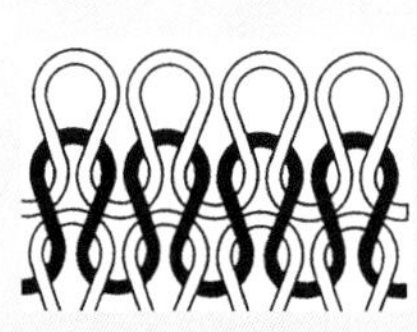
单平针织组织

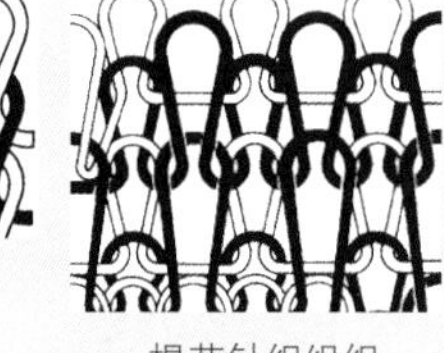
提花针织组织

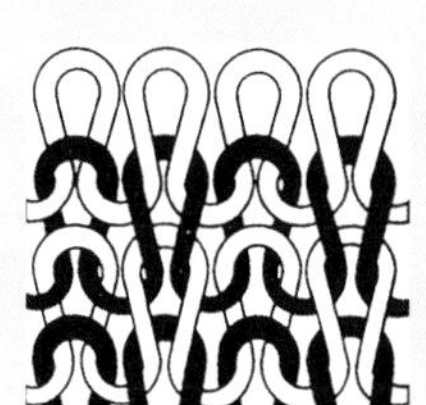
双罗纹组织

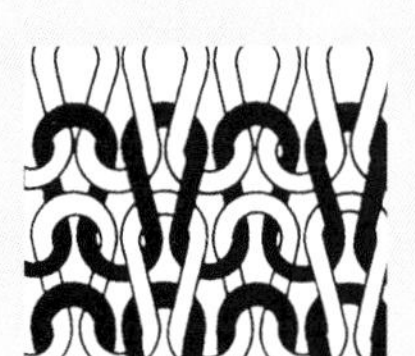
连锁组织

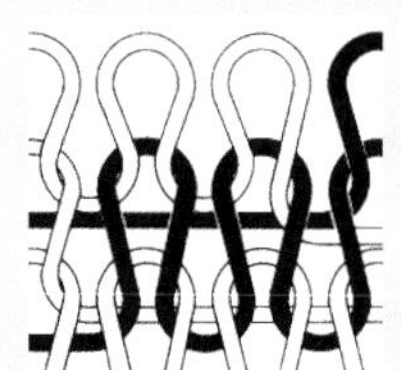
单面提花针织组织

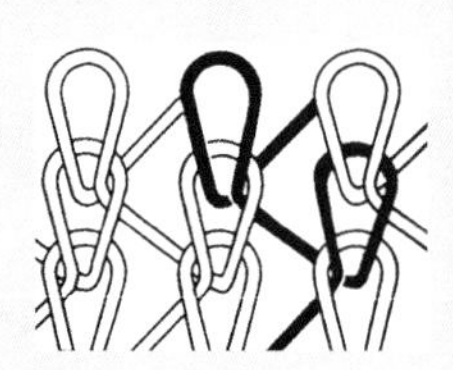
经编针织组织

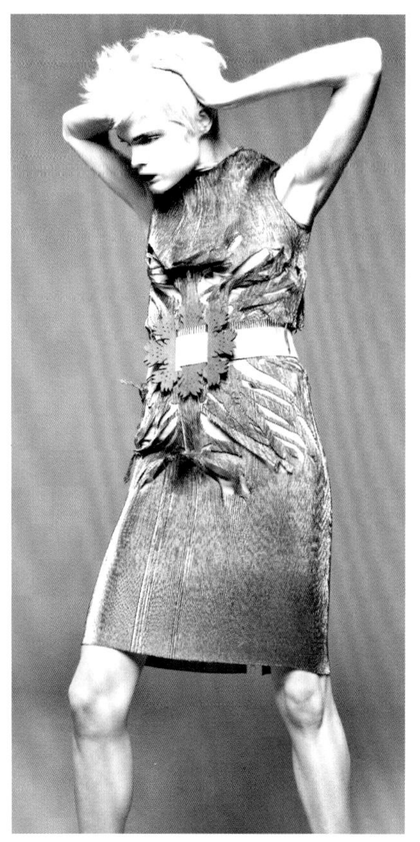

上图（从左至右）：可以在机器上直接采用三维形式，织造出无需接缝的针织服装。图中具有悬垂感的服装是用柔软的羊毛织成的。

设计师马克·法斯特（Mark Fast)在编织极细针密的针织衫时都是贴合着模特的体型来进行的。激光切割技术是一项计算机辅助工艺，它适用于尼龙、涤纶和腈纶等人造材料。图中的作品由尼古拉·赫利（Nicola Healy）设计。

最古老的织物生产方法是将纤维粘合或纠结在一起。当羊毛被弄潮湿、加热和挤压后，纤维联结在一起形成毛毡。这种制造过程已拓展到生产人造热塑性的织物。这些面料没有纹理，它们能从任何方向裁剪并且不会磨损或松脱。一些像兔毛毛毡的面料能够拉伸，能用蒸汽成型的方法制成帽子。在女式内衣中，热塑性的针织物具有“记忆”功能——洗涤后它能恢复到先前的形状，因此多用于胸衣的罩杯以及袜脚与袜腿处。

像连接衬布和衬里使用的支持性织物常由黏合织物制成，可以增加服装的张力，保持造型和牢固。通常它们为人所知的是其商品名称，例如，斯坦福莱克斯(Staflex)和维莱恩（Vilene）。易熔衬涂着一层胶，可通过热压与外衣粘在一起。填充软料是一种由高伸缩性的无光泽纤维构成的疏松有弹性的织物，用在被褥和衬垫中增加衣服的体积感和保暖性。

网眼和蕾丝是由纱线经缠绕和交叉穿过复杂的机器制造的织物。蕾丝通常有扇形褶边，其长度受限于机器的宽度。网眼和蕾丝通常不会磨损，但有一些蕾丝由于多孔和表面质地粗糙而必须加衬里。橡胶和塑料材料常应用于体现神秘感的时装设计中。橡胶来源于橡胶树的橡浆（树汁），以液体形态涂到模子上，甚至就直接涂在人体上。橡胶片能被裁剪、缝制或粘合，制成透明的或不透明的各种颜色，可用金属抛光其表面，并能够在表面上印刷。塑料、塑胶和玻璃纸都已用于时装业。

劳拉·西斯（Laura Theiss）

劳拉·西斯对于纱线和手工艺的热爱源于七岁时她的立陶宛祖母教她用钩针编织的一张桌布。旅行和传统服饰给予了她创作的灵感，尤其是日本12世纪时的一位衣着华丽的女骑士、弓箭手和剑客巴御前（TomoeGozen）带给她以极大的启示。作为第一位氏族女首领，这位传奇女武士是一位长发美女，她穿着全套盔甲，佩戴着超大号的宝剑和弓箭，一路冲锋陷阵，率领着军队屡立战功。在从日本到中国、从北欧和立陶宛到英国的旅行采风中，巴御前的战袍以及她所表现出来的与当代女性不谋而合的自信、干练和勇敢等品质都让劳拉找到了心中的理想典范。她收集了战利品并借鉴武士服装的特征来加强作品的外观，例如宽阔的肩形以及轻便、灵活的结构等。金属丝线和塑料材质模仿了日本盔甲的质感，同时增添了中国的色彩、流苏和装饰花边元素。

织物的开发与后整理

纺织品工业一直在不断地发明新的织物和工艺。天丝、杜邦尼龙、新保适(Sympatex)、杜邦棉感纤维Supplex、抓绒面料Polartec，以及Aquatex、Viloft和杜邦高科技吸湿透气涤纶纤维Coolmax都是最新发展的人造合成材料。这其中的许多工艺都是在织物已被织好并染色后进行，被称为“后整理”。后整理可以提高织物的实用性能，如稳定性、防火、防皱，或者进行装饰和增加触感，如刷光、经纱起球或刺绣等工艺。后整理工艺最初用于军事、工业或家居织物中，现在常被有创意的设计师用于运动装或时装中。一些公司将这些新工艺申请专利，这些专有的商品名称公开地在面料市场上使用。

长久以来，织物印花就是后整理普遍使用的方法之一，多用于装饰平纹布。许多印花方法，如蜡染、晕染和筛网印花都有其独特的外观。除此之外，如花卉图案、几何图形、抽象图案、情景图案等普通图案的印花及其他的基本花纹，使设计的范围变得无限广泛。

“我认为你可能真的会爱上印花，但它的确是最难做出取舍的。它可以确立整个作品的基调，也可以太显眼而使人忽略其他的东西。”

——设计师　索娅·纳托尔（Sonja Nuttall）

下图（从左至右）：像纱线展这样的纺织技术展览是专门为供应商、工作室和陈列创意机构所举办的。纱线非常适用于作为传统技艺创新的素材，例如钩针织物、刺绣品和针织品。像意大利佛罗伦萨国际流行纱线展（Pitti Filati）这样的纱线博览会为专业的设计师展示了最新开发研制的混纺技术和机械设备。

现代面料开发环节

当天然面料大行其道，各国纷纷保护本国的商贸利益以后，当代面料品种的开发和经营方式有了很大的改变。化工企业巨头已经介入了纺织品领域，它们投入巨资来开发“功能性”面料产品，并且进行不遗余力的推销。后来的天然面料通过发展其产品的创新种类和推广策略而卷土重来。在市场的引导下，时装成为化学、染色、工程、纺织品和装饰品工业的“实验田”。一般来说，这些领域的研究和开发结果要比时装的开发提前五年左右。专家们收集资讯和研究成果，并每年两次聚集在一起，共同分享那些可持续发展的概念和研究方向。在欧洲，纱线和纺织品的设计师比时装设计师提前18个月发表他们的新产品，然后面料制造商和经销商提前3～12个月根据预测的市场接受程度、生产难易程度和顾客需求进行批量生产。你会越来越发觉自己在某种程度上受着面料开发的限制，因此，要学会在新产品没有发布以前，长时间地运用现有的材料进行试验，并试着在发布后更新它们。

机械和计算机设备的发展带来了崭新的面料风貌和全新的服装品类，例如，摇粒绒是用塑料垃圾再循环纺织而成；圆筒织机使无接缝内衣得以实现；此外，还有防水夹克、喷丝涤纶和热定型处理技术等。作为一名服装设计师，这方面的创意完全取决于你能否用现有的设备创造出新的服装和新的工艺，同时，利用现有的机械设备把脑中的创意转化成为新的技巧也是设计师的必修课之一。法国、意大利和日本生产的面料特别受到服装设计师的追捧，它们能够独领风骚的原因在于其织物的装饰性和技术性。表面的装饰化是使织物呈现新鲜感最有效的途径之一，譬如通过织物色彩、肌理效果、针织的线迹、图案和影像进行变化，或是运用丝网印和喷墨打印技术。勾、编和印在生产和传播上有持久的生命力。面料通常被生产成不同的色彩，被称为“色彩设计”。时装公司可以要求织造商将面料独家卖给他们，或只是根据他们的要求定制特殊色彩。面料的样品可以按照“长度”来计算，或只是一小块印有图案的“印花样”。这些术语和要求在每个国家都不尽相同。应尽可能多地学习有关面料装饰方面的知识和工艺，因为在以后的职业生涯中，你将自己买面料，还会与专家展开技术方面的讨论。

顶图：面料织造厂和进口商致力于推销他们手中的新产品系列。样品手册被送到潜在的客户手中，这些客户有可能订购料样试用。

上图：商业出版物能够及时地反映新产品、市场反馈和流行趋势的信息。

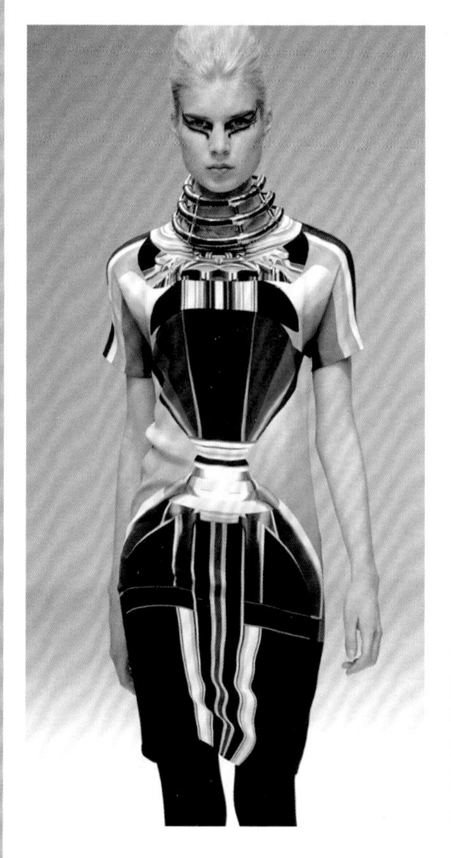

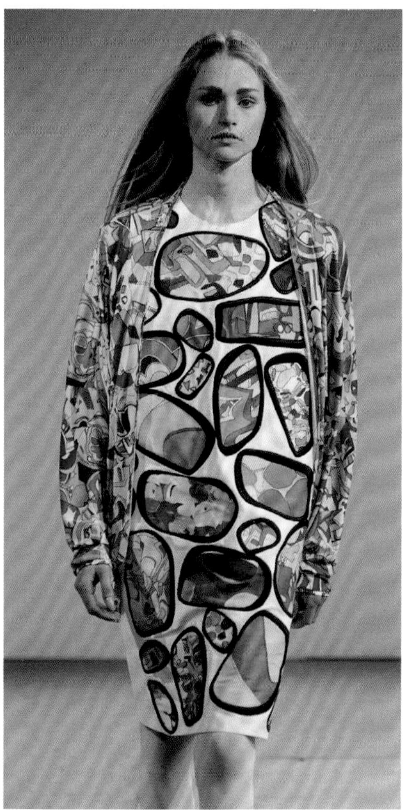

左图： 数码印花可以创造出令人目眩的大型纹样效果。图中的时装由玛丽·卡特兰尤（Mary Katrantzon）设计，她用富有立体感的印花图案将人体塑造成了一个香水瓶。

右图： 浓重的色彩和数码印花图案紧紧地抓住了人们的目光。

时装设计的循环周期

时装具有季节性、时效性，并且伴随着许多互为关联的日程安排。时装产业必须保证设计程序的有效性，制订严格的时间表以展开市场调研、样品制作、接受订单、加工生产和产品销售等各项环节。对于每个时装公司来说，这些项目的时间周期受面料和服装的类型、市场部门以及公司提供的供货途径等方面的影响。但有一些日期对于生产商来说是相对固定的，例如面料博览会、高级成衣发布周以及其他的一些节假日如美国的情人节、劳动节等，这些对于零售商来说都是关键的销售期。

在工业范围内，各种时装的生产会因不同的工作性质而从不同的环节切入，并且，也不适用于每年度的计划表，因为一些类型商品的流行周期比其他的要长久一点。有关“最高级别的时装产品季节性发布”已经在第一章中讨论过了，即春夏发布会和秋冬发布会。从每年三月到九月期间，人们进行产品设计、制订生产计划、生产样品，九月后为来年的春夏季产品进行销售；从每年十月到来年二月所做的一切则是为了下一年的秋冬季产品的销售。这个过程充满了巨大的压力，并时常因旗舰店和百货商店诸多“调货”或“退货”的要求而发生变化，因为消费者希望看到更多新款式的产品。计算机管理的引进也加速了生产和供货的进程。在美国，销售旺季进一步细分——除了两个“过渡期”的发布，还附加了一些节假日，例如在新年之后，泳装的销量会迅速上涨，因为人们要准备去旅游了。法国人将九月称为“La Rentrée”，字面意思是指返回到传统上

威廉·亨德利（William Hendry）和杰奎琳·格拉布丝（Jacqueline Grubbs）

这组精致而复杂的牛仔主题时装是一对设计组合——威廉·亨德利和杰奎琳·格拉布丝的毕业作品。在确信两个人共同工作的效率以及融洽程度都优于独自操作之后，他们从美国中西部选美佳丽和牛仔马术表演那里获取到了创作的灵感。他们将两种元素结合在一起，营造出一种既甜美又俏皮的风格。如果走近这些作品，你将会惊喜地发现衣服上的装饰物、巨大的亮片和流苏都是用饮料吸管和塑料瓶经过悉心的切割并染色而制成的，它们与绯红的丝绸面料非常相配。尤其是随着模特身体的活动，它们还能够发出一种悦耳的声音。

时装生产流程

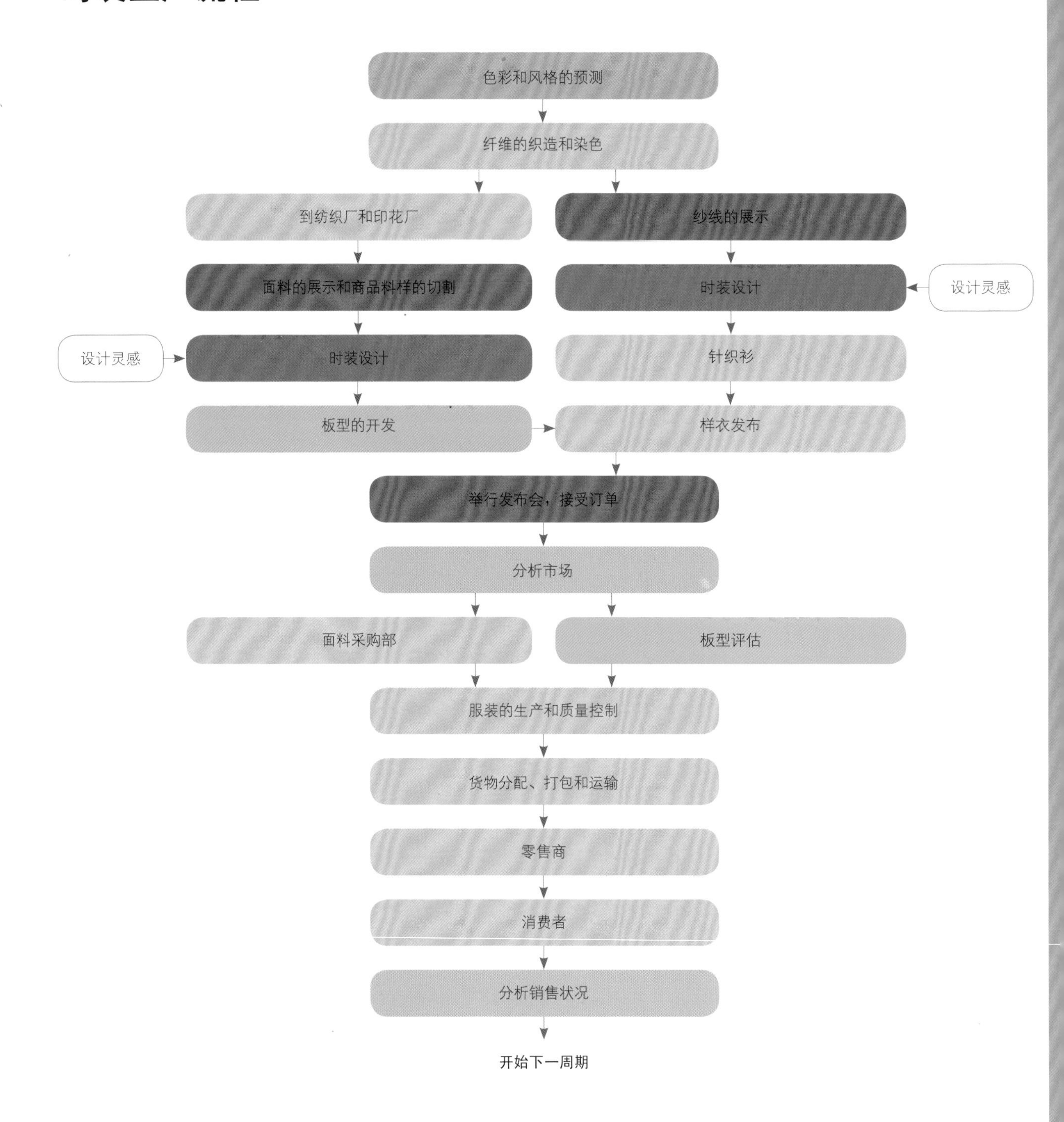

色彩和风格的预测
纤维的织造和染色
到纺织厂和印花厂
纱线的展示
面料的展示和商品料样的切割
时装设计
设计灵感
设计灵感
时装设计
针织衫
板型的开发
样衣发布
举行发布会，接受订单
分析市场
面料采购部
板型评估
服装的生产和质量控制
货物分配、打包和运输
零售商
消费者
分析销售状况
开始下一周期

的长达1个月的假期。在这段时间里，商店里代表理性的职业套装会囤积下来。因此，设计师通常还会与那些循环周期较长或较短的服装生产类型（例如针织服装工厂）合作，由此，他们就会发现自己的计划和工作一下子发展成三个循环季。

“时装的循环周期是无情的。海伦·斯特里和我都认为它像一个‘仓鼠笼’，有时让你觉得自己跟上了时尚的节拍，有时却又不知哪里才是特殊之处。”

——设计经理卡罗琳·寇兹（Caroline Coates)

源源不断地设计和生产是保持工作效率和保存劳动力最经济的方法，也能有效地保证资金回流。但矛盾的是，设计师永远紧跟潮流的步伐也是件非常困难的事情。对于设计师来说，进行市场调查和设计研究在设计研发阶段显得尤为重要。设计起源于灵感的闪现，但很少是针对单件的作品，而是要形成一整套的思想情绪和外观。设计草图、面料、辅料和有关的背景知识对下一步的样品开发工作是非常必要的。这是一系列的过程，学生会在大学课程里学到它们。开发新系列产品或投资之前，销售人员、买手和金融家，必须了解销售和利润的统计数据、预算的数据以及其他的市场情报信息。市场营销专业的学生将学习如何读懂财务决算表，并学习分析企业发展的利与弊的课程。

在循环周期的第一步，市场和设计人员通常聚在发布未来色彩流行趋势的纤维/面料博览会上，期间，各个生产纤维、面料和辅料的公司会提供自己的最新产品小样。纱线被织成针织样衣进行推销。针织服装比机织面料服装拥有更长的流行周期，这是因为织机中事先已被输入了一定的程序，其更换相对缓慢，并且，在新一轮市场的风格形成前，针织服装一般会有较好的预订量。针织服装设计师往往会参考其他类型时装的色板，因为它们最具流行性。纹样、原料以及图案都须经过选择、预订和检测。产品系列的开发随着面料的到位和灵感的出现就开始了。

时装设计要求团队协作。行政人员、设计师、设计助理和生产经理之间应当经常开会，就色彩的方案、面料的用途、店铺的装饰、货品的价格和促销方案等问题达成共识。板型师和样衣师通常是与设计师关系最为紧密的人，他们共同制作坯布样衣(通常是用白色薄麻布或平纹细布制成）和第一件成品样衣。坯布样衣制作完毕后，会被提交给管理人员和零售主管进行评估和选择，以确保产品的面料、价格和“系列主题”是否能够结合得天衣无缝。挑选后的款式被送往工厂复制生产，并且进行质量、成本和生产时间的监控，最终被送去参加展览或是摆放在样品室里。在此期间，设计团队必须保持高效率、有章法的工作状态，以确保服装产品能够及时上市。成衣发布会上的产品经批发商和时装买手的筛选后，开始接受第一批订单。一旦订单合同确定，厂家会大批量地购买面料和辅料，接下来进入生产阶段。第一循环周期内生产的服装送达商店的时刻，也就是第二循环周期的样品展示给买家的时候。而作为服装设计师，此时要做的是为下一个周期进行新面料的选择。

挑选面料

为自己的设计作品或系列作品选择面料时，设计师不仅要考虑面料商所展示的面料外观和工艺效果，也要评估一下面料的手感或质感。没有一种方法比直接观测面料的悬垂性、表面质感和重量来得更为有效。选择面料是设计过程中非常令人愉快的一个环节，但这需要专业知识和经验。本页的下栏给出了一些相关的指导。

商店或销售商或许会给你剪一些布样带走，这样做远比冲动地购买成批的面料要好得多，因为这会令你轻易地发现简洁的面料远比夸张的、异国情调的面料更加适合你的设计方案。

粗略地记下所有面料的价格和幅宽，你就可以根据服装的板型来估算出所需数量和经费预算。

右页上图：设计范围的确立。通过在苏格兰短裙上打褶裥，并融入少量的针织衫经典格纹——设计师创造出了一种极具现代感的苏格兰高地时尚。此作品由劳拉·麦克琳娜（Laura Mclennan）呈现。

面料选样指导

将面料在手中攥一会儿，来感受其表面变化以及评估它的冷暖感、干燥程度和爽滑程度。体会面料的“个性”是什么？其中究竟包含了哪些成分？

感受面料的手感，用手指抻拉和摩擦面料。按照纹理或褶痕的方向轻柔地拉一拉面料。把面料折叠或挂起来观察它的悬垂性。梳理纱线，看它是否会轻易地剥离或磨损。

检查布匹的织边，看看织物的经向是否笔直，因为织斜了的布匹没有好的悬垂感。对于色织格子花呢面料，还要看一下图案是否有偏离。

观察面料的织纹和染色是否有不均匀的现象。如果你觉得面料上有瑕疵，还可以把它置于光照下进行进一步观察。往往店堂灯光下的面料色彩与日光照射下会有很大的差异，因此，如果你需要进一步核实的话，最好请求把面料拿到另一个光源条件下进行观察。

针织面料和羊毛面料容易起球，要摩擦面料表面，看纤维是否会脱落或卷成球。

看印花面料的关键之处在于图案的质量、比例大小和分布。把印花面料环绕在身体上，以观测图案随着人体的三维变化而出现的最终效果。

在丝绸织物和便宜的棉织品的纺织及后整理阶段，有时会加入叫做“尺寸”(Size)的浆料，但是在之后的洗涤中它们会被洗除，使面料恢复柔软，因此，应摩擦面料表面，看是否会出现细小的粉末。

对于面料洗涤、保养和后整理方面的资讯，你务必要重视，因为你不能在后续的工作过程中由于自己处理不当而抱怨面料制造商。

设计范围的确立

不论是设计单件服装还是一个系列作品，都需要结合设计配备大量的织物种类。这个过程可以像挑选衬里和填料等辅助材料一样简单，也可以像将不同重量和质地的织物放在一起从而确立一个范围那样复杂。在做设计时，使系列服装的数量、核心织物及适合的重点织物之间获得平衡是必要的。使用过多的织物和色彩会使系列作品看起来不谐调；太少则易显得枯燥或雷同。对于最吸引视线的作品来说，一些织物需要像银箔般简洁经典。

将你的面料小样与设计效果图或草图放在一起。头脑中要一直考虑你为之设计的个体身材类型和市场定位。在时装公司的设计室，构思和表达的过程是设计范围建构的延伸，常常需要反思。太贵或难以获得的织物通常要被删减。你将发现你对织物和裁剪有自己的偏好和风格，这些选择将建立起你的形象和独特的标志，所以在选择自己的标志性风格时要多花些心思并保持持续性。许多著名的时装设计师就使特定的织物变得流行：可可·夏奈尔以设计易于穿着的紧身衣和系带粗花呢羊毛套装而闻名，而三宅一生因为使用毛毡和打褶的涤纶面料而闻名。

尽管许多面料都拥有自身特殊的意义和目标市场，但即使是最经典的苏格兰花格呢也可以经过染色、表面处理或是不同寻常的印花和组织结构创新而被打造成一种全新感觉的面料。

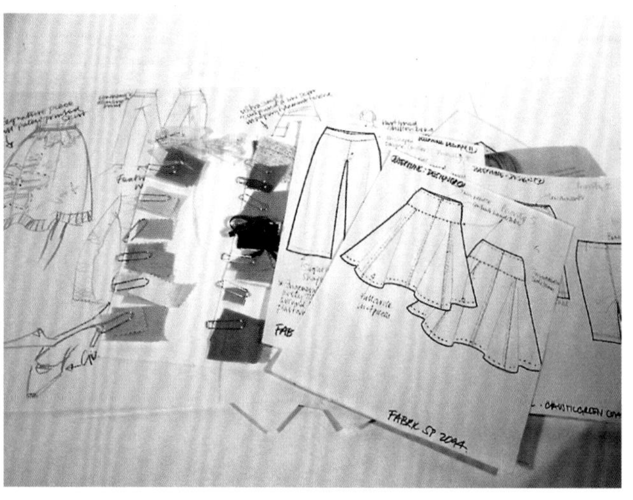

左顶图：这幅结构清晰的时装效果图展示了设计师是怎样进行作品的系列化设计的。系列服装的统一不仅仅是通过色彩和面料的相互匹配，而且还要在线迹和细节处理上达到和谐一致——这对于服装的成套穿着以及日后简化生产说明书和陈列展示都很有益处。

上图：像非洲爪哇蜡染布这样充满异域风格的进口纺织品可以按照小幅面进行出售，它们都是制作夏装的好材料。

服装设计和面料应该不是相互对立的，但这两个行业的人员却会时常抱怨对方。在确立设计范围时，基本的设计原则（对比例、节奏以及人体运动状态的认识）应当常存在头脑中并进行整体上的考虑，而不仅只是围绕着一件衣服进行设计。一旦你的设计作品在T型台或是排练场进行展示,你一定会希望将作品进行最完美地演示。一个队列模特会帮助你平衡和调整服饰的搭配以及整体风格的统一。在商业环节中，按照一定的“主题性”将不同颜色和质地的系列服装进行展示将有益于代理商的次级销售。无论是对分开的零部件还是对搭配完善的全套服装，应用小色块标注在效果图或是最终完成作品的照片上，这将有助于设计范围的确立和后期产品系列的销售。

面料供应商

面料的来源要有可靠性和竞争力，价格、运输时间、进出口的规定、货币汇率的浮动和始终如一的质量标准都是至关重要的因素。保持与面料供应商的良好关系是一个成功设计流程的关键。对于学生来说，有很多方法可以接近制造商和面料资源，并能获取慷慨的帮助。幸运的是，学生的设计并不涉及大规模生产的问题，因此，学生有机会通过非同寻常的渠道或从零售商那里买到少量的面料。

主要的面料生产商在世界各地的主要时装城市都设立有展示厅。有时，他们也会把一些库存或是已经过季的面料低价或无偿地提供给学生使用。一旦你取得了企业宣传部门的信任，你有可能被他们列为推广对象而得到新系列产品。面料生产商通常都有自己的工厂销售多余的面料或残破的面料。纺织品一般是以“卷”或“箱”来卖的，因此面料无需进行熨烫。针织面料或许会被“撕开”或者成卷出售，通常以重量而非长度计算。将最近买进的一些布卷保存起来，这会让你日后的整理工作轻松不少。

面料工厂

面料工厂所生产的机织布或针织布直接出售给服装制造商和服装批发商，也通过代理机构进行批发和销售。工厂总是努力生产富有特色的纺织面料，例如日常装用的棉织面料、套装或单件服装所用的高级毛料，或是晚会装所用的提花丝绸面料等。从一家工厂直接购买面料或许比通过代理商购买便宜得多，但是其购买的起订量一般会很大。时装设计师可以和面料设计师合作，让工厂生产出具有特殊效果或是独一无二的面料产品。

中间工序提供者（Converters）

工厂制造出来的坯布或者服装半成品（Greige Goods）要按照客户的要求进行印花、染色、防水等工艺处理，具体的安排要依据市场前景而定。中间工序的提供者与制造商及设计师的工作联系极为密切。

进口商

出于劳动力成本、原料来源及版权的原因，有一些品种的面料必须依靠进口。通常应进行事先的订购或配额申请以适应贸易循环和机遇。进口商会将货物囤积在仓库里面，其中的一部分用来根据订单供货，另一些通过商店出售。与进口商合作可以简化国际运输的流程和进口的手续，同时也避免了汇率波动、节假日和语言障碍等麻烦问题。

代理商

代理商代表面料制造者，但不拥有任何的库存。无论是对本地制造商还是对进口商，他们都会帮助协商和组织订单及负责运送货物。代理商也许是一个老谋深算的人，但他或她却可以帮助你从供货商那里得到更好的服务。

批发商

这些供货商从面料工厂和中间工序提供者处购买成品面料并把它们提供给商店。有时他们会专门经营某类特殊的面料，但一般来说，批发商并不总是经营某几种颜色或是特定类型的纺织品。成熟的时装公司可以到批发商那里订购货物并得到一定的保证，但是作为一名学生，你也许必须亲自拜访他们并以现金进行交易。

中间商(Jobbers)

大众化的面料通常能够延续到下一个流行周期，但是有时会出现订单被取消或是材料过剩的情况；另外，残疵品、色差过大或已经过时的产品必须快速地处理掉以使资金能够回流；制造商也会尽量在面料老化和过时之前把库存量减到最少，以便把资金投入到商店的运作上。中间商就是这方面的专家。他们以折扣的方式包销厂家的剩余产品并进行代理销售。他们为零售特卖场提供产品的面料，市场中的摊贩和小公司很快会以低廉的价格将它们卖出去。这样的面料和用这些面料制造的服装被称为“布头”（Cabbage）。

零售商

面料商店和百货公司可以从上述列举的大多数渠道中获取自己的货物，你可以从它们那里大范围地购买少批量的产品，但产品的价格通常是税后批发价格的三倍左右。

像非洲蜡染布和印度尼西亚蜡染布这样的纺织舶来品可以被进行单匹地买卖，它们非常适用于夏装的设计。

面料博览会

面料博览会和商业展的主要功能在于提供一个商品展示的平台。它们在继“新概念推广会”和“潮流预测发布会”之后充分地担起了第二重要的行业活动。面料博览会是工业生产领域的重大事件，但却似乎是摆脱了工业背景而进行的，因为绝大多数的制造商都倾向于与他们的客户保持一种私人的关系，并且愿意在一种生动和有竞争力的环境下进行产品的现场展示。事实上，很多买家在下订单前都喜欢通过触摸面料来判定其质量的优劣。但是，随着电子通讯技术的发展，全球的制造业已经逐渐失去了原有的季节性，市场也被更加细分。美国“9·11”事件（彼时恰好在举办纽约时装周）以后，全球的买手对于出行也更加小心谨慎，并纷纷开始寻找可以替代的方式。视频会议和廉价的物流服务意味着目前销售人员的劳动强度大幅度地降低了（大约只有过去的7/24）。许多制造商在公开展示他们的产品时都变得小心翼翼，因为市场上仿造的速度也在日益加快。大型博览会的数量在减少，小规模的展示会却层出不穷。参加这些展会的成本变高，有些会议只允许受到邀请的厂商参加；更多的企业选择在酒店的套房里或是在会议安排以外的展示空间里进行新产品的发布，他们的目标市场也显得更加明确和清晰。

每年在巴黎举办两次的“巴黎第一视觉面料展”（Première Vision）是世界上最重要的博览会之一，通常被称为“PV”展，每年的三月和九月紧随法国高级成衣展举办。在PV展期间举办的面料设计师作品展被称为“Indigo”,它旨在鼓励面料制造商、印染技术人员及生产者的工作，参展者需在此前18个月发布他们的新产品。与会者可以从中看到很多极其令人振奋的成果。“Indigo”对于学生来说也是个重要的展示机会，因为组织者会邀请欧洲的纺织时装学院的师生参加展会，学生作品也可以籍此与专业工作室的作品一起展出。这是个通过自己的设计作品来挣钱的绝好机会，同时还不必背负来自赞助者的资金风险的压力，还可从中以学习商业运作的模式、了解如何从合同条款中获利以及感受艺术市场的氛围。

若以学生身份参观面料博览会，就不要期望会有人主动给你入场券。厂家的销售代表，即新面料的推广者和观察员，只会欢迎那些订购样品的专业设计师和买手。一般来说，纱线是按照重量或者样品的线轴来订货。尽管学生不可能以这种方式购买到面料和纱线，但是如果你对样品特别感兴趣，可以在展会之后和制造公司或面料代理商联系，也可以请求你的导师或者学校与他们取得联系。样品宣传册是极有价值的信息资源，或许它们很贵，可是却能够指导你未来的发展，还可使你取得与厂家联系的方法。如果你想获得面料的样品，那么就别忘了准备自己的名片和联系方式。千万不要以学校的名义去订购样品，也不要让厂家把货送到学校里——除非在这之前你已经和学校达成了某种共识。一些公司会给学生们比较慷慨的折扣。而对于那些本身就准备了这方面赞助计划的厂商来说，他们会希望你在订货之前出示所在学校的证明材料或是来自你就读学校的信函。

从上至下：这是一家专营印度刺绣面料的进口商店，里面所售的品种丰富的面料是制作晚礼服的完美原材料。

市场里和沙丽商店里所出售的原材料品种丰富得令人眼花缭乱。在购买时，你或许会被建议比实际需要的码数多买三个幅宽。

左图：面料样板可以让设计师就不同的面料手感和组织成分进行比较。在下大的订单之前，先购买几米样品来制作样衣是非常必要的。

右图：像PV展和国际成衣及时装材料展（Interstoff）这样的国际面料展会预测了流行趋势以及未来一季的面料新动态。

你应该准备一个笔记本，专门用来记录不同类型的面料信息——包括来源、价格范围以及用途。有时，特别是在展会的最后几天，你可能会免费得到一些样品和宣传手册，因为代理商通常不愿意再将它们带回去。稍大一些的面料和纤维公司会为他们的客户提供资料库和信息查询的服务，还会出版读物以普及面料知识。有些公司还会举办一些免费的趋势发布活动，以此来说明他们所开发的面料是如何适应时尚潮流的。这些专业活动能够极大地影响未来的潮流趋势。PV展的组委会是一个集“流行趋势的主题分析和综合”、“色彩预测”、“展示研讨”、“动态视觉表达”和报道“每日大众的购买动向”等内容为一体的机构。一些评论家认为，正是这些权威机构——而并非是设计师——能对时尚业产生最大影响；而另一些人则认为，潮流趋势的展示已经造就了太多陈腐而千篇一律的时尚模式。

更多的专业读物和资讯

- Sandy Black. *Knitwear in Fashion*, London: Thames & Hudson, 2002
- S.E. Braddock & M. O' Mahony. *Techno Textiles: Revolutionary Fabrics for Fashion and Design*, London: Thames & Hudson, 1998
- Chlöe Colchester. *The New Textiles: Trends and Traditions*, New York: W W Norton, 1997
- John Feltwell. *The Story of Silk*, New York: St. Martins, 1991
- Clive Hallett & Amanda Johnston. *Fabric for Fashion*, London: Laurence King Publishing, 2010
- Susannah Handley. *Nylon: The Manmade Fashion Revolution*, London: Bloomsbury, 1999
- Ezio Manzini. *The Material of Invention*, Cambridge, MA: MIT Press, 1989
- Deborah Newton. *Designing Knitwear*, Newtown: The Taunton Press, 1992
- Mary Schoeser. *International Textile Design*, London: Laurence King Publishing, 1995
- Joyce Storey. *Manual of Textile Printing*, London: Thames & Hudson, 1977

杂志：
《国际纺织品杂志》(*International Textiles Magazine*) / 《纺织品观察》(*Textile View*)/《布边》(*Selvedge*)

色彩网站：
www.dylon.co.uk，色彩及面料染色信息
www.fashioninformation.com，新闻及预测发布
www.pantone.com，色彩体系及预测发布
www.lectra.com/en/fashion_apparel/products/color_management_fashion.html，时装的色彩再造

面料资讯（亦可参考索引中的“供货商名单”）：
www.whaleys-bradford.ltd.uk，这一网站提供适合于印染的细白棉布、薄麻布和绸坯的相关供货信息
www.fashiondex.com，提供全球面料供货商名单
www.fabre2fashion.com，提供面料及时装资讯
www.thefabricofourlives.com，提供面料及织物方面的信息
www.yarnsandfibers.com
www.woolmark.com

一年两度的纺织面料博览会：
巴黎第一视觉面料展（Première Vision），法国巴黎，九月和三月举办；里昂第一国际面料展（Tissu Premiere Lille)，法国
杜塞尔多夫国际服装博览会（Eurotuch Düsseldorf），德国，三月和十月举办
米兰时装展（Moda In），意大利米兰，二月和七月举办
科莫丝绸展（Idea Como)），意大利科莫，四月和七月举办（侧重于丝绸和印花织物）
纽约国际时装面料展（IFFE），美国纽约
亚洲时装材料展（Interstoff Asia, HK），中国香港
迈阿密海滩面料展（Material World）美国迈阿密
洛杉矶国际面料展（TALA），美国洛杉矶

在美国，面料制造商要提前5个“市场周（Market Weeks）”出示他们的新产品

一年两度的纤维材料博览会：
意大利国际流行纱线展（Pitti Immagine Filati），意大利佛罗伦萨，二月和七月举办
法国巴黎纱线展（Expofil），法国巴黎，十二月和五月举办

第五章　工作室

学院工作室

学院工作室的布局可以安排为多种形式。依据教学大纲以及学生数量在工艺助教和导师之间的不同分配，学院工作室的布置可以仿效设计工作室或类似于小型工厂的环境。一些学校允许学生拥有自己的工作间和布告牌；另一些学校则在空间上采取开放政策，并持“先到先得”的态度。很多学校全天开放，在晚间或周末，开放的工作室氛围更令人创意澎湃。不论学生的偏好或学校的政策是什么，聪明的做法是，在教师上班的时间待在工作室里，学会公平地分享机器设备、导师和空间。

基础设备

纸样裁剪桌是时装设计室的中心。桌子通常是根据女性的平均身高制作的，即高92厘米（36英寸），根据布料的宽度，大约宽120厘米（48英寸）。桌子的长度至少要能够裁剪全身长的服装纸样——约4米或更长。纸样裁剪桌既可用来画纸样也可以用来裁剪样衣布料。桌子的表面非常光滑，使得似丝绸般滑润和精致的布料在桌上翻转不会受到阻碍。

大多数情况下，工作室的机器设备是符合行业标准的，但也会有一些特别的设备，如包缝机、锁缝机、暗缝机、蒸汽熨斗或熨衣桌，有时还会有刺绣机和针织机。需要什么样的设备取决于学生的课程与工艺实践、设计实践之间的关系。所有的缝纫机和熨衣器都具有潜在的危险性，所以需要先了解安全规则并在监管之下使用。

不是所有的学校都有缝纫机工帮助做衣服，因此你必须学会自己独立制作服装；甚至大多数的学校还期望你在家里也备有一台缝纫机。固定的教员中一般都有指导板样的教师，他们会在工作室里演示如何操作，并通过在学生中巡视或非正式会面来逐

上图：机械师需要掌管多台特殊的缝纫设备，例如锁缝机、包缝机和暗缝机等。

下图（从左至右）：制作样衣并学会一些工艺技能不仅是从事服装设计的基础要求，而且还会提升你对面料风格的把握以及产品成本的估算能力。
平缝机迅速成为时装工业里的中流砥柱。

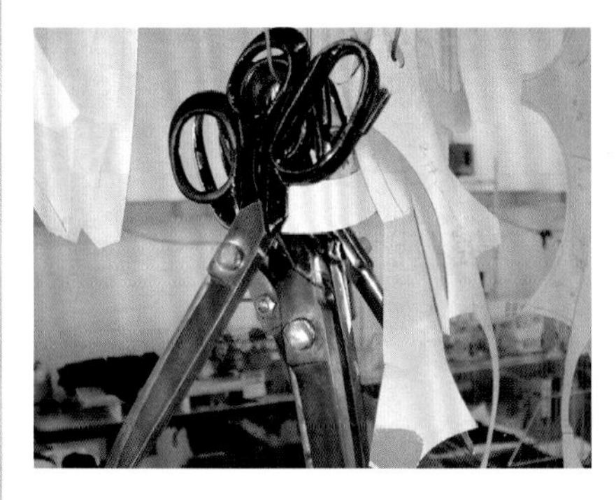

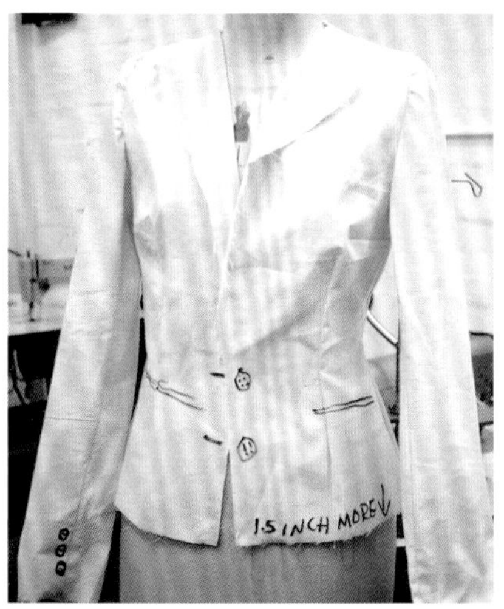

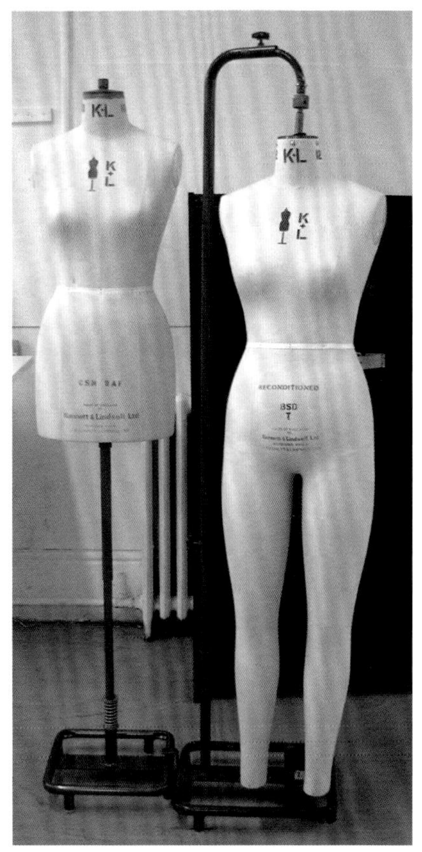

左顶图（从上至下）：一把锋利的剪刀是裁缝师手中必备的工具。

初步的设计会被先制作成为坯布样衣。你可以在平纹结构的坯布上描画、书写，也可以在人台上直接进行板型的修正和调整。

左图：人体模型和人台有许多型号分类，而且还配套有不同的人体部位。

个解决学生的问题。

人台

人台（或称人体模型）是检验款式和设计是否可行的关键性辅助工具。它是一个立体的人体躯干，一般由塑料铸成，覆盖着薄薄的垫料和质地密实的亚麻布，可以调整它的高度和进行旋转以方便评估设计作品。有针对不同年龄和身材的男性、女性、儿童的人台，也有针对裤子、晚装、女式内衣、孕妇装的人台，针对西装夹克类的人台，还有可拆卸和折叠伸缩的人台手臂。如果要为魁梧的或不常见的身材设计服装，可以通过加垫料的方法调整人台的形状。

在设计过程中，你将在许多关键的时刻运用到人台。面料的效果和尺寸（尤其是带有条纹的面料），都可以通过将其披挂在人台上面的方法来进行制板前的预测和调试。在制作样衣（或者白坯布打样）之前，你可以在纸板上进行服装轮廓、合体性和丝绺方向的测试，并且在白坯布或者样衣上面来调整衣缝和省道的合适度。一个人台将有助于你确认一件西服领口的翻折位置和曲线弯度，并且可以在人台上面用蒸汽熨斗直接按压出形状。如果你目前正在为一位特别的或者是特殊体型的顾客服务，那么你一定要仔细测量身体各部位尺寸，并且在相应形状的人台上面进行裁剪和制板。

亚麻布制成的专业人台表面通常可分为八个垂直的基准线，大多数服装都可以此为参考。你可以用黑色的窄边缝带改变这些参考线的位置。用最小的别针把这几部分连上，这样要移动指示缝带就很方便。使用缝带可以帮助你完整地观察样衣，以便将别针放在适当的位置并且与织物的纹理相一致。领线和袖窿线的位置也可以用胶带固定，并在适当的时候用别针别好。人台只呈现了一个固定的体态，因此不应依赖它解决所有的问题；很多设计缺陷只有把衣服穿在真人身上时才会暴露出来。

测量和制图

过去，手艺熟练的裁缝把人粗分成几种体型，遵循这几个比例的规则就可以做出适合不同体型的人的衣服。19世纪，裁剪术也成为一门科学。在维多利亚女王时代，由于受到达尔文的著作和新的纪实摄影技术的启发，以至于不论是在发达地区还是在偏僻的岛屿，都有人在对不同类型的人体进行分类和测量。人体测量学作为绘制人体图的技术而得到了发展。人们使用模板或纸样（Blocks）发明了很多种测量人体的方法，这些方法都建立在将人体分成对称部分的思想基础上（例如，从前身到人体中心线，从大袖片到小袖片）。今天，像三维人体扫描仪这样的新技术器材能以精密的测量方法，真实地测量不同地域人群的身材，以提高数据的精确性。

标准尺寸

随着制造商自身及其产品的发展，标准尺寸、纸样作图、推板和贴标签的程序也在发展。尽管测量方法各国仍不相同，但经英国标准机构（British Standards Institution）和美国商务部（US Department of Commerce）的努力，现在服装可以标明国际通行的尺寸以减少混乱。美国的尺码种类比欧洲多，而且使用英制标准，即码、英尺和英寸。而欧洲和远东的服装尺寸一般用厘米表示。一定要弄清楚你的制造商是采用公制还是英制标准（见书的附录部分的尺寸表）。

英国、美国和欧洲国家的女性平均身高是163厘米（64英寸，比50年前要高5厘米或2英寸），属于梨形而非沙漏形身材，穿12～14号（美式尺寸10～12号）衣服。大多数时装公司生产8～14号（美式尺寸6～12号），尽管事实上有1/3的女性的号型比16号（美式尺寸14号）还大。

男装的尺寸范围则大得多。制造商卖给买方的服装尺寸由其目标市场需求决定，而年轻人和中年人对服装的合身度有着不同的要求和期望。现在，越来越多的供货商开始提供“加大”（特大）号衣服、小号衣服和高个子穿的加长型衣服，经典式样的裤子一般都有不同的裤长。泳装和紧身衣分有不同的体长，而袜类也区分不同的长度。

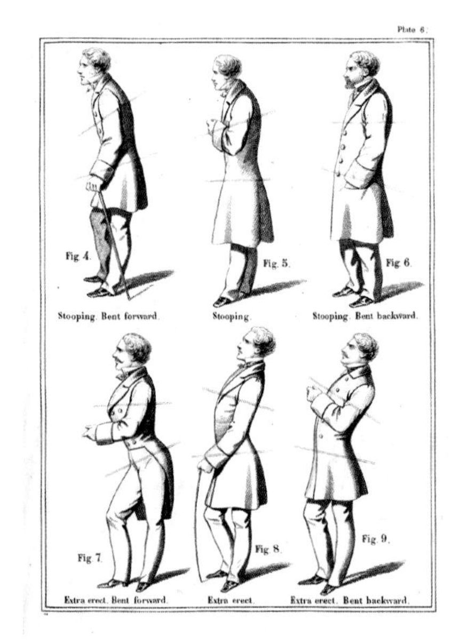

下图：裁剪师的艺术性一部分在于能创造出掩饰身体缺陷的作品。

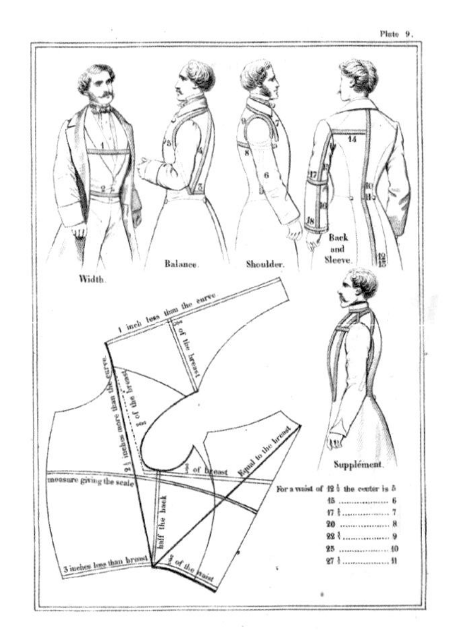

底图：标准测量值常随人们健康的变化而修订，而营养状况则继续影响着普通体型。

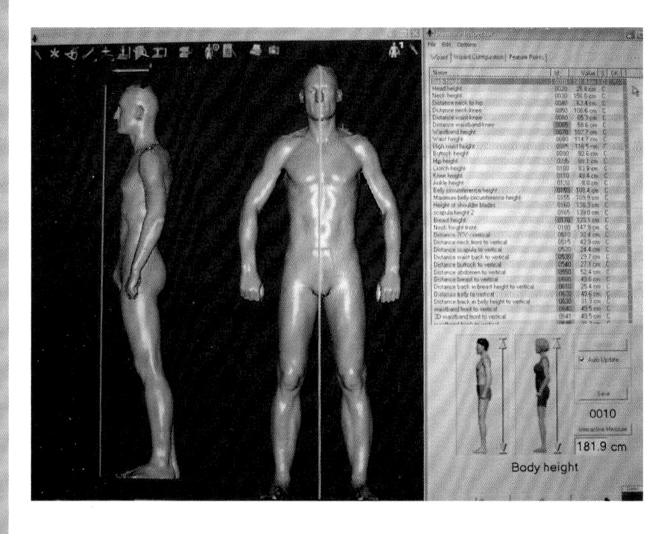

左顶图：三维人体扫描技术可以捕获到关键的人体测量数据，随后就可以生成一幅个人定制的板型。

左图：用大头针将窄边缝带固定在人台上，以标明一件晚礼服的缝纫线的位置和对称方式。

尽管两个世纪以来人类始终在进行精确的测量，但人们仍声称很难找到合身的衣服。由库尔特·萨蒙（Kurt Salmon）零售业咨询公司的市场调研员所做的一个调查发现，在美国，有价值280亿美元的衣服由于“不合身”被退回到商店。一些对合身度要求较高的运动装很注重身体的构造，也注重与运动类型相匹配的款式。当像颓废派女裙或女裤这样的时装开始流行时，内衣供应商也不得不把内裤和紧身裤的腰头降得更低一些，这样就形成一个新的尺寸。这类尺寸称为规格，被写在设计说明中，以防止在裁剪和制作时有歧义。

在你还是一个时装专业的学生时，也许会做10～12号（美式尺寸8～10号）的样衣。但最好记住，当你离开学校开始设计不同型号的服装时，一些设计的细节如口袋、接缝线，看上去也要适合那个更小或更大的尺寸。

即使你不准备做一名专业的纸样裁剪师，也要懂得测量和把测量值变成纸样的重要性，这样你的草图、线描图和结构制图才能起作用。对设计师而言，要想设计得好，广泛地了解主要种类服装的基础纸样如何制作非常重要。

下图：在进行实际的面料裁剪之前，一个真实的人体模型或是三维虚拟人体对于完善服装的合体性以及了解织物的悬垂性是非常有帮助的。虚拟的人体还可以进行尺寸上的调节。

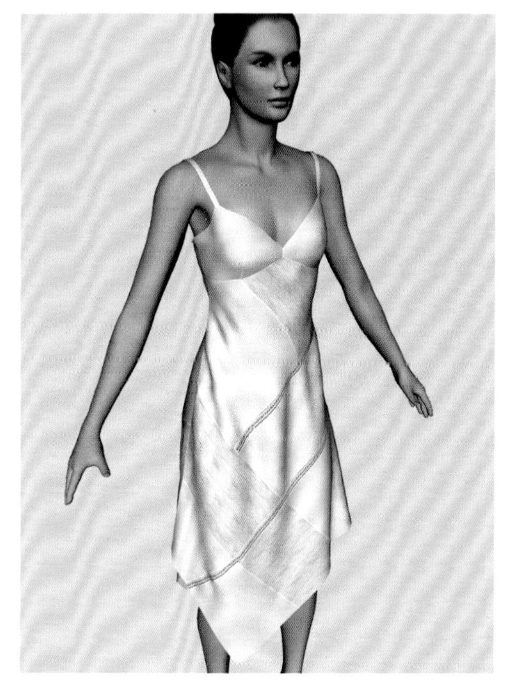

下页表格中列举了英国女性和男性最常见的四种体型数据以及美国、欧洲大陆和日本市场的通用人体尺寸。尽管公制和英制的转换并不十分精确，但是也尽量靠近了标准的数值。更大或更小的数值是按每个个体数值的递增或递减来标注的。基本原型和结构图现在都是由计算机来完成的。请注意，有着相同胸围、腰围和臀围的女性却可能有着大相径庭的体型，因为她们有着各种各样的姿态、背部弯曲度，臀部位置、胸部形状以及腿的粗细，等等。人为制订的人体尺寸和大众定制服务是在基础原型板的基础上作很小的调整，而服装定制店和高级时装店里却要求掌握尽可能详细的顾客个人体型的资料以及顾客自己的原型板——那是进行服装创意的基础，是必要的草稿。

女性服装尺寸表（公制单位）				
尺寸	8	10	12	14
身高	157.2	159.6	162	164.4
胸围	80	84	88	93
腰围	60	64	68	73
臀 围	87	90.5	95	99.5
坐围	79.5	84	89	94
颈围	34	35	36	37
胸下围	61	66	71	76
背长	38.8	40.4	41	41.6
后背宽	31.8	32	33	34.2
前胸宽	28	29.8	31	32.2
肩宽	11.5	11.7	11.9	12.1
臂长	56.2	57.1	58	58.9
臂根围	42.8	43.1	43.5	43.9
袖窿长度	38.6	40.6	42.6	44.6
上臂围	22.9	24.7	26.5	28.3
腕围	15	15.2	16	16.6
外侧腿长	99	100.5	102	103.5
内侧腿长	74	74	74.5	74.5
立裆深	26.8	27.9	29	30.1
腰线至膝盖长度	61	61	61.5	61.5
腰线至脚踝长度	94	94	95	95
后颈至地面长度	136	138	140	142

男性服装尺寸表（公制单位）				
尺寸	36	38	40	42
身高	174	176	178	180
胸围	92	96	102	107
腰围	76	81	87	92
臀围	94	99	104	109
背长	44.5	46	46.5	47
衣长	79	80	81	82
后背宽	42	43.5	44.5	45.5
肩宽	16	16	16.5	17
臂长	62	62	63	63
衬衫袖长	84	84	87	87
衬衫领围	37	38	39	40
腕围	16	16.5	17	17.5
内侧腿长	80	81	82	83
立裆深	26.2	26.6	27	27.4

女鞋尺码

英国	6	8	10	12	14	16	18	20	22
美国	2	4	6	8	10	12	14	16	18
西班牙/法国	34	36	38	40	42	44	46	48	50
意大利	38	40	42	44	46	48	50	52	54
德国	32	34	36	38	40	42	44	46	48
日本	3	5	7	9	11	13	15	17	19

男鞋尺码

英国	3	3½	4	4½	5	5½	6	6½	7	7½	8
美国/加拿大	5½	6	6½	7	7½	8	8½	9	9½	10	10½
欧洲	35½	36	37	37½	38	38½	39	39½	40	40½	41
日本	21½	22	22½	23	23½	24	24½	25	25½	26	27
中国	36	37	37½	38	39	39½	40	40½	41	41½	42

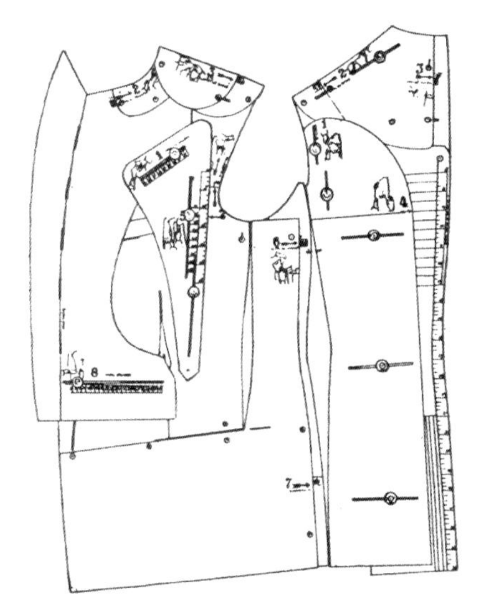

这个获得专利的纸样制作器可以在两分钟内调整好顾客的尺寸，以便草拟一个定制的纸样。

设计要素

设计是以崭新和令人激动的方式将已知要素混合，以创造出新鲜的组合和产品。时装设计的主要元素是轮廓、线条和质地，使用这些要素的方法称为原则，有重复、节奏、渐变、放射、对比、和谐、平衡和比例等。这些变量的搭配使用将在观者和穿着者中引起反应——有时强烈，有时微妙。因此，理解和掌控这些反应是设计好的作品的关键。一件设计作品是好还是不好并不总是能讲清楚的。有时观众或穿着者甚至会感到不悦或震惊。然而，在时装术语中，“震惊”有时也能具有积极意义。

清楚地表达和分析一件成衣引起的反应将使设计得到修正、深化和发展。当大量令人激动的设计作品好评如潮时，如果你能够对其进行思考、解释设计意图、忖度成品与期望值的差距，将是非常有益处的。对设计的要素和原则的把握也有助于你看清其他设计师的擅长点，预测出市场的趋势和变化。

人体测量

测量表

姓名：　　　　　　　　　　　　身高：

		左	右
A	领围线		
J	前身中心线		
O-P	后身中心线		
C-C	前肩宽		
C-C	后肩宽		
D-C	肩宽		
A-J	斜肩长度		
D-B	领围到胸点的距离		
B	前胸点到侧缝的距离		
U	下胸围线		
B	胸围线		
D-E	领围到腰围的距离		
F	袖窿长度		
E	腰围		
E-N	腰线到地面的距离		
G	腹围		
H	臀围		
I	外侧裤缝长度		
M-N	内侧裤缝长度		
E/G-K	前裆长		
E/G-M	全裆长		
C-L	臂长		
	鞋的号型		
	帽子的号型		

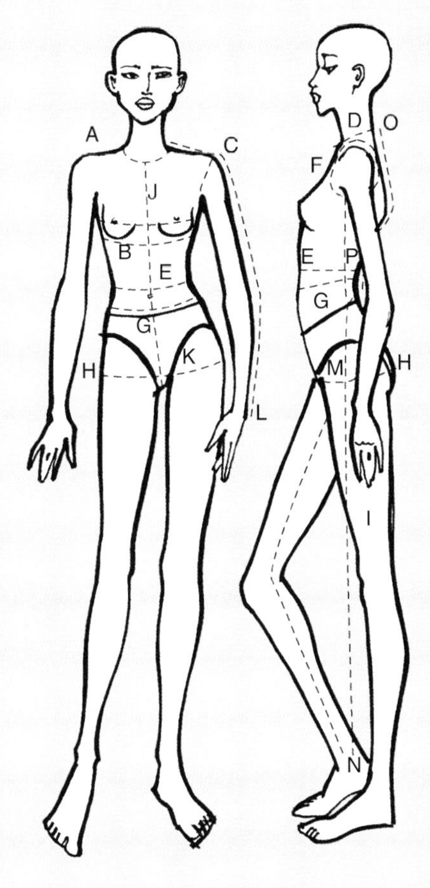

在测量人体或者在制作高级服装时，你会发现人体其实很少有绝对对称的状况，左右肩部或胸部通常有着高低差别，因此你最好能够进行分别测量。在测量整体高度、头围和膝盖高度时也应当注意到这一点。

设定参考点

进行测量的时候，应该用记号笔或者圆形的小贴片标注出连贯的参考点。所有的标注点都应当进行横向和纵向的比较，以此可以精确地表示出前中心线、后中心线和侧缝线的位置。（请注意：腰线的位置不一定正好经过肚脐）

A. 领围线

自然的领围线是依一条正好经过颈窝下的短项链所形成的路径而定的。用小贴片或者钢笔标注出领围线的前中心点。

在后脖颈处，用贴片或者钢笔标注出脊椎骨顶部最突出的位置（低头的动作会使颈椎很容易被凸显出来）。在脖颈的前后左右都做上标记，要与耳垂后的内陷处相一致。

B. 胸宽和胸围

胸宽是指从腋下一侧到另一侧的前胸跨度，而胸围是指胸部的最大围度。如果你要制作合体服装的话，别忘记测量胸下围。

C. 肩点

举起胳膊直到肩部出现一个凹陷，这样就能准确地找到肩点。在凹陷处感受一下肩膀里的骨骼，然后用标签笔或者小贴片标注出来。

D. 肩缝线

找出领围线上的侧颈点，顺沿着肩部将它和肩点连成一条线，要考虑到人体肩膀的倾斜度。

E. 腰线

依据人体的上身比例，腰线的位置可能出现两种状况：一种是自然的人体腰线；而对于那些没有明确的自然腰线的人，他们的腰线位置一般就在裙腰或裤腰的位置上。如果自然腰线不明显，你可以在对方的腰部系上一条松紧带，然后使其向左右扭动身体，直到松紧带下落到一个不再挪动的位置——那就是对方的腰围线。腰围线在人背后的水平位置要高于在正面的位置，但是所设计的裙子的边缘必须和地面保持水平。

F. 袖窿长度

从肩点向下测量胳膊和身体连接处的围度，前后都要进行测量，前袖窿的长度往往没有后袖窿的大。

G. 腹围

与地面平行的绕过腹部最丰满处量得的尺寸就是腹围。这是低腰裙和低腰裤的基本线，因为一旦大于这一尺寸，裙子或裤子就会滑脱下来。

H. 臀围

想要找出这一下半身最宽之处，就用软尺围绕着臀部并且让它向下滑动到不能动为止。一般臀围的最宽之处可能会在腰围线以下的几厘米处，也可能会在超过30厘米（12英寸）处。

I. 腿长

从侧腰向下一直测量到脚踝处，从内侧的大腿根部一直向下测量到内脚踝处。

J. 前中心线和后中心线

从颈窝处到前腰线的直线为前中心线，从颈背到后腰线的直线为后中心线。

K. 前裆长和全裆长

前裆长是站着测量从前腰线到胯部的距离。全裆长是测量从前腰线正中央到后腰线正中央的整个距离。

L. 臂长

将胳膊弯成45°，然后测量从肩点到腕关节的长度。

一些学校会正式地教授这些要素和原则，其他学校会将其放到设计项目中，或者让你自己去发现和实践它们而不作任何指导。本书结尾的部分给出了一些可供这方面参考的有价值的信息。

廓型

服装都是三维立体的，当我们想象着衣服的廓型时，这个廓型随着不同的观察角度呈360° 变化着——活动的、弯曲的并且是呈体量的（美国设计师甚至于称廓型为“身体”）。从远处观看和看第一眼时，廓型几乎是一件服装给人留下的第一印象。一场发布会的作品不应有太多的廓型变化，否则将会冲淡整体效果和削弱所要传达的主题。突出女性腰线的形体廓型分成高腰线和低腰线两大类，这需要在视觉上按比例地平衡以达到和谐统一的效果。

与廓型紧密联系的是体积。通常，从式样的廓型就能看得出体积是被充满的还是空鼓的。厚重的、加衬垫的或半透明的织物，会使成衣呈现出厚重或轻薄的质感。这些风格的可行性受当下理想化的女性外形的影响。

历史上曾有过特定的时期，衣服的廓型呈现出戏剧性的特征。15世纪，已婚妇女穿高腰线的裙子，并且把大量织物聚集在胸部以下以增大腹部的尺寸，使人联想到怀孕和生育；18世纪20年代，带裙撑和鲸骨衬的裙子非常平直和宽大，以至于妇女在穿越门廊和走在街上与其他妇女擦身而过时都十分困难；1947年，在第二次世界大战的废墟上，克里斯汀·迪奥以他的“新样式”（New Look）女装系列震惊了全世界，他在战时的物资和织物配给匮乏结束后，重新引入了收紧腰部和大摆裙的设计；20世纪20年代以后，妇女的腿部裸露得越来越多；20世纪60年代，裙子的下摆提高到臀部以下，并使得女式连裤袜（或紧身衣）这种全新的市场品种的出现成为必然。腿部的展露和女裤的采用增加了女性服装廓型的丰富性。

上图：黑桃A。这是设计师伊莎贝拉·伦德伯格（Isabella Lundberg）以廓型为要素的系列中的一款

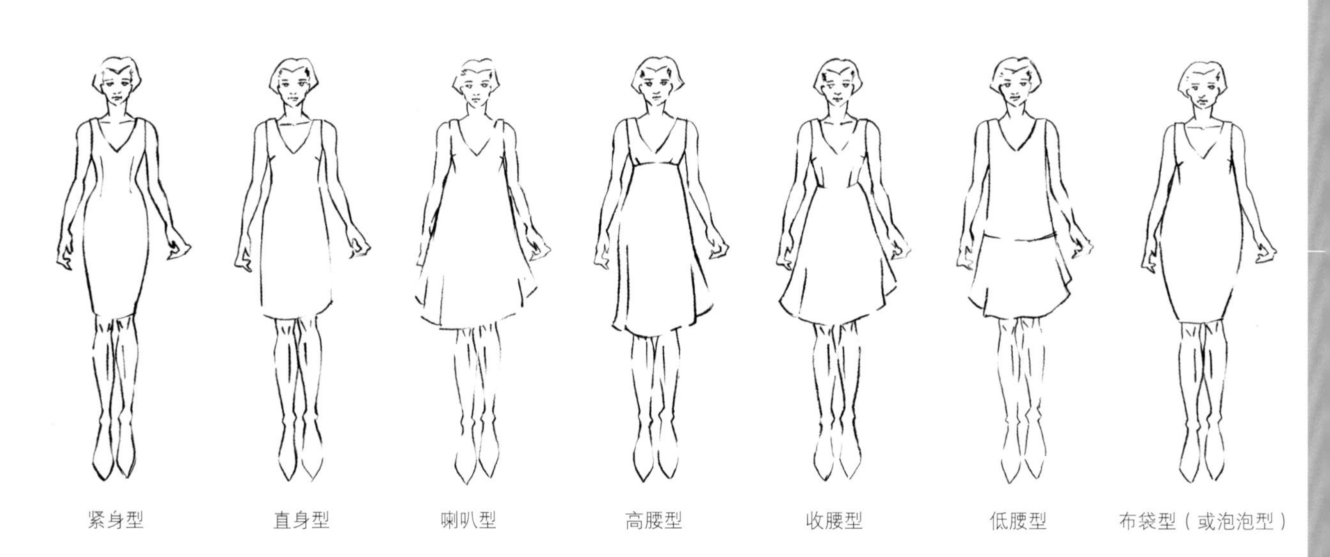

线条

在设计中使用不同的线条种类会使人产生不同的情绪和心理反应。线条的硬或软，可体现坚固性或柔韧性；它朝不同的方向延展，可引导观者的视线向上、向下或向身体扫视；它能强调或掩盖人体的特征，能创造出苗条或丰满的假象。在时装中，线条最常见的用途体现在每片衣片的缝接处和拴系物处。垂直缝线能创造长而优雅的效果，引导视线在身体的上下方向移动；水平线在宽度上趋小，会将人的注意力集中在身体的宽度上；横跨身体的线条使体形显得矮而胖；斜裁中的缝线沿着对角线穿过或环绕身体，使织物呈现出流动感和生机。线条的集中和分散给人造成加强方向感的效果。曲线增强衣服的充实感和增添女人味，常用来减小腰围和将视线集中到胸部和臀部。追求线条平衡的设计效果是设计中的首要工作之一。

比例

在艺术、建筑和设计领域中对比例的谈论很多，以至于似乎有些人是毫无根据地将其作为一个原则或是达成效果的工具而应用在时装上。然而，同样的原则在运用时的微妙差别，可以成就也可以破坏一个设计。在视觉上，比例使人们将部分与整体联系在一起。

比例感靠测量来完成——但不是用尺而是用目测。设计师可以通过改变设计特征的比例或移动缝线等细节来创造体型的错觉。

作为一个服装设计师，你所依凭的身体形态会影响你的设计作品，例如，哪些身体比例应当被拉长，哪些部位应当减小；身体的哪些部分应当被遮挡，而哪些部分却可以暴露出来；你的设计所针对的目标市场是什么，等等。选择你心目中的模特姿势，并把所设计的服装画在上面，画好模特的姿态将有助于你的设计表达。必须注意的是，时装的销售并不仅仅只是针对几个体型完美的人或是时髦人士，任何年龄层和各种体型的人都是需要时装产品的。在大批量范围内进行设计和制造时装产品应当保持一种有组织的方法，以确保你完全了解“真实”的人所具有的三围尺寸、长度及其需要。

“许多时候，你并不是真正为‘时尚人士’在做设计，而是为那些持币待购的普通的大众服务。人们的体型并不总是那么尽善尽美，因此像类似‘斜肩’的设计最好少做，因为人们几乎不会选择这样款式的服装。你无法选择你的顾客群体，但他们却可以选择你。”

——设计师　苏珊·克莱门茨

同一款式和轮廓的设计经由不同的面料会拓展出多种不同用途的服装——从日装、晚装到风格强烈的服装。对于一个系列产品来说，这可以保证其坚固的内在一致性。有些公司甚至会持续多年经营一些经典款式。

时装分割线的比例及长度

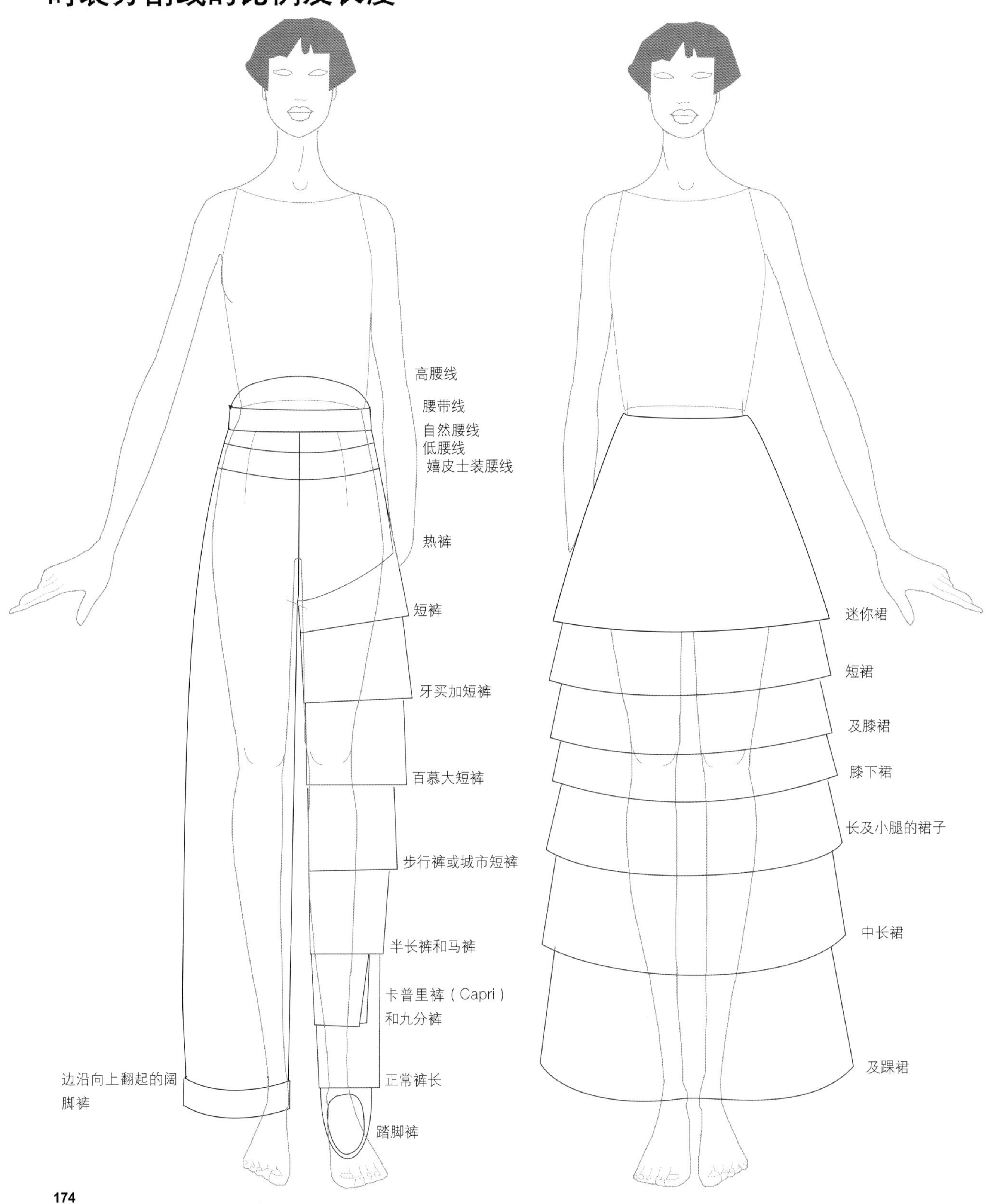

面料可以使服装产生许多迥异的风格和差别，并且可以令一个穿着者呈现出不同的风貌。纯色的面料可以衬托出迷人的线迹和系结物，并且能使观者产生苗条的错觉；印花图案的面料却可以破坏造型轮廓线。在选择材料和工艺方法时，设计师运用这些技巧来简化生产过程，并且保持同一系列作品在美学上的统一性，如此一来就能够迎合大多数消费者的口味了。

质感

用来制作成衣的织物或材料能够成就或破坏一个在纸上或是用样衣表现出来的很好的设计。质感既是时装设计的视觉要素又是触觉要素。事实上，大多数的设计师在绘制设计草图前就已挑选好织物了。相对于去为设计草图寻求完美的织物而言，他们更喜欢先被织物的纹理、材料的触感所启迪。一个优秀的设计师应该对织物的表现力有丰富的经验。被选中的织物应与季节、所期望的线条和轮廓、目标市场的定价和颜色保持一致。在确定系列设计产品的后半程，颜色可以通过改变染料的配比进行调整，但织物的纹理和性能是不变的。

顶图：不同面料在进行混搭时一定要格外小心，因为它可以影响人体的比例关系。

上图：水平方向的衣摆线位置能够极大地影响人体比例的外观效果。

廓型

直柱状

经典收腰型

梯形

沙漏型橡胶裙

圆型

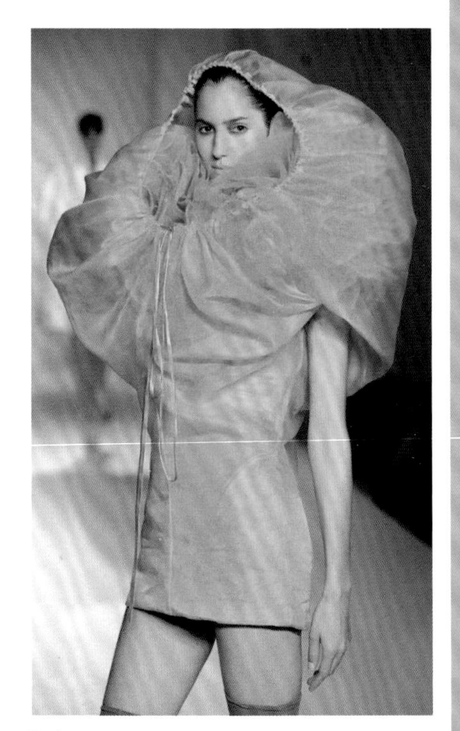
茧型

线条

宽厚的直线边饰强调大衣的体积感。

这款侧腰位置挖洞的圆形花饰裙上的放射状条纹图案是受到了吹制玻璃器皿的启发。

当模特在行走时，衣袖上几何感很强的条纹与臀部的图案交错叠加，产生了令人目眩的效果。

质感

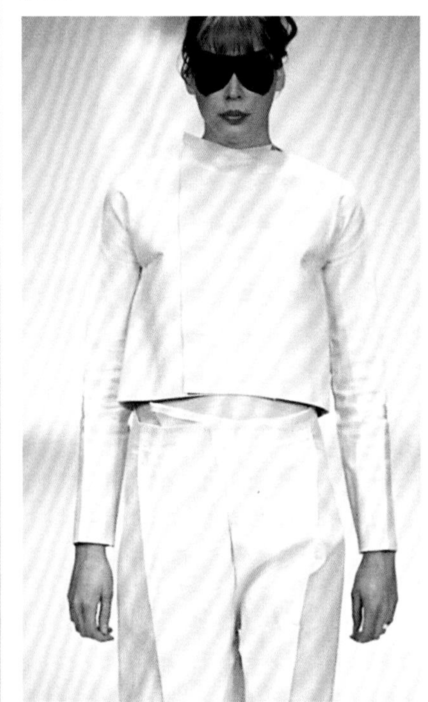

脆硬感觉的棉质裤装。

一种不常见的类似于棉被绗缝的技艺令服装顿时产生了安全感和柔软感。

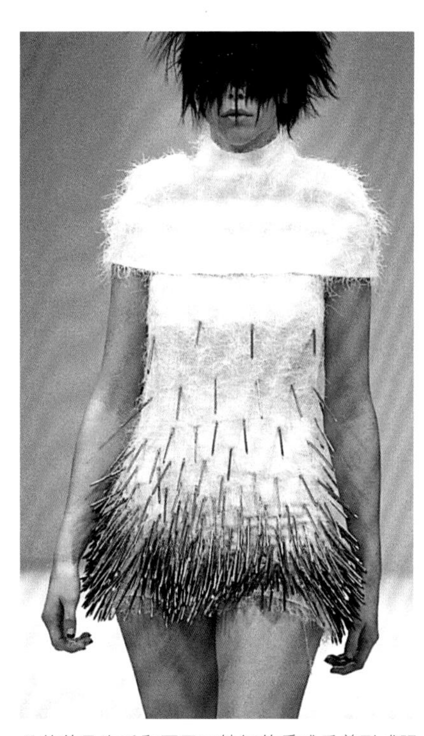

柔软的马海毛和石匠用铁钉的质感反差形成强烈对比。

分割线和细节变化

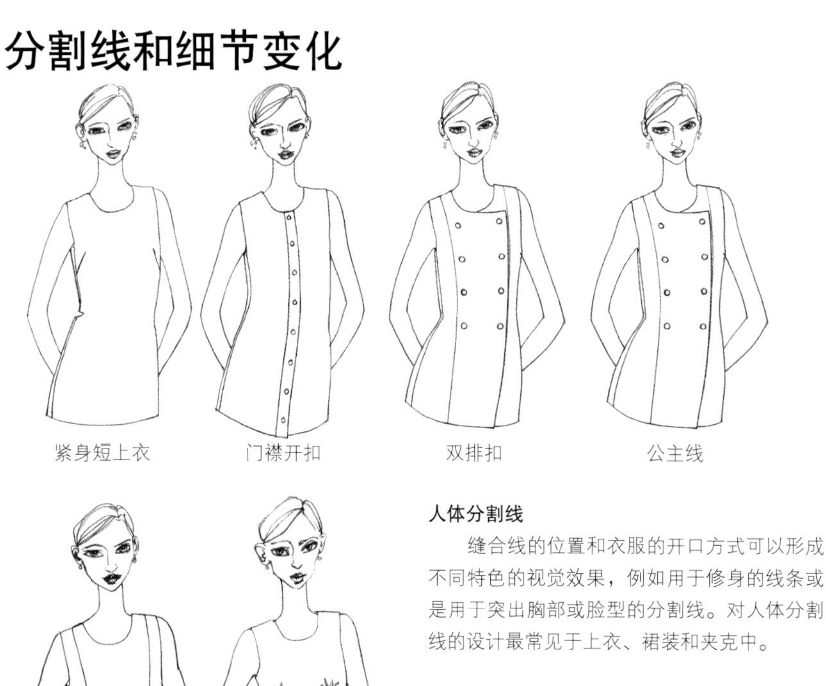

人体分割线

缝合线的位置和衣服的开口方式可以形成不同特色的视觉效果，例如用于修身的线条或是用于突出胸部或脸型的分割线。对人体分割线的设计最常见于上衣、裙装和夹克中。

领线

服装的领线或领型也许应取决于面料的类型、服装的季节性、所穿着的场合以及服装最终要达成的视觉效应。通常情况下，针织面料服装的领型和边缘处理比机织面料制成的服装要简洁一些。

设计师Yusuke Maegawa创造性地在服装的肩部及髋部位置重复地使用了育克结构。

有机形状的领廓弧线与模特的头饰相映成趣。Mihrican Damba设计。

圆领　V形领　船形领　鸡心领

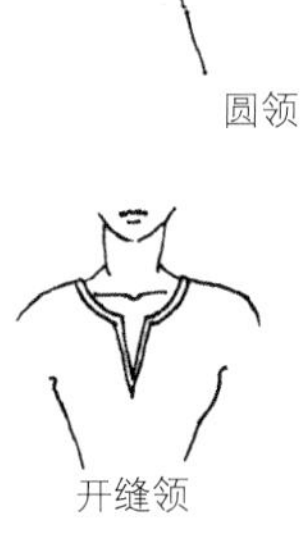

开缝领

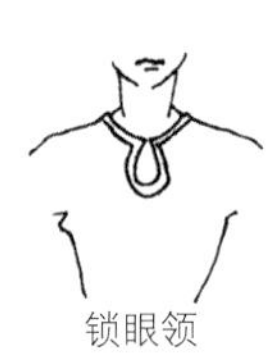

锁眼领

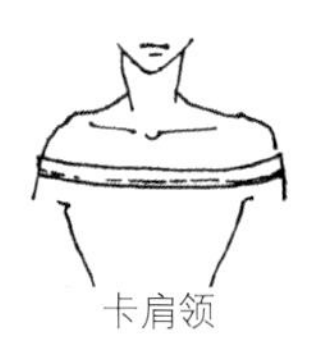

卡肩领

垂褶领

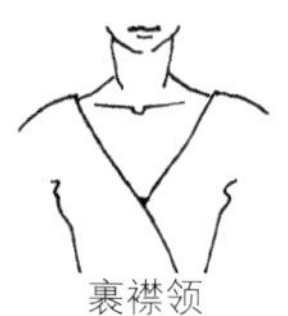
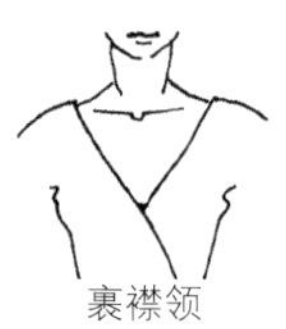

裹襟领

衬衫领

立领

一片领

彼得·潘领

马球高领

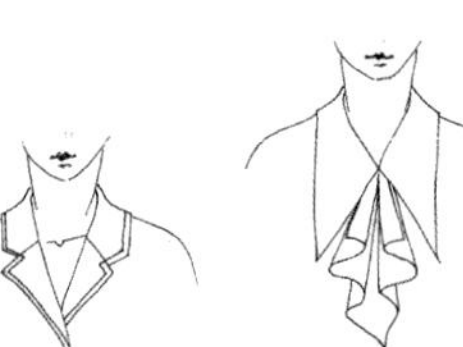

立翻领

胸饰领

兜帽领

马球领

小高圆领

蝴蝶结领

青果领

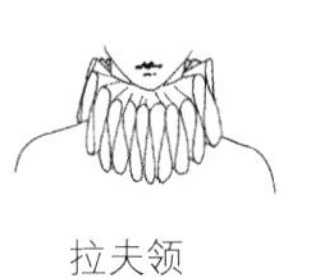

平翻领

拉夫领

海军领（前）

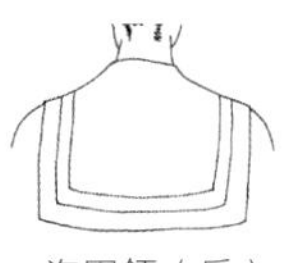

海军领（后）

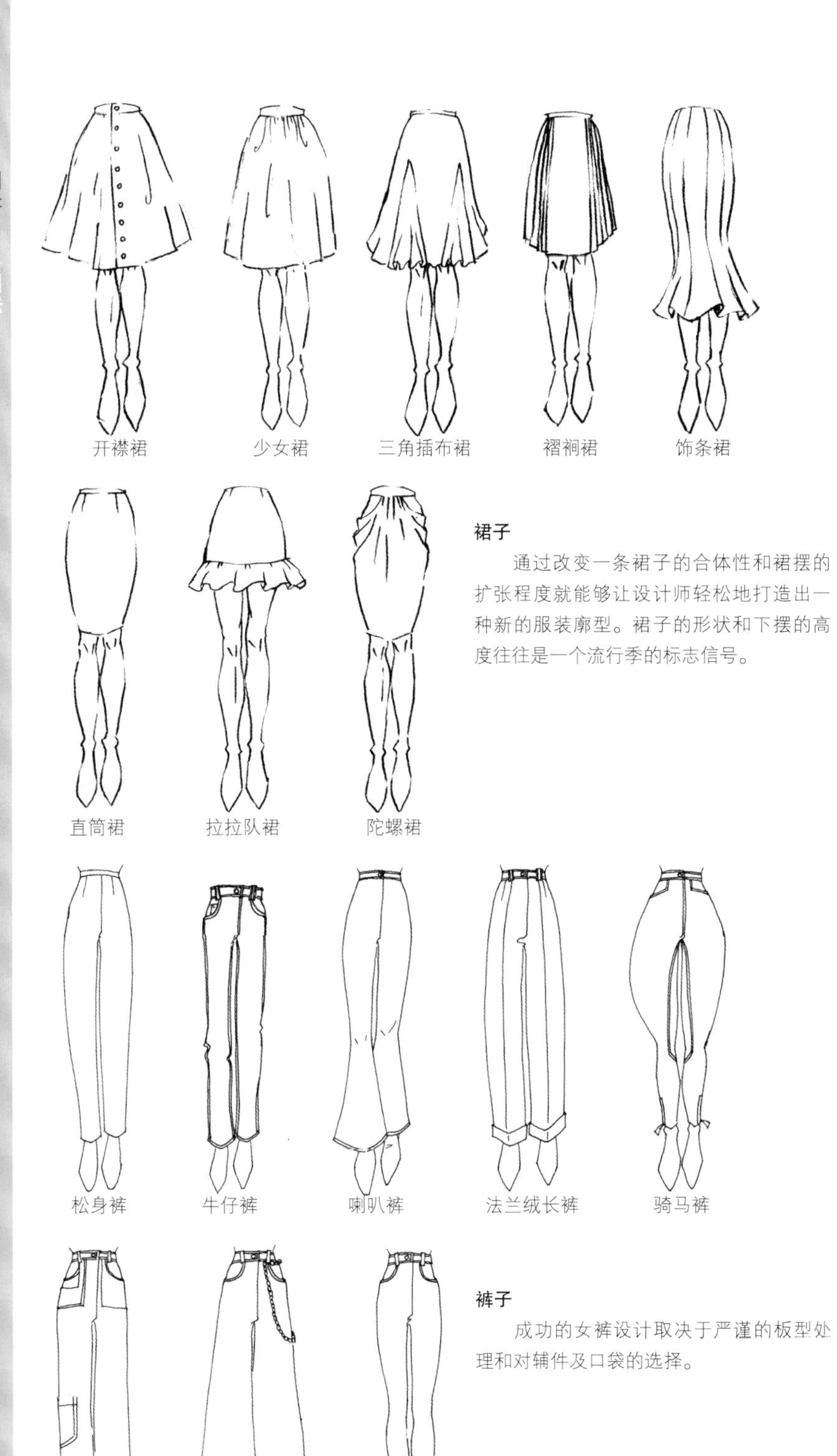

裙子

通过改变一条裙子的合体性和裙摆的扩张程度就能够让设计师轻松地打造出一种新的服装廓型。裙子的形状和下摆的高度往往是一个流行季的标志信号。

裤子

成功的女裤设计取决于严谨的板型处理和对辅件及口袋的选择。

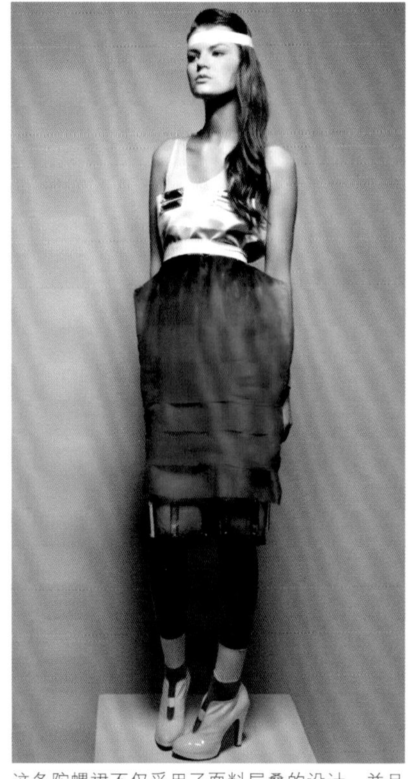

这条陀螺裙不仅采用了面料层叠的设计，并且内里还搭配了紧腿裤的穿着。

这条造型夸张的喇叭裤是由史蒂芬妮·特纳（Stephanie Turner）设计的。

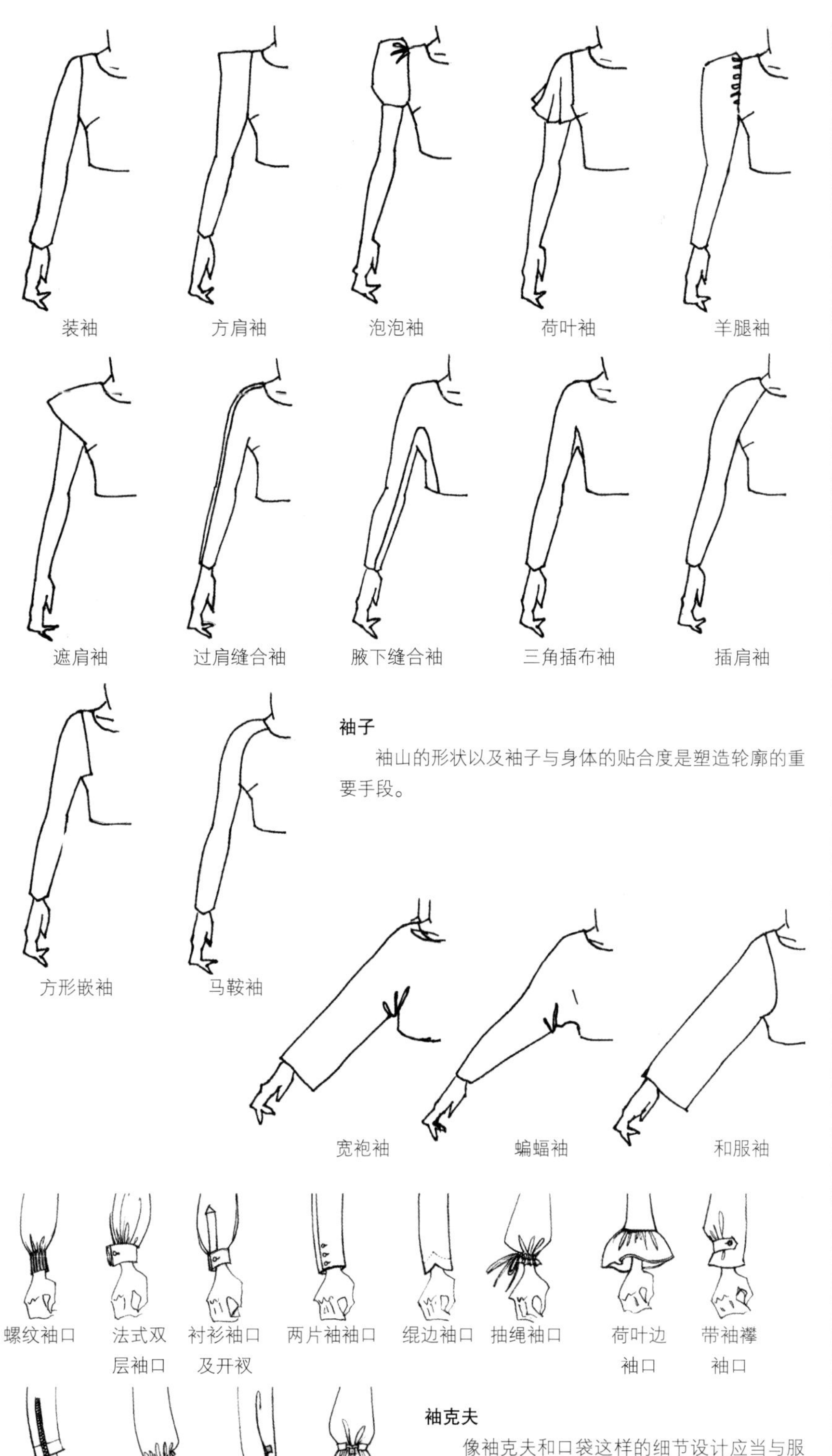

袖子

袖山的形状以及袖子与身体的贴合度是塑造轮廓的重要手段。

袖克夫

像袖克夫和口袋这样的细节设计应当与服装的整体轮廓和风格协调。

这件不对称式的衬衫显得既传统优雅，又彰显了设计师对于人体及衣袖的创新思想。

萝莉·邓肯所设计的这件女上衣有短短的泡泡袖和流苏胸饰。

设计原则

设计师所使用的时装设计原则是潜移默化的，它有时无法被传授、在文章中讨论或是有意识地使用，尽管如此，它们仍然存在。它属于美学体系的一个重要组成部分，设计师能据此把握细微调适的方法，以追求设计的视觉焦点和设计效果。知其所以然和懂得怎样修整这些原则，能帮助你客观地评价设计的优劣。通常它们也可以回答为什么一个设计效果好或不好。如果学生能够理解这些原则，那么故意无视它们与小心地使用它们同样有效。

重复

重复是指在一件衣服上不止一次地使用某种设计元素、细节和装饰线方法。一个特征可以规则地或不规则地被重复，以多样的效果寻求设计统一。比如均匀排列的纽扣，其特征是如此普通，以致人们得看到不规则的样式才能觉察到它的存在。因为人的身体是对称的，所以在一边对另一边的影像中，重复是无法避免的。

重复是成衣结构设计方法的一种，例如裙褶，或是织物本身的循环——条纹的织物，或重复印制的织物，或重复应用的装饰物。有时会流行像单肩袖或不等边长的裙子这样不对称的服装，作为对自然规则的反应。打破重复会给人以不谐调的感受，还能取得吸引眼球的效果。

韵律

像在音乐中一样，节奏感能创造出强烈的感染力，无论是用有规律的重复还是通过印制在织物上的基本花色来表达。

渐变

这是一种更为复杂的重复，衣服的某些外貌特征根据尺寸或间隔而逐渐地增加或减少。例如，晚礼服上的闪光装饰片在下摆处很厚，越往上数量越骤减。聚集在育克中间的装饰逐渐向两边减少。人的目光追踪设计程度的变化，所以渐变是吸引注意力或掩盖身体缺陷的一种方法。

放射

放射是以一中枢点为中心呈扇形展开的线条设计。一条有褶的太阳裙就是一个好例子，但在打褶服装上应有更加细微的调整。

对比

对比是最有用的设计原则之一，可引导目光重新评估一处焦点对于另一处的重要性。它打破了整体效果的枯燥感，例如穿裙子时可配一条撞色的腰带。颜色会引起人对服装自身及其构成的特性和细节的注意力。运用对比时须谨慎，因为对比会成为视觉的焦点。织物纹理的对比会提升每种衣料的质感，例如穿粗花呢上装与一件丝绸衬衣的搭配对比。对比不需要走极端，我们谈论的是“弱对比”，正如在穿西装时配平底鞋或是高跟鞋这样的区别。

和谐

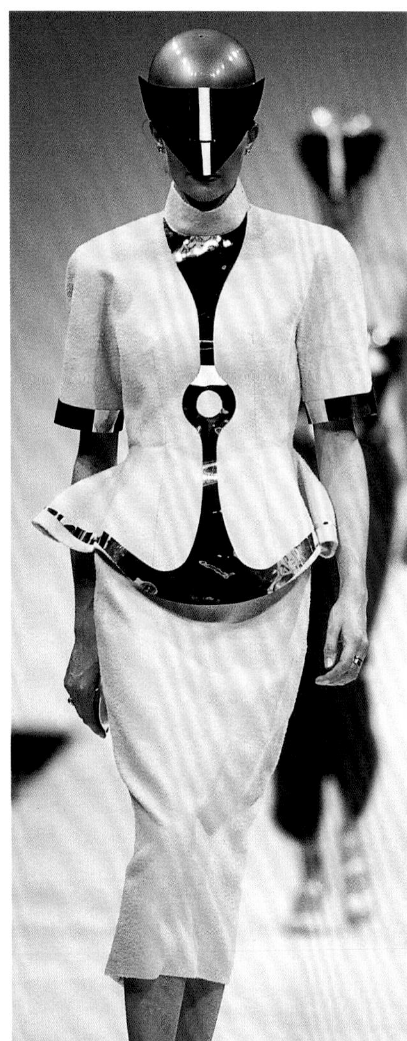

平衡/不对称

比例

对比

节奏

渐变

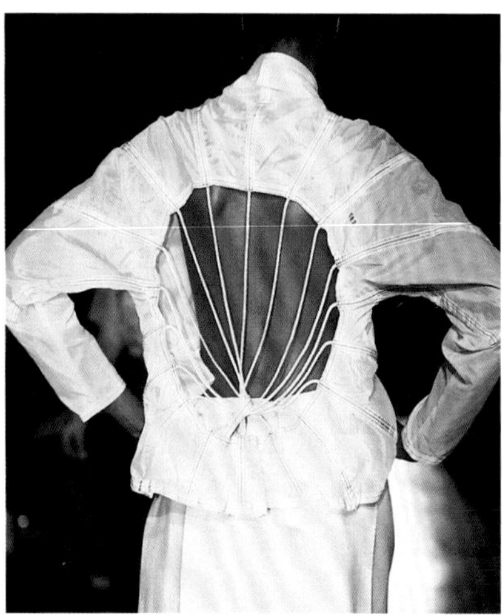
放射

重复

和谐

和谐并不是对比的反义词，但它强调相似性而不是差异性：色调不冲突，织物搭配得谐调。比起线条分明的裁剪或者紧身的成衣来，柔软的材质和圆形的轮廓更适合于表现谐调一致的设计。意大利时装就因为将柔软的材质与和谐的色彩和有机的、含蓄的裁剪相融合而享有盛誉。一个和谐的系列作品很容易组合和搭配，而且一般来说，即使没有导购的推荐，它们也能销售得很好。

平衡

人体是依垂直的中轴线对称的，因此，人的眼睛和大脑就总希望保持对称，因此在服装上需要寻求平衡。服装的纵向平衡就是指人们希望像镜子成像一样看到服装从左到右的特征：般配的驳头、排列整齐且大小相等的口袋以及间隔相等的纽扣。如果所有的重点都集中在领部，一套衣服会显得头重脚轻；或者，一条裙子太大或镶了荷叶边会显得脚重头轻，这时横向平衡也就受到了影响。一个不对称的设计往往需要在整套服装的其他地方加上一个小细节来呼应和平衡它。人们不仅从前面和后面，还从其他角度看服装。所有的角度都必须满足平衡原则，要不然就像后现代主义的日本和比利时时装一样，明确表明他们对秩序欠缺尊重的原因。

身体的感受

服装不仅仅给人视觉上的感受，它也带来一种触觉感受。触摸面料的质感，并且体会它在人体上的感觉、性能以及相关的用途是进行服装设计的前提。肌理效果的对比突出了服装之间、服装与人体、服装与皮肤之间的区别，这可以为服装增添情绪、风格和魅力。对领线和袖口的细节处理强化了这些地方的边线。触摸材料可使人们分辨出羊绒、丝绸、皮草和皮革。非常紧身或宽松的服装可以塑造出性感或异域的风情。更加健康美丽的女性身体成为时尚的风向标，因此富有拉伸能力的弹性面料和轻薄的面料成为配合和衬托人体肌肤的首选。人们戏谑式地通过面料来释放感情和展示服装。学习如何运用不同的材料是你的必修课。分头工作的设计师和销售人员应当学会团队工作以了解彼此工作的差异，并且知道如何在一个系列产品或商店内有效地分配协调自己的工作。

综上所述，无论流行的观念如何变幻，设计师必须知道应如何恪守“现实准则”，切实地了解人类的身体以及身体与面料之间的关系。通过近距离的观察、对于时装摄影（也包括电影）的研究以及对于绘画的了解，将有助于设计师观察和理解人体的运动、它们怎样无声地传递出细致的裁剪和板型的差别以及如何用不同的面料创造出令人惊奇的、多变的效果，这些变化往往是通过身体的轮廓、线条和体积来实现的。创造性地运用面料、肌理和色彩来塑造形状、皮肤和头发的颜色，可以鲜明地表达并完善你的设计。

打板

打板的工具

在打板时你需要一些工具，这些工具可以在专门的缝纫用品商店及供货商处买到：

- 2H～6H的硬铅笔，用于画草图
- 削笔刀、橡皮
- 红色或黑色毡头笔，用于在纸样上做记号
- 法式曲线尺（用于绘制和测量曲线）
- 正方尺或三角尺（用于寻找斜纹）
- 透明尺（最好有狭槽，用来量扣眼和褶皱）
- 米尺或码尺（最好用兼有两种尺寸系统的尺子）
- 卷尺
- 轨迹轮
- 裁纸大剪刀
- 纸样剪口器
- 锥子或长钉
- 打孔机
- 透明胶带和标记带
- 别针
- 黑缝带

乍一看来，打板似乎是一门枯燥乏味而且要求精确的科目，直到图样在你的手下魔术般地跃出，你才会意识到在这儿剪一刀，在那儿画个弧线就可以创造出无限的可能性。稍作一点细微的调整就可以使领口的造型和衣服的平衡感产生很大的区别。如果你能很快并有成效地把草图变成成衣，你的设计信心将随之增强。服装纸样设计主要有两种方法：平面纸样裁剪和立体纸样裁剪。

平面纸样裁剪

平面纸样的绘制是一个精确的制图过程，它需要精密的测量和比例的运用，以及一双灵巧的手和对三维效果的想象能力。衣片的缝制需要有自己的逻辑结构，并常常要求用硬一点的布料和垫料。根据身体轮廓而制作的服装常常通过平面的草拟纸样制成。新的平面纸样一般是以一组量好的原型板（参见下文）为基础发展而来。平面纸样还可以用根据所输入的测量值构建图形的计算机软件来绘制。紧身服装如紧身胸衣和胸罩，会使身体受挤后变形，因而要先在平面上绘图之后再在真人身上重新定型。

原型板

大学的课程会根据平面纸样的不同和艺术化标准而有所差异。对于时装工业来说，二维平面的打板系统是迅速便捷、经济持续和不可或缺的。一些课程会鼓励你开发服装原型板——也叫服装尺寸样板——从某个个体的形体尺寸入手，以此作为紧身胸衣、夹克、裤子和短裙的基本板型。

原型板是构建其他特殊体型样板的基础，也是开展一个新款式设计的依照。由于它可以被重复使用，因此为了在使用中免遭损坏，它通常是用硬纸板或是塑料板制成的。在设计进展中，结构线可能会经常变化，但服装的"可穿性"却依靠原型板来实现。标准的原型板通常会和立体裁剪配合着进行，可以使人观察出所设计的板型是否真正"合体"并迅速地做出调整。时装展示用的模特型号通常是10号或12号（美国尺寸是8号或10号），有时在背长和腿长上会多出3.5厘米以适应时装模特的高度。

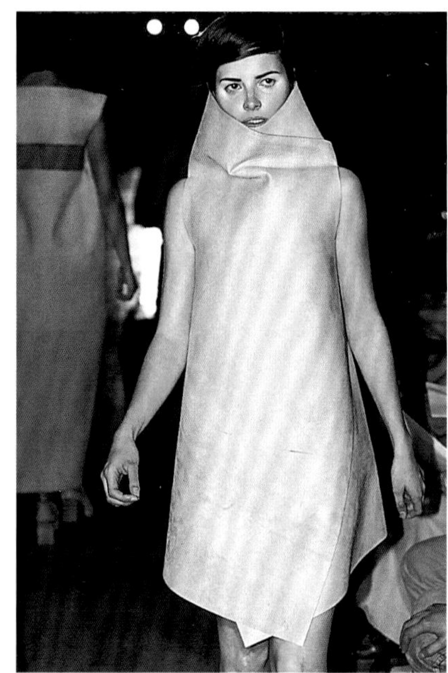

顶图：设计师利用原型基础板来描绘出新的板型。

上图：在这个系列中，简洁的平面板型被包裹在模特身上，其造型灵感来源于木制洋娃娃。使用不同寻常的材料，事先一定要测试它的柔韧性和舒适度。

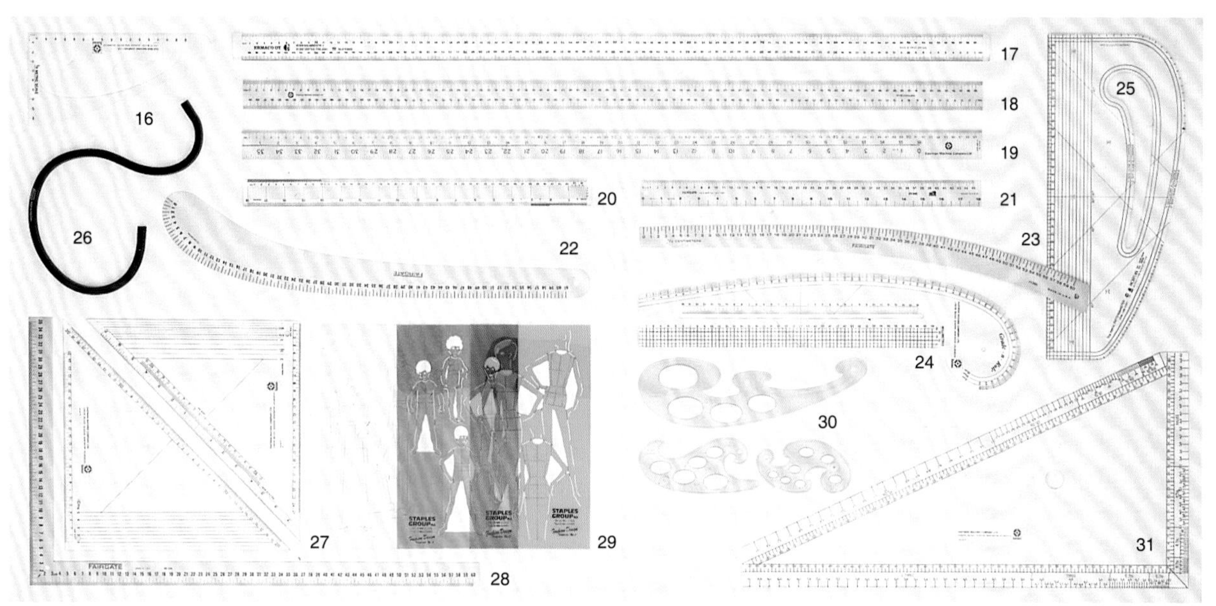

制板用的工具

1．纸样剪刀
2．纸样剪口器
3．锯齿滚轮
4．转轮剪刀
5．镊子（用于机器缝纫）
6．旋转式打孔钳
7．锥子
8．单孔打孔器
9．不锈钢大头针
10．折刃式工具刀
11．伸缩式工具刀
12．拆线器
13．扣眼制作及拆除器
14．双向刻度卷尺
15．切割垫板
16．1：4刻度尺
17．米尺
18．铝尺
19．双向刻度有机玻璃尺
20．有机玻璃尺，分级刻度
21．有机玻璃尺，双向刻度
22．曲线板
23．曲线尺
24．推板曲线尺
25．母模尺（Patternmaster™）
26．弯尺
27．推板矩尺（公制刻度和英制刻度）
28．L形矩尺
29．绘画模板
30．法国曲线尺
31．矩尺（有各种各样的刻度）

板型的衍变

在草案改进的不同阶段中，你很有可能要和很多人讨论自己的设计思想。有时技术人员会指出你没有想到的困难和限制，这样你就不得不从头再来。

在阐明了你的设计后，会有人给你示范如何画第一张纸样。纸样制作员先把基本纸样绕边描下来，然后添上所要的服装板型的轮廓线。把基本纸样上的细节尽可能地移到新的纸样上是非常重要的，这包括：前胸中线（CF）、后背中线（CB）、腰线和臀线。有时纸样需要通过各种处理来开缝、移动和重画，因而务必要对布纹的效果了然于胸。

下列图中展示的是一件基本的紧身衣如何在“不改变其原有的合体性”的条件下所进行的胸省的转移和变化。左边和右边的图表明了服装的结构线在被捏紧和折叠后的造型变化。如果在一条裙子或裤子上，则同样的省道处理主要集中在腰围线和臀围线之间。

“当我们在制板的时候，我会给他们提出建议。我会说：好，你可以这样做，但那样做也许会更好一些。实际上，我们是一个团队在共同工作。因此我必须竭力帮助每个学生，帮助他们走上自己的发展道路，我其实不希望他们受到我太多的影响。”

——制板老师亚可布·希勒（Jacob Hillel）

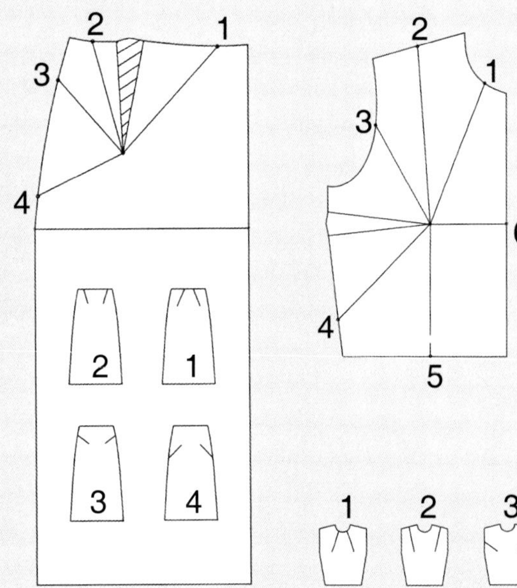

这是一件简单裙装的原型板。通过腰部省道的变换可以塑造出不同的造型。

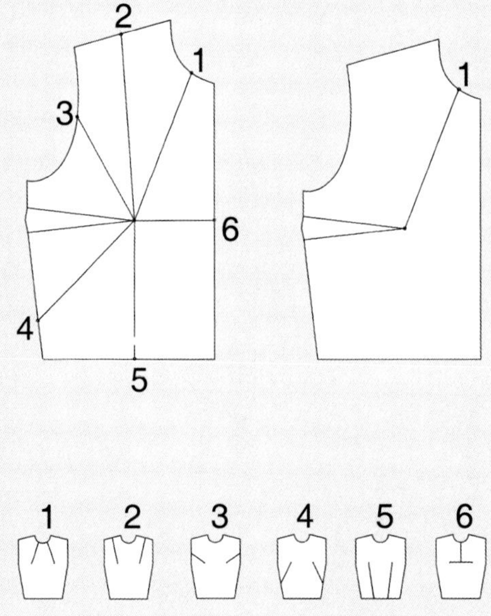

紧身衣的原型板以及几款最流行的省道位置的设计。

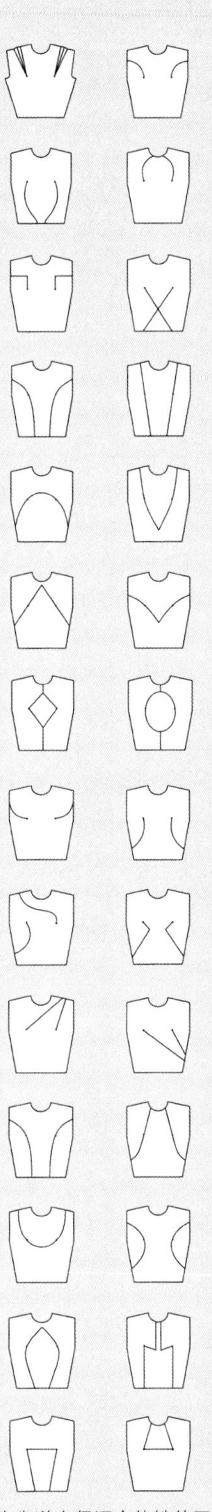

紧身衣的前胸省道在保证合体性的同时还有装饰作用。

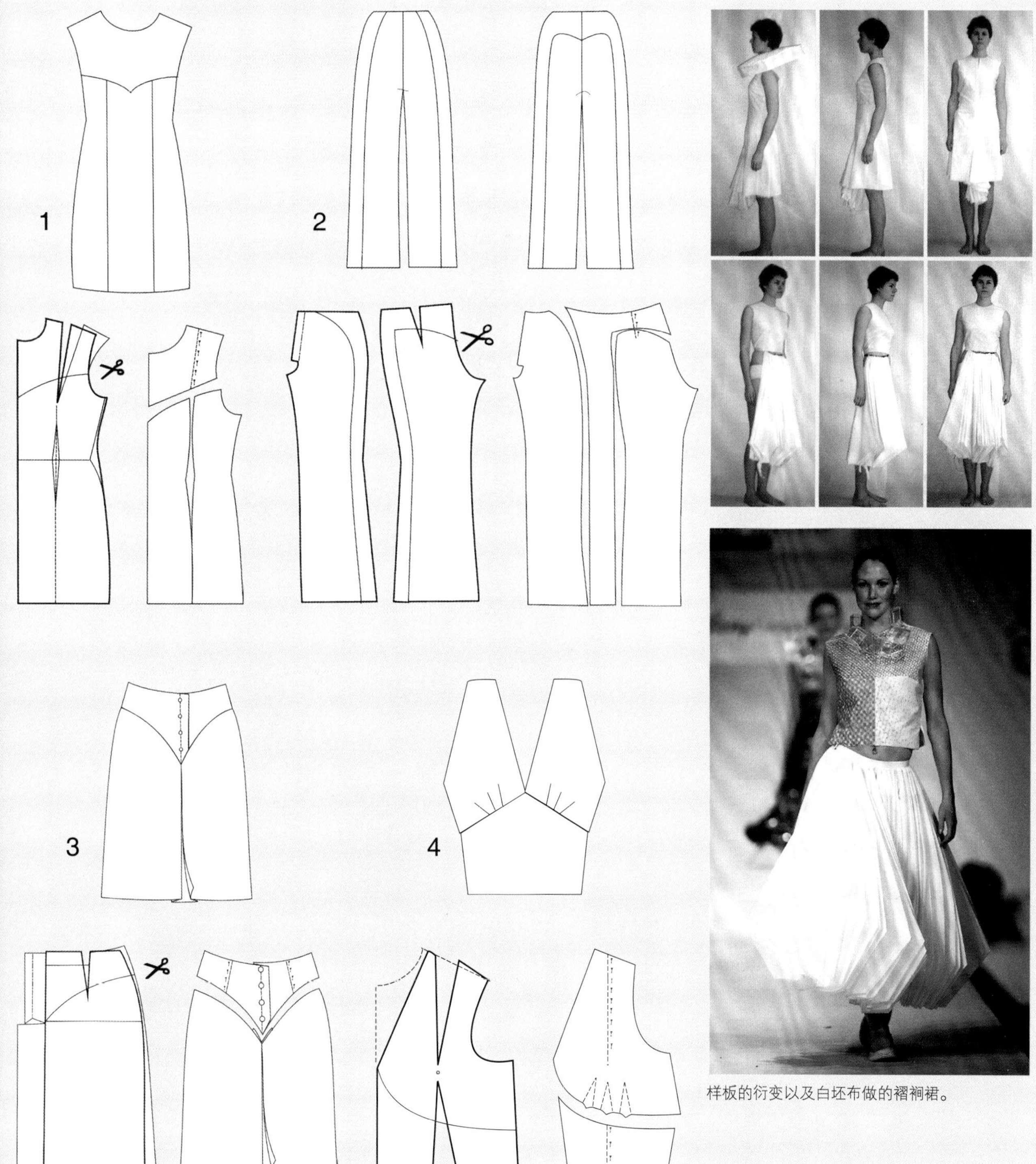

样板的衍变以及白坯布做的褶裥裙。

在这四个样板当中，基本原型板的部分是用粗线勾勒出来的，新款式的轮廓线和分割线用细线表示出来，省道的转移或调整都能够带来新的板型。

坯布样衣

服装的板型需要由白棉布或与最终成衣面料的重量、性能都相仿的面料来进行检验。第一件用面料制成的服装称为“坯布样衣”（Toile），这是法国人对一种轻型棉布的称呼，在美国，它被称为“Muslin”。白色或者本白色的面料要比那些深色或印花的面料更加有利于样衣的制作，因为没有了色彩或图案的干扰，可以把重点集中在板型的合体性和裁剪技艺上面。服装的前、后中心线应当用一条长而直的线清楚地标示出来，通常用铅笔就可以，而针织面料则可以用彩色水笔。腰围线和臀围线也要标出，作为合体性修正参照和日后进行板型修改的参照线。

坯布样衣一般以站立着的人台模型或者真实的人体为参照对象来进行制作和修改。缝线无需闭合和固定,这样一来样衣就可以快速地打开和修订。修改的印迹和指示可以用水笔或画粉在坯布上标出，画稿和面料可以附在坯布上以进一步明确风格，例如翻领，其造型线可以被重新修订。最后，用滚轮工具将它们还原成平面的纸样。由于外力的影响会使织物发生偏转和拉伸，因此在制板时必须考虑到自然状态下面料的使用，尤其是宽松衫或披挂式样的服装，这些服装在制板的过程中，必须经过数次核准面料的悬垂方向和轻薄面料固有的抻拉对称轴才行。在进行立体裁剪左右完全对称的设计时，只要做服装的一半就可以了。

完成了一个系列的设计后，应将穿着样衣的模特排成一排请导师点评，整个系列作品的完整与和谐程度就显而易见了。在着手下一步裁剪之前，要进行仔细研讨和修改。制作白坯样衣的阶段所需的工具有大剪刀、绣花剪刀、软芯铅笔、彩色水笔或毡头笔、大头针和缝纫线、拆线器、胶带、遮蔽胶带、缝纫机和缝纫线。

下图，从左至右：指导老师帮助学生将胚布样衣调整得更加合体。制作一件服装的过程包括制订结构线和细节，以及不停地试穿样衣并进行修正。这件外套采用了平面剪裁和立体剪裁相结合的方法，以塑造其合体性与外部造型。

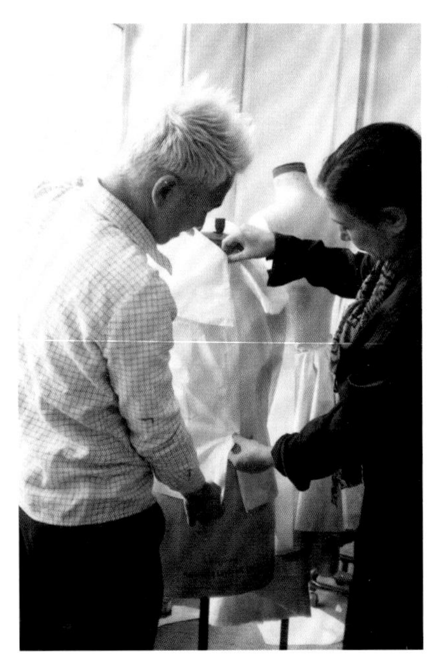

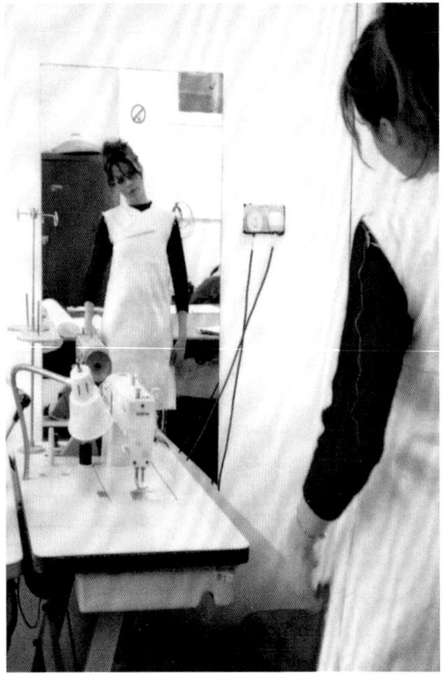

制板和打剪口标记

完善的板型应当具备以下几点特征：

应当标明布匹的经、纬线方向。一般情况下，（极少数除外）经线方向与布的织边及前胸中线、后背中线位置是平行的。领片或喇叭裙裁片的经线方向通常标注在中心线的位置。如果面料印有单一方向的图案或者面料起绒（例如天鹅绒），那么就应该用箭头标注出绒毛倒向的方向。

检查裁片与裁片之间缝合线的长度是否匹配，调整其间的差量。

用锥子或打孔机标注出省道、口袋和缉缝线的位置点。省道两侧的长度必须严丝合缝并保持相等长度才行。有时在口袋的位置需要打一个简单的洞，以便让画粉或者锥子能够透过其留下标记。

可以将纸张或面料钉扎在一片实际的领片上，然后在其上描摹出理想中的领片样式。别忘记在关键位置打剪口标记。

为了使衣服挂得笔直，常在与裁片边缘成90°的角度打上剪口标记，用来标记前胸中线和后背中线的经线方向，同时把接缝的交叉点也确定下来。接缝的交叉点从不设计在接缝中间，而是稍微偏离中心，这样下一块布就不会出现位置颠倒的情况——这在细方格裙中尤为重要。单线剪口的标记用于前胸，双线剪口的标记用于后背；多格的款式由于位于后背中央，因此每块裁片的周围都有四道剪口的标记，因而相邻的裁片都要加上更多的剪口标记。剪口标记一般位于暗针、拉链的位置，或要做剪掉一小块布的剪口以使曲线形的布边在缝合时不会产生过大的扭曲张力（例如腰部或在公主裙胸部下方的接缝处）。

标出纸样的尺寸和要裁切的片数，例如，“口袋×4”。

记住给这个纸样起个名称（或编号）并把你的名字写在上面。

把所有的裁片叠放在一起，在距布片最上面边缘约10厘米的地方打一个孔并串起所有的裁片。用别针把它们或别起来挂在架子上，或折叠整齐地放入正面填着你的姓名、相应的规格或示意图说明的信封里。

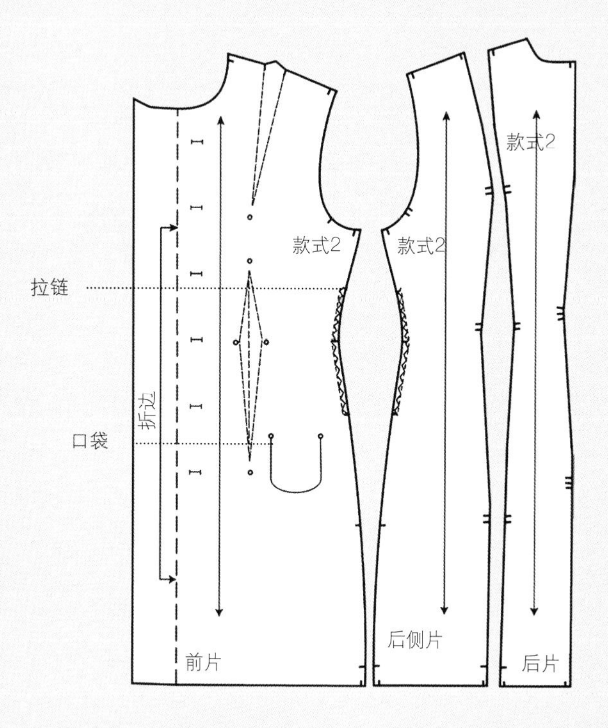

修正坯布样衣

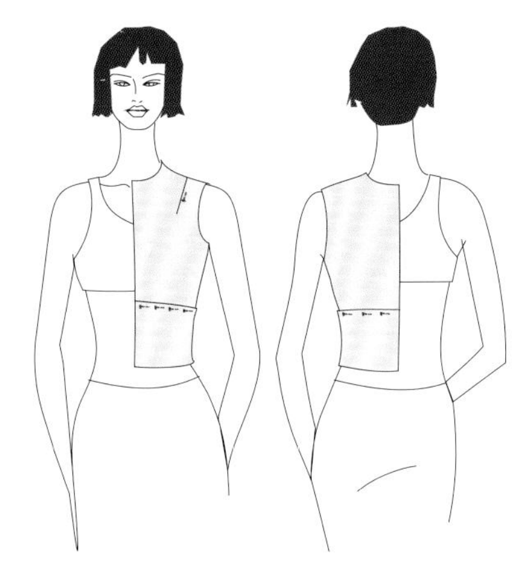

为了修正紧身胸衣的长度，用大头针将多余部分别起来，或者在胸部以下把多余的材料用胶带粘起。

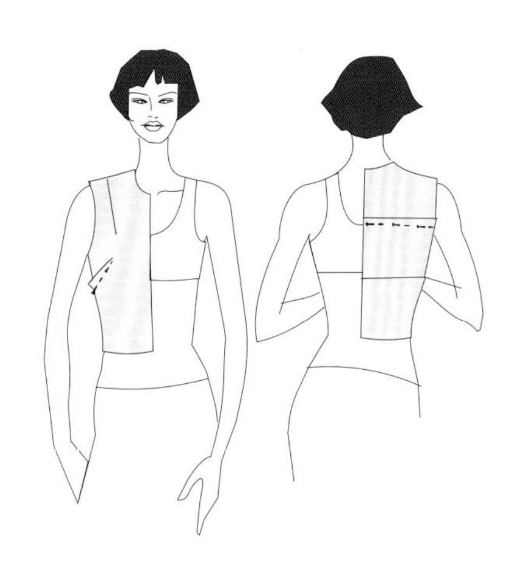

胸宽和背宽的调整可以通过“加”或“减”胸高点到腰部的垂直距离以及背部贯穿于肩胛骨的垂直直线来实现。

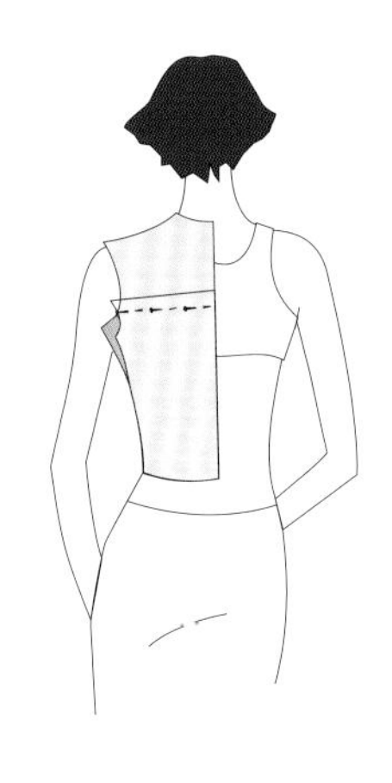

背部平面需要水平方向的调整，多余的部分在腋下去掉。

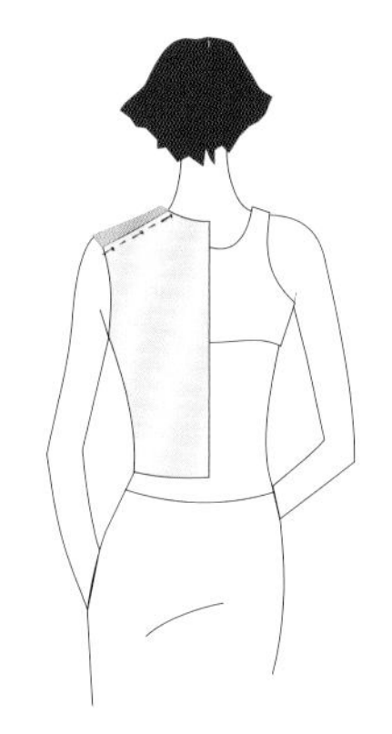

运用矩形的肩部造型或是想要肩垫，都需要放出一些面料量。

由矩形肩部或是由于脖颈向前探伸的体型形成的多余面料可以在肩缝处被减去。

小的省道可以将领围处多余的面料去掉。

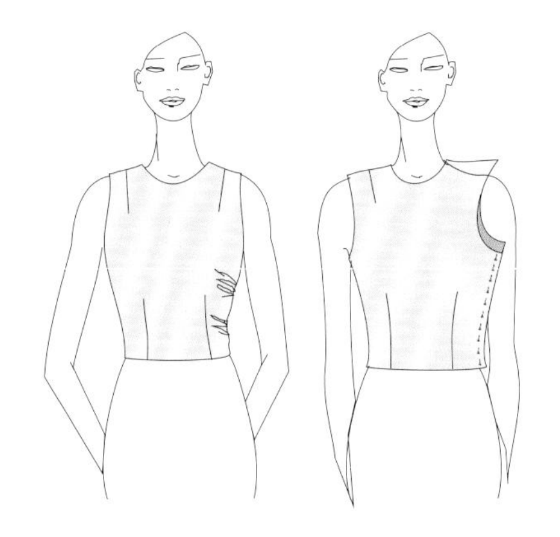

矩形或倾斜的肩部造型可以影响服装侧缝的合体性。

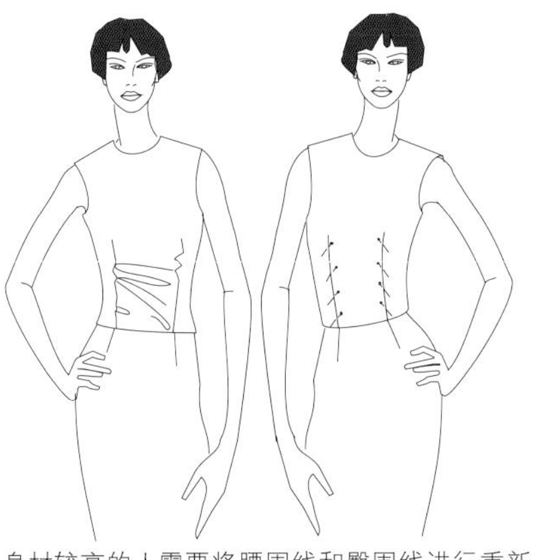

身材较高的人需要将腰围线和臀围线进行重新的定位，另外也要用省道来避免面料在腹部起皱。

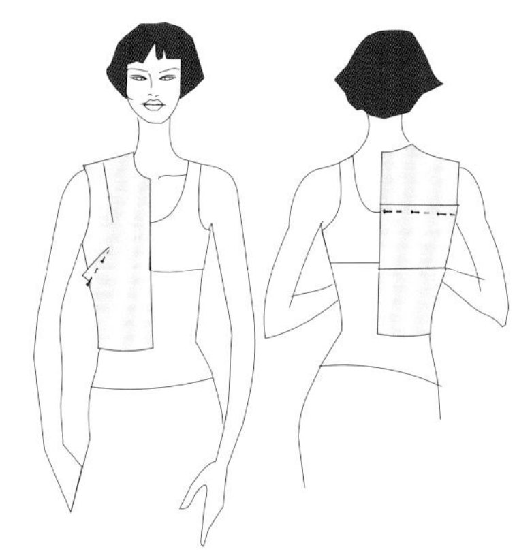

体型丰满的人的背部线条更加圆润，胸部和腹部的合体性也更加微妙。需注意前身裁片和后身裁片的匹配性。

在人台上进行立体裁剪

立体裁剪，通常也被理解成“在站立的人台上进行裁剪，让坯布样衣适合了某一型号的人台尺寸或是真实的人体体型”。一旦得到了适合的形状和尺寸，坯布样衣的板型就会被转移到纸上或者纸板上，进而被制成样板。立体裁剪最适用于针织面料，尤其是那些异常柔软的材料；它也适用于“斜丝”裁剪的服装（在与织物的纬线交叉的方向上进行裁剪），这种服装能更好地突出形体和提供更加自由的活动空间。

立体裁剪是利用面料来雕塑的设计，最具表现力的材料是那些真正高品质的、柔软的面料。面料可以通过看不见的缝迹紧紧地围裹在人台上，也可以是松松垮垮地披挂在上面。也可以把面料披在真人模特身上演示，尽管如此，出于时间效率方面的考虑，绝大多数的工作最好还是依靠人台模型来完成。立体裁剪的过程可能会困难重重，但它带来的回报也是巨大的，这对于那些轻薄或是有弹性的材料来说尤其明显，因为按照“斜丝”进行裁剪或者沿着纬线方向进行拉伸要比在相同条件下沿着经线方向裁剪困难得多。依照纹理方向来进行裁剪的尝试是充满神奇色彩的。

在立体裁剪过程中，用相机记录所有转瞬即逝的设想是十分有效的。当出现比较理想的形态时，要立刻拍摄下来，在一天的工作结束后，你可以浏览所有的记录，从中选出最成功的那一款形态；也可以在速写簿上记录，以证明你所做过的工作。

当作品的外观比较理想并被粗略地缝制以后，你就可以请真人模特来试穿样衣。有趣的事情就此发生了——你会发现样衣的各部分都发生了移位；并且随着人体的运动，一切似乎都被破坏了，取而代之的可能会是一些令人感到陌生的形态，也可能是一些令人眼前豁然开朗和惊喜的效果。当你完成了一个较为成熟的款式之后，将样衣从模特身上或是人台上取下，并轻轻地摊平。所有的工作都必须缜密、细心地进行。如果进行“斜丝”裁剪或打算用尽所有的面料，那么你或许还需要将面料进行拼接。接下来，用宽胶带和毡头笔标出褶裥的方向，标出前中心线、肩线、缝纫线、袖窿线，并剪掉其他任何多余的标记。拉直经纬的纹路，并且用弧形尺或直尺圆顺所有的线迹，然后用滚轮沿着线迹将板型拓到另一张纸上。立体裁剪得到的款式通常有古怪的形状，因此你需要标出服装的顶端与底摆，可能还要借助大量的剪口和箭头来说明其折叠之处。要尽可能快地将样衣重新缝合起来，因为事隔一夜后，你很有可能就忘记了所做的一切。

有一个很实用的小提示，就是：无论立体裁剪的过程如何混乱，你都必须保证最终的样板是整洁、标准的。最后，将样板小心地折叠起来，放进正面画有服装草图的大纸袋里，因为你不想在几周后看到手中拿的是一堆粘满破旧胶带的、皱巴巴的纸团。

绝大多数板型的制作采用的是平面制板和立体裁剪相结合的方法。即使你习惯于在平面上制板，你也会发现，借助于人体模型，会在制订领围和领型或者是决定裙摆的宽度和长度时显得非常有效。

经过立体裁剪或是斜裁的服装通常在人体活动之下才能显示其效果，因此在试装的时候让模特尽量走一走、坐一坐。

上图：在人台上进行立体裁剪和围裹试验。设计师香塔尔·海明威（Chantal Hemmingway）提供。

左图：所谓立体裁剪，处理的是面料和人体之间的关系，由于难以掌握，因此它被认作是一项高端的工艺技术。它的价值就在于用最少的分割和人为造作来获得一个美化了的服装廓型。

关于如何将你的设计画稿转换成实际的服装，其间并没有一定的规定。实际上，很多款式的服装样板难以尽善尽美，即便是经过三四次的板型修正或制成样衣，所得到的结果也还是“勉强凑合”。

立体裁剪指南

用不同颜色的毡头笔在白坯布上标记出直纹和斜纹。

将面料以人台的前中心线为准固定其上，并据此确定出领子开口的位置；在人台上固定肩缝线，并检查缝线的位置；将侧身部分的面料沿人体的侧缝线固定好，然后剪出袖窿部分；按照设计方案在恰当的位置上捏出折痕和褶皱，并将它们固定好。

退后几步观察效果，如果发现问题就及时纠正——例如重新确定面料的接合点，挪动缝合线、省道、褶皱等细节的位置，或者在必要的地方添加其他的面料。

当衣服的领口、袖窿线、腰线、前胸中线和后背中线调整到最佳位置以后，你就可以用软性铅笔或细毡头笔将它们标示出来。然后将白坯布从人台上取下来并将它展开铺平在打板纸上，将衣片上所有直线和曲线都整理还原成平面的状态。

可将平面纸样与立体效果反复还原纠正，直到确定已经得到了最佳的服装效果。每一步都必须小心翼翼。进行斜裁时，你甚至需要准备一块额外的面料以备不时之需。用宽胶带和毡头笔标示出省道的方向。

标注出前中心线、肩缝线、缝合线、袖窿线，并剪掉多余的面料。明确标示白坯布样衣的丝缕方向并用法国曲线尺或直尺将线条进行圆顺，然后沿着轮廓线用轨迹轮将衣服的裁片拓在纸上。

通过立体裁剪得到的服装所还原的平面图，通常看上去会显得很奇怪——因此你需要标注出顶端和底边的位置，同时还应当注意不要遗漏和搞混省道上的剪口和箭头记号。

你最好尽快地将白坯布样衣缝合起来，否则过一夜后很有可能忘记很多的细节。

上图：丝绸平纹针织面料能够打造出线条优美的立裁作品。

“这并不像看上去那么简单。我从一个关于动感的想法开始，这一季我不想关心垂下来的是什么。我只想换一种动感，换一种垂感的方式。我只想把一种态度融入衣服中去。”

——设计师安·迪穆拉米斯特

面料的经纬方向

为了使服装更好地适应人体，也为了充分地发挥织物的良好性能，你应当全面地了解纺织品的组织结构。如果按照不同的方法织造，即使同一种纤维材料也能使面料产生出多样化的外观和性能，然而起决定性作用的还是面料的经纬方向（也称丝缕方向）。面料的经纱方向是指与布边平行的纱线方向，也就是长纱线的方向。在大多纺织品织造中，经向纱线的强韧度总要大于与之交叉排列的纬线，而经线所排列的密度却要小于纬线。按照经线方向裁剪的服装要比按照纬线方向裁剪的服装更加不容易收缩，而经、纬线也总是与人体站立时的方向平行或垂直的。许多常见的面料在经、纬线的组织方式和数量上是一样的，这时，服装裁片按照任何一个方向的摆放都是可取的。针织面料通常没有丝缕方向的区分，但是在相同情况下，面料在纬向上总比在经向上有更大的伸缩度。绝大多数的服装，其前后中心线（在裤装中称为裤中线）必须和经纱方向一致，以确保服装的“垂直”悬垂性。这种力学上的平衡在立体裁剪中尤为重要。一旦理解并掌握了其中的道理，你就可以打破常规，用面料创造出新颖别致的时装杰作。

斜裁

斜丝是指面料的对角线方向（45°的斜向和交叉）的丝缕。从本质上说，如果按照面料的正斜向裁剪，并且给出一个生动的造型，那么即便是机织面料的服装也会呈现出如同针织面料一般的合体性，同时，延伸出身体的斜裁面料还可以形成令人瞩目的荷叶边和亮丽的装饰。你可以用拇指和手指沿着斜丝方向或者45°的纹理方向来拉抻面料，以感受它潜在的张力。用斜裁法进行服装设计是一项具有挑战性的艺术创作，因为不同面料和织物的性能通常是不可预知的。光滑的绸、缎以及透明的双皱和乔其纱经过斜裁处理以后会显得尤其高贵，但是它们很容易被拉抻变形，并且都是些很难裁剪和处理的面料。条纹的面料效果颇佳，但是在进行裁剪之前必须要经过严密的安排。斜裁的手法会浪费面料，因此你必须仔细地估算出需要购买的面料数量。平纹织物、锦缎和僵硬的面料都不太适合进行斜裁处理。

中世纪的袜子和长袍在制作时偶尔也会用到斜裁，这在历史上也有零星的记载。然而，真正将斜裁技艺发扬光大的还当数20世纪初的设计师玛德琳·维奥内（Madeleine Vionnet）。她在巴黎用绸、缎、天鹅绒和新型的人造丝织物进行时装创作，斜裁法令这些材料变得更加流光溢彩，不仅会紧贴身体轮廓、展示出诱人的曲线，同时也会令穿着者行动自如。据说舞蹈家伊莎多拉·邓肯（Isadora Duncan），巴里·圣家（Paris Singer）——一位缝纫机制造业的继承者——的妻子，就是维奥内的灵感来源。维奥内设计的服装要求里面衬以轻薄的内衣，或者什么都不穿，她的第一个系列设计作品甚至是穿在光脚模特的身上。在那个年代里，维奥内是具有革命性的，她的设计在20世纪30年代的好莱坞明星中风靡一时。她的服装比20年代流行的那些方方正正、几何形状的造型更显优雅和富于曲线，而且在照片中的效果尤其突出。

维奥内是一位善于开发面料的自然性能的杰出设计师，她不会将画稿上的效果强加于布匹之上。她利用一个小木偶来研发设计，并将试验的结果进行放大。她在新工艺和面料质感方面都有所创新和突破。斜裁法要求设计的线条是流线型的，因为服装穿在人体上后，面料会自然下垂，而平直的线条和缝线会令它变长或紧窄。在被缝合前,服装通常会被悬挂几天,否则在被拉抻长了的缝边上面找到拉链和扣眼的位置会变得困难，因此斜裁法制作的衣服都是易于穿着的。

为了避免毁坏面料，你应该在一个宽大、平整的台面上操作。为了有利于操控，用单层并富有下垂感的面料来剪裁你的服装要比用大头针别出许多图案好得多。对于缝纫的过程也有着特殊的要求，将面料伸展加工终归比逆着它要来得容易。当缝制垂直方向的线迹时，就先顺延从领线到底摆的重力方向，然后缝纫；至于与领线平行的水平线迹，就从中心位置向两边缝纫。虽然斜裁后的面料边缘没有被磨损，但是也会有松弛和扩张的痕迹，因此在裁剪时最好多留一些缝份。在缝纫过程中，面料会有一点拉伸，但是压平之后很快就会恢复原状。为了防止缩皱，按住每一条要进行缝纫的衣边，其后，被压平的缝合衣边最好呈开启状态，这样便于进一步修整。将斜丝道和直丝道结合在一套服装上往往能够产生出其不意的效果，但是需要你在成型的服装状态下研究面料下垂时的纹理走向。在把斜丝面料的边缘与直丝面料的边缘拼接起来时，应该把直丝面料放在上层——因为这样进行送针时就可以很好地将斜丝面料固定在其上面了。缝边最好被修剪得细一些，或者将它们卷入或叠入斜丝面料，以防止缩皱。用斜丝面料进行系合是一种很流行的闭合方式和装饰技巧，因为服装可以完美地环绕身体曲线和领线进行伸展，并避免了还要添加连接衬布的工序。

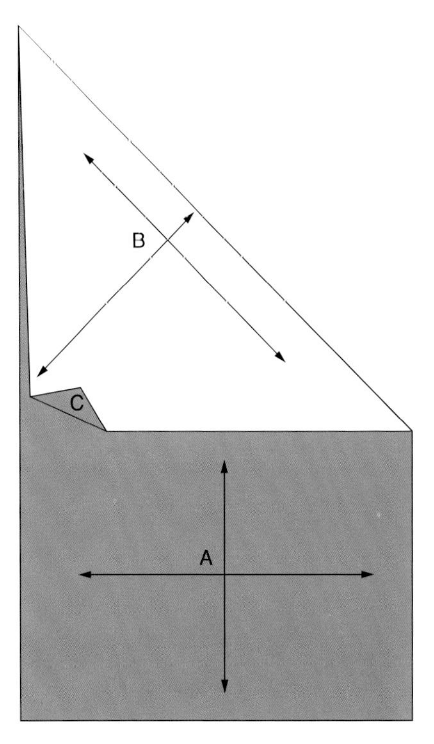

直丝方向（A），斜丝方向（B），纬斜（C，它既不是直丝方向，也不是斜丝方向）。

起绒面料

当选择一种面料时，要观察它是否有起绒的一面。一块没有绒面的面料在织纹、肌理和设计上不存在“倒绒”或“顺绒”的现象，通常按照布匹原有的丝缕裁剪就可以了，这样比较节省面料。但是一块有绒的面料不仅会出现绒毛方向呈“顺势”和“逆势”的情况，而且还存在印花图案的方向问题（例如花头的方向都朝下），一些斜纹面料和针织面料也有起绒的一面。这些面料在裁剪时，每一部分的板型都要按照同一个方向进行（绒面的服装尽量少用一些结构线会比较好看）。如果你在一块天鹅绒或灯芯绒面料上按不同的方向裁剪，就会创造出一种“花哨”的效果。长绒面料的绒毛方向朝着底边的效果会比较好。而天鹅绒面料在“倒绒”的情况下更有丰富的内涵和深沉的气质，这也是大多数的天鹅绒窗帘采用“倒绒”的原因。但是“倒绒”天鹅绒对于服装，特别是裤子和短裙而言，就有一种光泽“蔓延”的感觉。如果绒毛不被损坏，起绒的面料很难被压平。用细针来“塑造”起绒面料的造型方法是可行的，你也可以用烫衣板来熨烫天鹅绒面料。但请记住，使用绒面材料时，随时留出一些面料以备不测。

裁剪样衣

当棉布样衣令人满意，并且你把所有调整的地方都标记在纸样上后，你就可以用选定的面料制作样衣。对带格子和印花的衣片要小心摆放，以确保最终的效果。有些布料（例如灯芯绒）由于有绒毛，从某个方向看布料会变暗，因此纸样也要按一个方向记明。考虑到某些布料可能在一个或多个方向上有伸缩性，因此要在其处于松弛状态下裁剪。

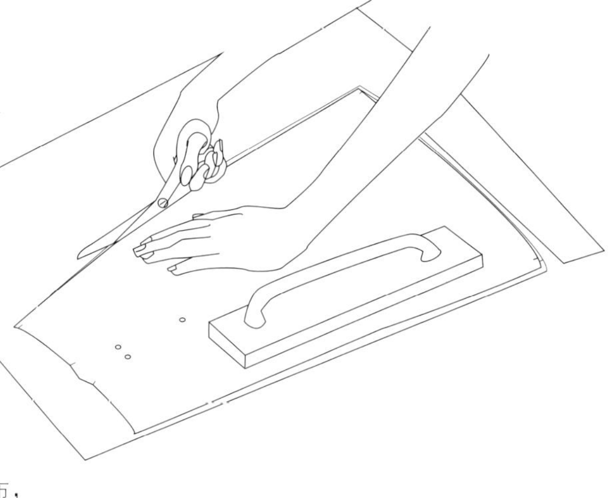

裁剪样衣和薄麻布时，要用刀锋较长的裁缝剪刀。在裁剪时用手将纸样用力压平，同时别忘记在关键的部位打剪口标记。

将布料在裁剪桌上卷起或展开，把衣片的纸样平放在布料上，可以用重金属块压住。绝对不能用别针，这样会导致布料起皱及尺寸不准确。你也可以查看一下纸样的排列方式，看看要用多少布，以及排列是不是可以进一步改进。把衣片纸样画在布上时要再画一个衣片排列的略图。这样，如果再做样衣就可以节省时间，而不用重新设计摆放方案。有时如果用布量太大，就要修改纸样甚至设计本身来降低浪费。确保成对的衣片（如袖子、口袋）其两片纸样都放在其中。

用软铅笔或粉笔勾勒出衣片的纸样，其中细节部分，如省道和口袋的位置则透过纸样上的孔洞标记出来。样衣和棉布样衣是用剪刀手工裁的，要用整个刀片的全长剪切，且不需要将布料抬起来。根据衣服的种类，最后的成品还要加上贴边、易熔衬头和装饰物。把这些辅料裁好，注意使它们和要粘接的衣片相匹配。然后，卷起所有的衣片，将其与一卷废布、每部分的拉链、装饰花边及设计草图扎在一起，就可以进行缝纫拼合了，这被称为“一副”样衣。卷起来要比折叠好，这样不容易产生褶痕。将样衣交付给样衣工时，你要向他交代你的设计细节和任何需要注意的方面。

缝制

时装学习中一个非常关键的课程就是缝制技术。一些学生在进校前就用缝纫机做过很多衣服并对此抱有信心；而另一些学生甚至连针也没有碰过。你可能会认为设计在图板上已经完成了，但实际上，只有在缝制样衣的过程中以及发现缝线缠绕或脱线这样的技术问题时，才能真正地促使你考虑如何去做正确的设计。

工业用缝纫机比家用缝纫机更快、更稳、更专业，但也通常需要练习才能有效地使用。缝制服装需要富有耐心和行动敏捷。不是每个人都喜欢缝制，但“能够眼见着自己所设计的服装产生好的效果”却可以成为最大的动力。掌握专业水准的缝制技术也会让未来的同事对你刮目相看，并且有助于你清晰地表达自己的设计要点。尤其在你思考几个小时后突发灵感，或是在拍摄时装照片期间需要对服装做些临时改动时，缝制技巧都可以助你一臂之力。

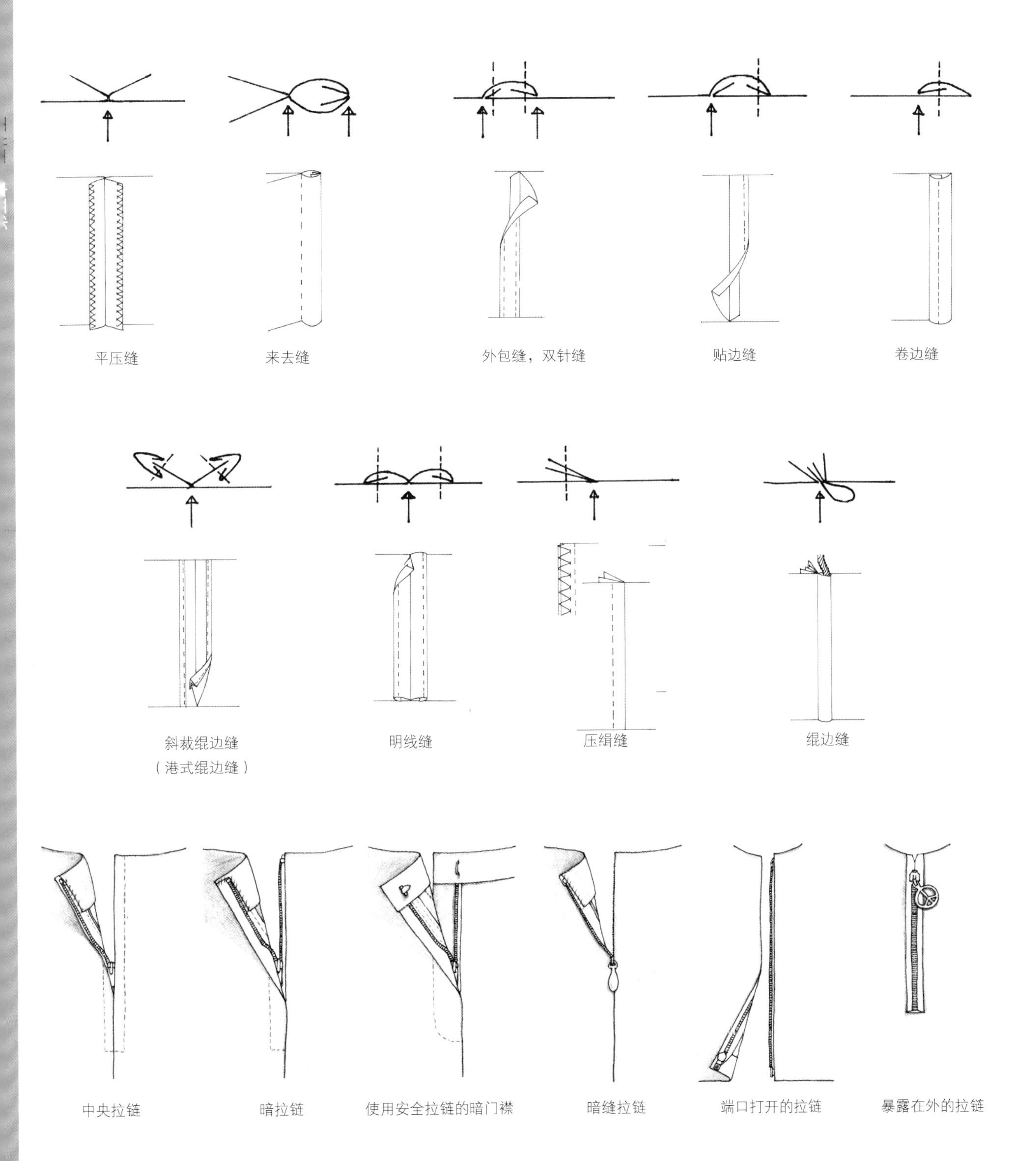

缝合方式和拉链

对于缝合方式和拉链的选择取决于面料的品种、服装款式以及风格设计。一些缝合线迹完全可以经由工业缝纫机来完成。

支撑性材料

1. 贴边

贴边是指在服装前片的扣眼、下摆、领口、袖窿以及克夫边缘加缝的布条。它的作用是隐藏这些部位的缝合线迹并保持边缘光滑。贴边也可以用装饰性的面料来裁剪。

2. 衬布

衬布是一种技术性的服装材料，它往往被缝合或是压烫在贴边或是面料上，以增加一些关键点如纽扣、领子和克夫位置上的耐磨性。

3. 衬底

衬底通常是为了增强那些轻薄面料的牢固性以及降低面料的透明度。它们和外层面料有一样的尺寸，并分别与每一个部位的面料缝合在一起，最后与面料组合，形成一个完整的整体。

4. 衬里

衬里在一件定做的服装中往往能给服装内部带来一种完善的感觉，它既可以避免缝线的磨损，又可以减少面料的起皱。衬里通常是用丝绸感觉的面料制成的，以方便人们穿脱，且多在腰部、领部或下摆等处与服装相连，否则，它会在服装的内侧发生挪位、跑偏的情况。

5. 夹里

夹里是一种附加在时装面料或是时装衬里上以增加其保暖性的、体积较薄的辅助性材料。冬季的外套就常缝有絮棉花的或者可以装卸的夹里。

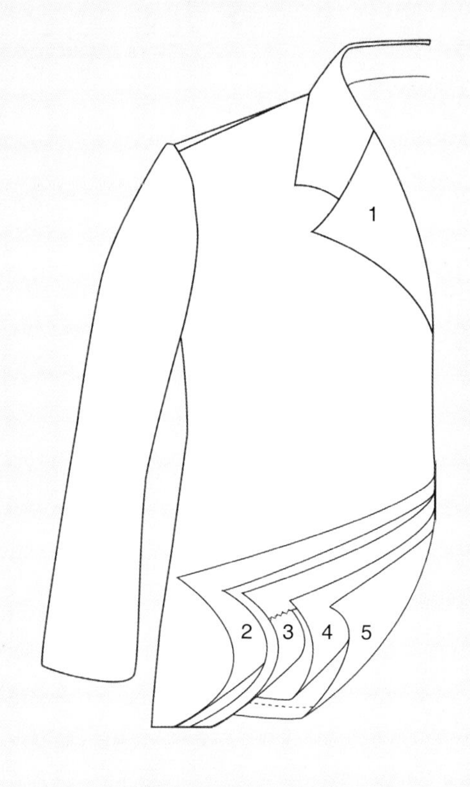

“现在，我对自己曾经害怕缝纫感到诧异。从前，我拒绝相信关于约翰·加里亚诺在一顿饭的时间内为人缝完一件长裙并因此而有充足的时间参加聚会的传闻。但是，自从我自己也可以快速地完成服装的缝纫后，我感觉好极了，尤其当人们好奇地来问你是怎样做到的时候，我回答道：‘其实这也没什么……’。”

——一位时装专业二年级学生

对页图：在这件线条硬朗的西服套裙的设计中，不同质感面料及分割线的拼接使其合体性更加趋于完美。格蕾丝·巴克兰（Grace Buckland）设计。

不同的目标市场下，服装生产的缝纫工艺也不尽相同。高级时装多用华贵而精致的面料，因此需要手艺高超的缝纫师和更繁复的手工操作，比如服装上的扣带以及

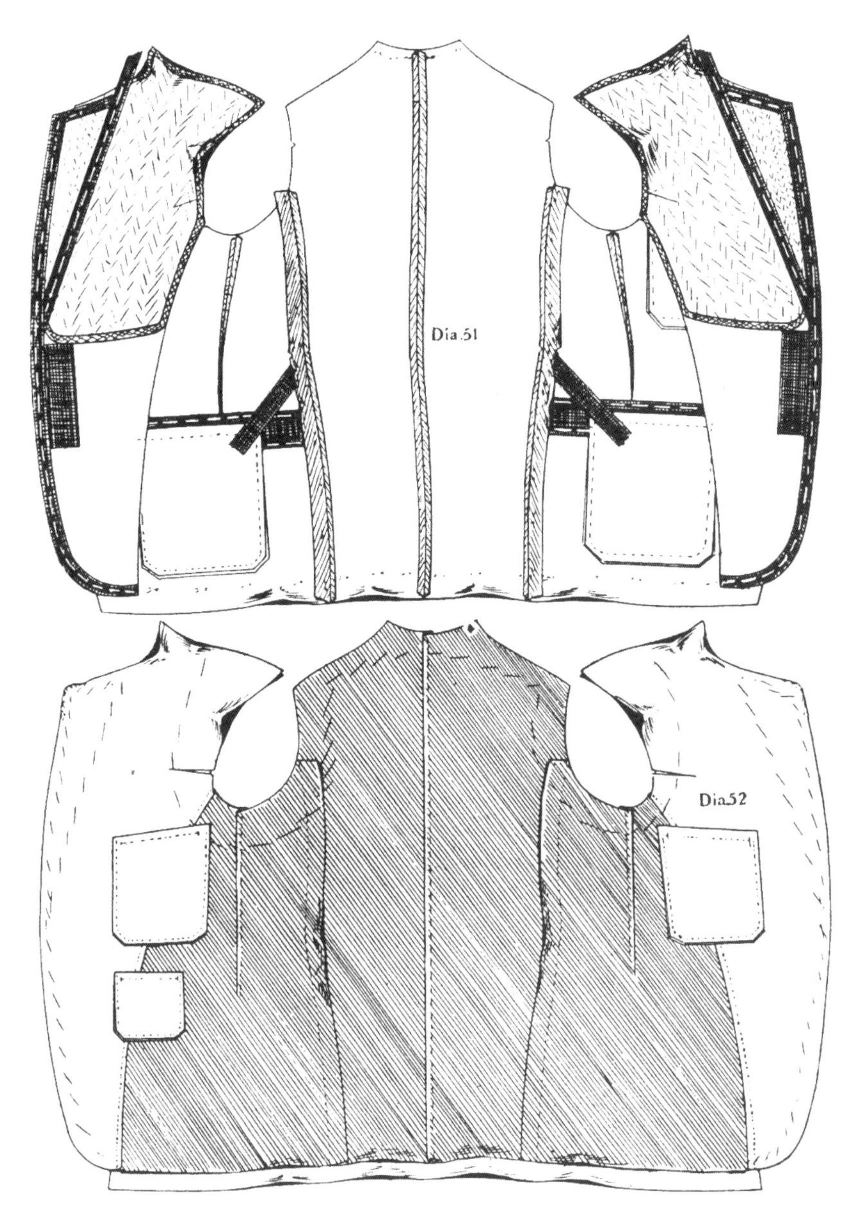

衬里相对更多。而低端市场的服装产品上，几乎没有什么手工制作，因为那既费钱又耗时。

对于一些非同寻常的材料的处理，例如在处理塑料和羽毛时，或许你还需要用纸巾衬底或是喷涂硅树胶；至于其他的材料处理,或许就需要开动脑筋来解决。你也可以把服装委托给一些专门的加工机构来进行工艺处理，例如压褶或是织入松紧带。一些机器是专门用来包缝缝边或是为领边或袖窿添加松紧带的。双针缝纫机专门用于牛仔装和工装的制作；暗缝机可以使褶边不留针迹。针织专业的学生甚至还要学习在真实的工业生产环境下如何将针织布片组合在一起。

左上图： 西装夹克的大部分工艺都藏在服装内部：一件夹克需要贴边、衬布、衬里、垫肩和绲边缉缝。

左下图： 上装内部的衬里以及那些结构性的辅助里料都必须进行精心的修剪和整理，以避免造成服装接缝处的不平整。

上图： 这件透明的西服上衣可以向我们呈现内层的衬布和衬里是如何构建服装的结构和舒适性的。

工业用的绣花机需要事先进行程序的设置并且小心地穿针引线，然后它就能够刺绣出非同寻常效果的图案了。

针和线

一盒颜色各异的梭芯。

对于缝纫女工来说针线是最简单、最便宜、也是最重要的工具。根据不同的纺织材料选择相应的工具会使作品的质量有很大提升。如果缝纫针的号型过大或是表面锈钝，会导致缝料抽缩和起皱。缝纫针的针尖有锋利型和圆头型两种。锋利型的针用来缝制机织面料，圆头型的针则多用来缝制针织面料。一般盒装的缝纫针都有齐全的型号——既可以适用于机织面料，也可以用于针织面料。这些盒装针从最细的“60/8型号”到最粗的“100/16型号”一应俱全。质地越细密、越薄透的面料用的针也就越纤细。

有一些特制的缝纫针专门用来处理难对付的面料。例如从涤纶和尼龙材料发展而来的“超细麦克布”就需要用涂有“特富龙”材料的抗静电针缝制，因为静电常常会让缝纫线滞留在针眼里导致“跳针”。绣花针的针眼一般比较大，那是为了避免脆弱的丝线与金属针摩擦后导致的断开。麦塔弗针（Metafil）是专门用来进行金属线缝制的，它可以减少此类缝纫线的断裂。缝制毛皮材料的针都有锋利的边缘，为的是在穿过毛皮时不会留下太大的洞眼，同时它也比那些缝制棉布或毛料的针要长得多。像用于冲锋衣（Gore-tex）和轻型夹克（Jacket-weight）的防水材料的面料可以用毛皮缝针或“80/12型号”的细针来缝制。应将不用的缝纫针收藏在一个小盒子里，用银箔将其包裹好。穿针器和镊子可以解决机器缝纫时出现的一些棘手的问题。

在服装的缝制中，最基本的用线原则是选择与服装面料同样材质的缝纫线，要知道涤纶线或棉线并不是万能的。涤纶线虽然很便宜，但也常会出现缝料的拉伸和扭曲。它对于熨斗的高温十分敏感并且会遇热熔化——总之，它或许会毁了你的整个作品。涤纶线很适合用来锁边，因为它会将裁片的边缘包覆得很好。

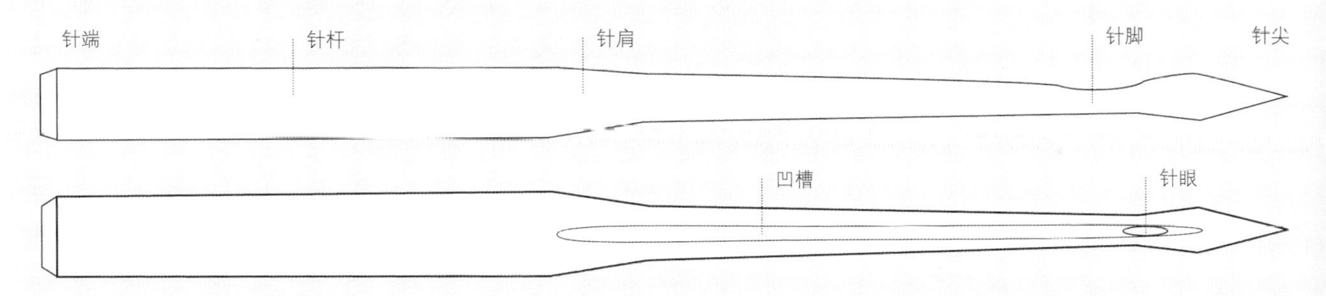

缝纫针的型号及其适用范围

60/8　雪纺绸、乔其纱、纺绸的缝纫
70/10　薄棉布、人造丝衬里布、绸缎的缝纫
80/12　棉绸、细棉布、薄型的绉绸和毛料、亚麻布的缝纫
90/14　华达呢、羊毛、中厚面料的缝纫
100/16　粗斜纹棉布、帆布、涂层面料、粗花呢的缝纫

服装的定制

上图（从左至右）：这是一个传统的缝纫坐姿——尽管有点做作，但是很舒服。面料可以铺在膝盖上，而膝关节的灵活摆动可以任意改变面料的形状。

一名裁缝师正在给客户进行第一次试穿。

服装的定制包括缝制工艺，但其所涵盖的内容却远远大于缝制工艺。服装的定制多用于男、女外套的制作。这是一个通过"组合"和"定型"来塑造理想体型的过程，它实际上是由填充料、缝合线迹和熨烫工艺共同打造出来的作品，它还会使面料和衬里更具耐磨性和舒适度。服装的定制包含了更多的手工工艺，并且更加注重细节的处理，因此它的成本也就更高。虽然服装的定制不仅仅局限于毛料织物，但精纺羊毛织物因内在的柔韧伸展性和易于定型的特点，常常成为定制服装的首选材料。此外，还有多种纺织品可供定制选用，例如亚麻布和织锦面料。

定制的服装种类最常见于男、女商务套装，大衣和外套。一件上衣可以拥有多达40~50个组装部件。套装的价格可以相差很大——这完全取决于采用的制作工序。例如，一件定做（手工量身制作）的萨维利街（Savile Row）的男西装，其费用可高达4000英镑（大约7200美元）；而在百货公司及连锁店销售的绝大多数中档西服，产品价格则在500~800英镑（大约为900~1500美元），更加低廉的价位是200~500英镑（大约为350~900美元）。中级市场的西服产品可用仪器（人体测量仪）测量人体的尺寸，其服装原型板是通过手工测量或人体三维扫描仪来完成，然后在此基础上转化出合体的板型大规模定制。随后将单件的西服套装进行剪裁和"机器化加工"——这是一种半自动化的

口袋：一件没有口袋的衣服可以被视为未完成的作品，因此口袋的设计通常会成为一个亮点，但同时也对设计师把控整体轮廓的能力提出了挑战。

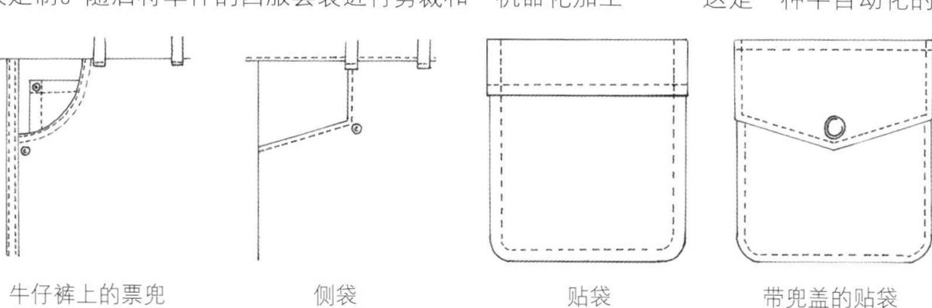

牛仔裤上的票兜　侧袋　贴袋　带兜盖的贴袋

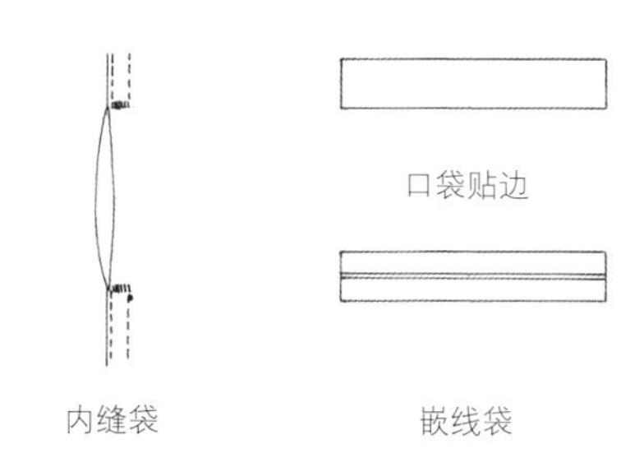

内缝袋　嵌线袋

生产程序，是由意大利的服装制造商发明的。最后将组合完毕的服装进行整烫，以适应个人化的三维体型。至于低价位的西装，通常是按照标准的人体尺寸进行大量的复制。CAD /CAM设备和自动缝纫机及黏合机（加热黏合）则尽可能多地替代了人工操作。

在过去的20年间，迅速增长的男性休闲装和运动装市场给定制服装带来不少压力，因为休闲装被越来越多的职业人士接受。出于竞争的原因，定制服装的价格被迫下降，机械化的服装制造的步伐却大大加快。一件定制的服装通常要经过数次的试穿、几十道耗费心血的缝制工序和大约四个月的运输周期。第一次试穿定制服装都要进行“假缝”，即用线松松地将服装的零部件缝合在一起，如果需要对服装的局部做出调整，可以采用手工修补和机器加工的方法。最后的缝制工序——手工缝制扣眼，通常是最高品质的标志。在当今的男装制造业中，流水线计件操作已经成为一个普遍的现象，而技能高超的专业裁缝却日渐稀少。“快餐式剪裁”，也被称为“日本式剪裁”，是远东服装制造业的一大特点——譬如，在香港或曼谷的一个服装制造者，在24小时内可以完成从量体到调整成衣细节的整套操作。出于追赶时髦的调整（例如，驳头的宽度，裤省的褶量以及腰线的位置），还弥补了制造业中所缺乏的产品持久性和稳定性。

下图（从左至右）：这件有着精致细节的定制夹克融入了经典军用风衣的设计元素。

当男装在创意上希望有所突破时，就会选择牺牲掉部分服装的实用性。图中的作品为2010年伦敦时装学院设计大赛获奖作品，设计师为斯文·霍普（Sven Hoppe）。

在过去的10年里，工作场所中的着装规定有所放宽，而著名时装设计师阿玛尼为电影《美国舞男》（*American Gigolo*，1980年）和《不可冒犯》（*Untouchables*,1987年）所设计的服装以及辛迪·鲍威尔（Sandy Powell）为《纽约黑帮》（*Gangs of New York*，2002年）设计的服装都在社会上产生了广泛的影响，导致传统的套装从结构上进行改良，线条变得更为柔和。逐渐地，弹性面料和水洗面料也被运用到定制服装上。对合成纤维和面料的弹性后整理增加了服装的舒适性，因而也不再需要那么多的填充物了。总体上说，一个理性的时代促进了面料选择和细节设计的诞生。

这件灰色的办公室套装因为装饰褶边而显得活泼起来。塔希儿·苏丹（Tahir Sultan）设计。

服装附件

装饰品和服装配件被归于“服饰用品类”或“服装小附件”。松紧带、边带、饰带、流苏也统称为“边饰”。装饰物和配件的潮流变化对于时装的面貌起到至关重要的作用。装饰品可以成就一件服装，也可以毁掉一件服装，因此在选择时，一定要从工艺、审美和经济的角度进行全面的衡量。

纽扣是运用最多的服装配件，它的尺寸、数量和品质都可以极大地影响设计的效

纽扣

纽扣规格的度量衡来自于法语“莱尼（ligne）”（1莱尼＝0.633毫米），这一概念在18世纪早期被德国商人所采用，现在已经成为全世界通用的纽扣尺寸标准。1莱尼相当于1厘米的2.2558分之一，或是1英寸的0.888分之一。纽扣的直径可以小到4毫米，也可以大如晚餐用的盘子。

常见的纽扣尺寸

莱尼（ligne）	毫米（mm）	英寸（inches）
18	12	3/8
20	13	1/2
22	14	9/16
24	15	5/8
28	17	11/16
30	19	3/4
32	20	5/6
34	21	6/7
36	23	8/8
40	25	1
60	38	1 1/2

果。漂亮的纽扣甚至可以将一件服装的零售价格提高很多。在20世纪的早期，由于干酪素（一种牛奶蛋白的衍生物）、赛璐珞和塑料的发明而导致纽扣的价格一度下滑。标准化的纽扣的尺寸使钉扣和开扣眼都可以借助于机器完成，这不仅降低了服装生产的成本，还加快了生产的速度。它们可以与市场上流行的新型拉链产品竞争，并取代女装及童装上那些穿脱费时的带子和花边。如果纽扣太重，就会拉抻面料，因此对于质地轻薄和中等重量的面料来说，最好选择那些轻质的、形状扁平的纽扣。如果制作紧身型的衣服，那么最好以真实的人体为参照找出纽扣的位置。衬衫、女衬衣和裙装的纽扣位置至关重要，因为要确保它们不会出现暴露身体的不雅状况。内衣纽扣的细

上图，从左至右： 这套令人称奇的服装全部由装饰材料制成。

这些超大尺寸的纽扣和梳子从视觉上创造了一种强烈的幽默感，使模特看上去像一个玩偶。

流苏被大量地使用在服装和鞋子上，因此产生了模特在走动时浑身上下颤动不已的效果。

前襟闭合方方式

一件服装的前襟闭合方式本身就是设计风格的一种体现。选择恰当的服装附件不仅能够满足功能的需求，还可以给衣服增添美感。

小精致和舒适感是很重要的。厚重的面料应当配搭扣柄较长的大纽扣，因为它们可以穿透厚厚的面料并能承受较大的拉力。

对紧身服装和裤装来说，拉链恐怕是最有效的服装闭合配件。拉链是美国人维特卡姆·贾德森（Whitcomb Judson）于1890年取得的专利发明，但直到1923年才得到正式的承认。其流行是在20世纪60年代，因为彩色尼龙拉链的发明使拉链可以与服装进行色彩上的搭配。如今，每天都有成千上万家拉链厂进行生产。拉链的闭合方式（见P197）以及滑动的样式都可以提高其在服装当中的效用。拉链通常被夹藏在衣缝间或是袋缝处，但有时为追求潮流，它们也暴露在衣服表面。牛仔服装则用金属揿扣和铆钉来完成整体上的统一性。

"维克罗"(Velcro)一词来自于瑞士发明家乔治·德·麦斯脱（George de Mestral）于1942年创立的尼龙搭扣的商标品牌，它将法语中"Velours"（天鹅绒）和"Crochet"（挂钩）这两个单词融为一体。这个特殊的服装配件最初用于滑雪服装，而现在却拥有各种规格和形状，尤其用在童装、运动装和鞋上，能提供一种时髦而整体的外观造型。

像松紧带、边带、饰带这样的服饰配件有时也被称做"狭窄的面料"，它们既可以起到联结作用，也可以起到装饰美化的作用。很多品种都需要经过特殊的机器和操作规程加工完成。对于绝大多数的服装来说，其配件必须要能经受住高温熨烫、反复洗涤、挤压所产生的磨损以及干洗等诸多考验。在晚礼服上常见的精巧配件，例如小金属圆片、人造钻石装饰、珠饰、羽毛和流苏等，最好在清洗前将它们从衣服上取下。装饰性的配件往往会被征收很高的关税，因此它们也会使进口和销售的奢侈服装变得很贵。

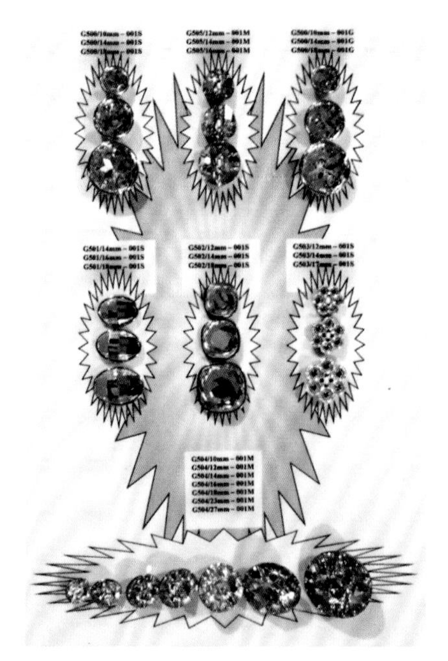

纽扣的位置和成色可以决定一件外套成品的成与败，同时也在很大限度上影响着成本的高低。

试装和服装的发布

成功的发布有赖于服装产品最后的调整成型步骤，以及将其冲压或松解成的某种理想形状的步骤。许多接缝、贴边和省道在服装零部件组装之后一定要用蒸汽熨斗进行适当熨烫，这被称之为“整烫”。一些学校有工业用的整烫台。在馒头状的烫垫和烫袖板上经过蒸汽熨斗的充分熨烫，毛料和套装面料就会形成完美的弧线和放松量。也可以将套装放在人台上轻微地熨烫。滚眼（即用面料做的扣眼）、双嵌线袋、衬垫和接缝需要压平以后熨烫出漂亮的边缘。领尖、克夫、斜裁角、贴袋和腰头等部位需要利用尖形工具将它们的内侧外翻后再进行压烫。在熨烫过程中，要格外小心那些纽扣和装饰品配件。针织服装可以利用蒸汽的高温回复弹性，休闲装和运动装则应该尽量保持自然的状态。不要在衬衫或裤子上压烫出死褶来，也要小心选择裤缝线的位置，因为裤缝线一旦成型就很难再被熨平。

了解面料的成分和护理的方法（可以查看面料类型的索引和国际纺织品的护理标识部分）将有助于提升服装的内在品质。易皱的面料，例如棉和麻，在没有被熨烫平整之前看上去总是像半成品；而尼龙或许多人造合成纤维由于有着很低的熔点，因此在对这一类的特殊面料进行表面处理时，容易引起焦炭化。裘皮和山羊皮可以轻轻地熨烫。有时你还必须对某些面料上浆、刷涂硅树脂和采取防水处理。在熨烫之前要时刻记住，先用面料小样进行温度的测试，对于那些娇气敏感的面料要从其背面进行快速熨烫。没有达到足够温度的熨斗会把水滴漏到服装上，因此，一方面，你应当努力提高对各种不同的纺织面料和服装款式的处理能力；另一方面，最安全的方法还是先用一层薄薄的、潮湿的细棉布覆盖在服装上再熨烫。不要急着把尚有余温的熨斗收起来，而是要将它悬挂起来，让温度慢慢降低。

如果想要了解服装和人体结合时的状态，你可以要求试衣模特行走、坐下或伸展身体，以此判定服装是否穿着舒适与合体。一些人喜欢穿宽松型的服装，而另一些人则喜欢穿紧身型的。通常，日装是为了方便人们的行动；而晚礼服和皮带则需要一个以上的模特来试穿，以检测露肩领的适用范围和皮带在不同体型之间的滑动范围；对垂挂式的服装，需要观测其在运动中的状态，它们通常需要被调整或是缲缝以保持面料的原位置；对前卫的或令人出乎意料的作品，要尽量调整其到能够引起轩然大波的程度；经典服装则需要用真人模特来检验是否符合“挂装”和“着装”的基本标准。

当服装已经被修整完毕并令人满意，你就可以把它装进衣袋里并悬挂在衣架上。贴上你自己的标签或是缝上标记，这样不仅使作品显得更加专业，同时还能够防止作品的丢失以及与他人作品的混淆。

更多的专业读物和资讯

剪裁及制作工艺

- Winifred Aldrich. *Pattern Cutting for Women' s Tailored Jackets*, Oxford: Blackwell, 2001

Connie Amaden-Crawford. *The Art of Fashion Draping, 3rd ed.*, New York: Fairchild Books, 2005

- Connie Amaden-Crawford. *Guide to Fashion Sewing*, New York: Fairchild Books, 2000

Alison Beazley & Terry Bond. *Computer-Aided Pattern Design & Product Development*, Oxford: Blackwell, 2003

- Roberto Cabrera. *Classic Tailoring Techniques: A Construction Guide For Men' s Wear*, New York: Fairchild Books, 1983
- Harold Carr and Barbara Latham. *The Technology of Clothing Manufacture, 4th ed.* Oxford: Blackwell, 2008
- Roberta Carr. *Couture: Fine Art of Sewing*, London: Batsford, 1993
- Gerry Cooklin. *Bias Cutting for Women' s Outerwear*, Oxford: Blackwell, 1994
- Robert Doyle. Waisted Efforts: *An Illustrated Guide to Corsetry Making*, Stratford: Sartorial Press,1997
- Annette Fischer. *Basics Fashion Design: Construction*, London: AVA, 2009
- Olivier Gerval. *Studio et Produits*, Paris: Eyrolles, 2007
- Debbie Ann Gioello & Beverly Berke Fairchild. *Fashion Production* Terms, New York: Fairchild, 1979
- Injoo Kim & Mykyung Uti. *Apparel Making in Fashion Design*, New York: Fairchild, 2002
- Betty Kirke. *Madeleine Vionnet*, San Francisco: Chronicle Books, 1997
- Ernestine Kopp. *New Fashion Areas for Design*, New York: Fairchild, 1972
- Sian-Kate Mooney. *Making Latex Clothes*, London: Batsford, 2004
- Karen Morris. *Sewing Lingerie That Fits*, Newton: Taunton Press, 2001
- Edmund Roberts & Gary Onishenko. *Fundamentals of Men' s Fashion Design: A Guide to Casual Clothes*, New York: Fairchild, 1985
- Claire Shaeffer. *Fabric Sewing Guide*, Cincinnati: OH: Krause Publications, 2008
- Claire Shaeffer. *Sewing for the Apparel Industry*, Upper Saddle River: Prentice Hall, 2001
- R.L. Shep & Gail Gariou. *Shirts and Men' s Haberdashery (1840s–1920s)*, Fort Bragg: R.L. Shep,1998
- Martin M. Shoben & Janet P. Ward. *Pattern Cutting and Making Up—The Professional Approach*, Burlington: Elsevier, 1991
- David J. Spencer. *Knitting Technology*, Cambridge: Woodhead, 2001
- Françoise Tellier-Loumagne. *Mailles—les mouvements du fil*, Paris: Minerva, 2003
- Nakamichi Tomoko. *Pattern Magic*, vols 1 and 2, London: Laurence King Publishing, 2010, 2011
- Hannelore Von Eberle. *Clothing Technology: From Fiber to Fashion* Haan-Gruiten: Verlag Europa-Lehrmittel, 2000
- Barbara Weiland. *Secrets for Successful Sewing*, Emmaus, PA: Rodale Press, 2000

杂志

Book Moda / *Collezione* / *Elle Collections* / *Fashiontrend* (意大利) / *Gap Press* / *In-Trend* (中国台湾) / *Lecturas Moda* (西班牙) / *View* / *View2* / *Zoom Details* (中国香港) / *Zoom on Fashion*

网站

Sewingpatterns.com　缝纫与制板网站
www.freepatterns.com　免费提供服装制图与打板的网站
home.earthlink.net/～brinac /Patterns.htm　纽约城市消费者资源网：服装制板
www.mccall.co　经由这一网站可以获得由《流行》杂志以及巴特里克（Butterick）和麦克科尔（McCall）所提供的标准化服装纸样
www.costumes.org/HISTORY /100pages /18thpatterns.htm　消费者的宣言
www.yesterknits.com
www.asbci.co.uk
英国成衣业供货商协会网站
www.stitch.com
www.thesewingforum.co.uk
www.sewing.org/html/guidelines.html
www.simplicity.com
www.morplan.com
www.rdfranks.co.uk
www.patternschool.com
www.centerforpatterndesign.com
www.fashion.net

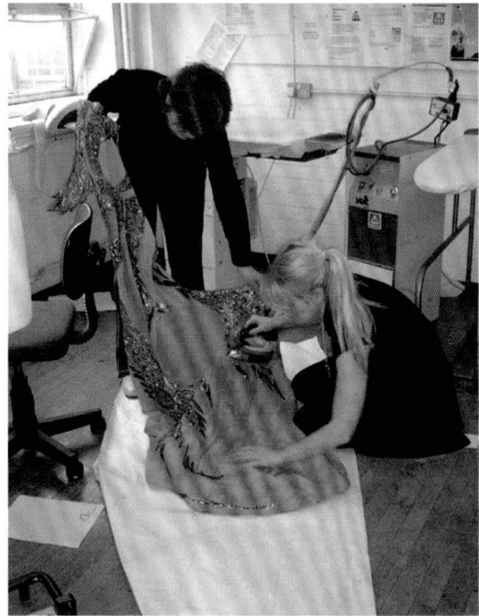

顶图：打板技师派特里克·里·尤（Patrick Lee Yow）在演示骨条是如何支撑起一件紧身内衣的。

上图：晚礼服和附有缀饰的面料在进行蒸汽熨烫时必须加倍小心，必要时应当两个人一起协作完成。

第六章　项目实践

什么是项目实践

在时装教学中采用最多，也是提高能力最行之有效的方法就是让学生参加具体的项目实践。一个项目是一件连续性的工作，一般持续2～6周，包含调查研究和实践技巧。项目的主题、任务、目标都在一份项目计划书中规定清楚了。作为设计课的入门，你可能会在课程学习之前的假期中执行第一份设计任务；之后所进行的评论、评价则是让你熟悉如何在导师和同学面前展示自己的作品。项目的设计范围会依据你的专业性质和目前所处的学习阶段有所不同。导师会拿着项目计划书，提出项目主题并与你讨论需要做什么。项目计划书中会明确设计的内容，也会告诉你导师的姓名，以及谁是最后的评估者，并明示出评分的标准、上交作品的标准以及最后评分的时间和方式等。

进行项目实践的主要目的是为了培养你对一组特定的任务需求的创造性反应能力。它常常是对不同市场类型的时装设计师职责要求的模拟。项目实践给了你一个锻炼技能的机会，这些技能是你离开校园走上工作岗位必需的。当然，这其中的状况也会因人而异。

顶图：一件正统的西装上衣和一条极富女性风格的裙子形成一种强烈的对比。这是米高·弗里塔斯（Miguel Freitas）获得2004年度“欧莱雅专业整体视觉设计奖”（L’Oreal Professional Competition for the Total Look Award）的作品。

上图：“这个项目的好处在于你什么都可以做一点。一套衣服并不是某个人的，而是与我们大家都有关联，我们由此真正地开始相互了解。实际上，我们现在已经是一家人了。”
——二年级学生乔西·卡斯特罗（Josh Castro）

项目实践要求你做什么

项目实践的目的是激发你的创作灵感，其中有诸多的条件和限制。有些和时装市场中的真实条件相关联，有些和学术要求有关。也许，不是所有的项目都是你喜欢的。项目计划书明确这个项目的整体目标以及最后专题所要呈现的结果，在这个过程中可以衡量自己的进步情况。设计实践通常包括了以下六个步骤：

- 调查研究和灵感来源
- 设计产品和编辑产品线
- 剪裁样板
- 面料样本以及样衣的创作
- 制作原型板并进行完善
- 完成作品发表并进行相关文案的留存

项目实践的类型

个人项目实践

个人项目实践计划既可由学院里的专职教师制订也可以由客座教师来制订。它既可以是面向你所在年级的全部学生而设定的同一个任务，也可以是一个用来专门提高你技能的个人化的任务。你需要用自己的方式对这些要求做出回应。你的反应会受到评价，不论给出什么分数都表明你在进步。

发起人项目实践

发起人项目实践计划通常是由一个公司定夺的——但并不总是织物公司或时装公司。公司和教员讨论具体的要求，实践结果会由教员和公司人员共同评判，分数和奖励也会据此授予。有时大学教师打出的分数和赞助人并不一致，因为两者从主题中寻找的东西不同：一个是学术价值，一个是商业价值。

竞赛式项目实践

竞赛式项目实践是由一个公司或圈外机构设定的。时装竞赛是一种常见的激励活动，全英国的大学生都可参加。其奖励包括提供海外旅游奖学金和工作机会。竞赛结果由公司小组评判。除非你是获胜者，否则不可能得知你的作品是如何被评价的。提交的作品通常不退还，因此备份你的作品系列非常重要。

团队项目实践

团队项目实践要求你和一组学生互动，其中有些人你可能原来不认识。团队项目实践的范围很广，常会要求你除了考虑设计之外，还要考虑市场、价格、成本等因素。你的角色可能由小组决定，并要参加头脑风暴，在一个模拟的工作环境中与他人合作。压力会很大，有时你会被要求为你自己或别人的贡献打分。团队项目的实践内容有时由相关大学的院系来设定，更多的是由与大学有合作关系的公司和赞助者来设定。

目标和规划

不同的主题所要训练的目标的侧重点不同，但从广义上说，评估的共同标准包括下述能力，这是你要学习并应能够证明的能力：

- 以创造性的、独立和恰当的方式进行研究并应用的能力
- 分析并解决设计问题及其过程中的沟通能力
- 解决设计问题时表现出的创造性、严谨、大胆的能力
- 在探索技巧、材料、图像和色彩方面的技能、想象力和原创力
- 在你选择的设计方向上综合构思的能力
- 对行业/专业角色和方法论的领会和理解
- 独立工作及团队合作的能力
- 良好的工作实践和在视觉、口头和书面上的表达技巧
- 管理时间、自我指导、自我评价的能力
- 充分体现你的创造能力和天资潜能，在任务和课程中坚定你志趣的方向以及表现出对于设计的热爱。

项目实践会让你完成某个特定的任务或一组任务。有时这些要求被描述得很清楚，但有时项目计划书却很难看懂。练习中重要的一环便是释义其中的问题。项目计划书会列出你必须注意的问题或参数。以下描述的是一些常见的例子。

场合和季节

你有必要知道所要求的是“哪种的场合设计”，这由一天中或者一季中的时间、地点决定。项目计划书中常会说明所要求的季节或场合。时装专业的学生要有能力预见将会流行什么；时装设计师必须创造并确立潮流而不是追随。

一个创意开始于一幅画稿，然后被制成小样，最终成为完整的作品。设计师里卡多·提西（Riccardo Tisci），目前他是纪梵希（Givechy）品牌的设计总监。

“过去，一读到伊夫·圣·洛朗的事迹，我就会想，‘他为什么会这么神经质？’现在我明白了：每六个月他都要跳一次火圈。”

——设计师 保罗·费里斯（Paul Frith）

缪斯或顾客

有时项目计划书促使你对所服务的对象展开想象——关于他（她）们的尺寸、年龄和性别……他（她）是一个身材完美的人，还是一个精神境界很高的人？这个人可以是一个朋友、模特或电影明星。你需要建立一个顾客档案，项目包括背景、工作、家庭、生活方式和购买力等。关键在于你需要想象出有一个穿着你设计的服装效果最好的人。

目标市场

了解不同的市场是时装教育的一个重要部分。你需要经常做市场分析并把你的设计作品放入相关环境中。对于不同的目标市场，设计师进行设计的兴趣差别很大。有些人觉得为中级价位的市场做好设计是一种乐趣，也是一个有创造性的挑战；而有些人喜欢在古典服装中追求那些精妙的变化，从而形成自己独特的风格；还有些人对特定的服装市场感兴趣，例如运动装、女式内衣或晚装。项目计划书常常是与商场或设计师合作制订的，他们能对你的设计是否适合市场和顾客的需求提供第一手的反馈信息。

面料和织物的选择

这一项常会在项目实践的题目中加以说明，这是个需要你去解决的“问题”。有时你可以先确定一个研究主题，或者通过当代展品或者一种布料来激发你的灵感。有意识地限制它，以缩小你的思考范围并培养你的创造力。最常见的方法就是限制对服装的材料和织物的选择。例如，你可能拿到“衬衫专题”或“小黑裙”的专题。前者要求你学习缝纫正规衬衫的技巧，如开口、领子，但不限制风格和面料；后者是设计用于特定场合的单一颜色的服装。选择是开放性的。

成本计算

时装的价格常由布料的价格和制作的成本来决定，并且要加上零售商的利润。一件衣服，其布料宽度差别几厘米会使整体的成本产生巨大的差异，因为花样可能需要被调整。装饰会大幅地提高成本，使在衣服零售时价格是原成本的四倍而被市场淘汰。尽管对于这些财务上的考虑并非是时装学校中设计课程的一部分，但也常常需要考虑。你要算出生产这些衣服的成本，并据此判断出它是否符合专题设计项目书中的市场需求。你可能要制出生产成本表和平面图(Flats)及详述图（Specs）来阐明生产问题。

对于设计师来说，制造利润通常占到120%（零售商在此基础上至少再加上160%）。计算出可能的零售价格，这样你可以估算这件衣服是否看上去物有所值。在给一个服装系列定价的时候，你一定要在衣服的价值和顾客能够支付的价格之间取得平衡。

安娜·昂格尔（Anna Unger）

在投身时装事业之前，安娜·昂格尔所接受的是建筑设计学教育，同时她还是一名业余模特。她相信正是这些成长背景令自己对于"结构"和"优雅"有着更为深入的体验与领悟，并且也使自己在与顾客及观众的互动过程中更富于洞察能力。安娜所设计的时装作品轮廓优美，气质典雅，并充满了现代感。图中名为"狂野天使"的作品灵感来源于有着飞翼的白马和传说中的神兽，此系列作品荣获2009年迪拜时装大奖。

需求是发明之母。专题的设计任务很少要求学生付出人量的金钱。“廉价的布料但却富于灵感”的设计比“用昂贵的布料做出的枯燥设计”更能够受到奖赏。重复利用、在慈善商店和市场的小货摊上购买、巧妙地改变用途是学生使用的非常有效的方法。另一方面，如果你打算设计女子时装和高档时装，那么习惯于毫无畏惧地运用昂贵的布料会很有帮助。你也可能从有兴趣将你的产品推向公众的制造商那里获得你所要用的布料。

实际的任务

一个项目的复杂程度和多样性取决于教学大纲的要求，项目的开展与深入都会按照学院的课程计划来执行。项目计划书中通常描述了对你的整体期望、设计项目的数量和类型、所采用的工艺手法、时装画的形式和发表作品的形式。很难说清这几部分之间究竟孰轻孰重，但可以通过研究知道每个项目的学习重点究竟在何处，也可以估计出哪个部分会成为你最大的挑战。缝纫、打板和其他制作技巧或许在做项目之前就应当学会，而这也是可以达到的。专业的时装设计师很少对他们的设计画稿表现出敷衍了事。学习实际的专业技巧将极大地提高你的设计能力。找出你可以求助的技术支持者。还有一个重要的因素就是要进行有效的沟通，包括视觉上的和语言上的，这样一来，瑕疵和错误就可以减小到最低。

时间的管理

从时间表或项目计划书上可以看出，导师或技师在项目的哪个阶段会给你辅导意见，还可以了解到“什么时候”以及“哪一间工作室”可以被使用。因此，你要保管好时间表或计划书并经常看看它们。尤其需要注意的一点是，如果情况发生变化也不要轻易丢掉它们。你可能会被看作是单独的个人，或是团体中的一员。如果你是作为团队中的一分子去接受任务，那么在等待被指导的过程中可以做些其他的工作，因为指导老师们的工作量总是超额的。一些学校已经对全部项目的时间表进行了收集与管理，并用电子表格的形式通过电子邮件发送给全体成员——对那些在外地执行的项目，这种方法尤其有利。如果发生生病和缺席的情况，那么一定要有正当的证明材料，否则你的分数将会受到影响，个人的信誉度也会降低。在一个特定的时期内，你可以进行学习方法的测试，以及熟悉你的研究对象，了解其中的研究法则、设计方法和你毕业之后要从事的工作。

当接受一份项目计划书以后，你就应当安排个人的每日计划，即如何有效地利用自己的时间，并坚持贯彻拟定的计划表。甚至要把做家务的时间也考虑进来。要找到发挥自己创造力和工作效率的最佳状态，并制造出一个能够尽量不受打扰的工作环境。时刻记住，其他的学生也会占去老师辅导和技术支持的时间，因此不要把自己的目标定得过高，因为如果不能完成作品，也会导致扣分。

灵感

时装表达了时代的精神，反映了社会的变化。为了寻找灵感，设计师们必须时刻睁大眼睛、竖起耳朵：观看表演，逛商店，出入俱乐部、咖啡馆、美术馆，看电影，读杂志、报纸和小说，参加聚会，听音乐。总之，去观察人，并吸收社会中发生的细微的、逐渐变化的审美。

创造新思想的关键是，将各种因素记录在记事本中并把它们进行分析与综合，然后将这些灵感和你日益增长的关于面料、时装细节及目标市场的知识联系起来。有了这种持续的积累，你就能更好地符合设计项目的要求，并能提出自己的、极富现代特征的设计主张。

“一个好的设计师反映了时代特征……我从不参加宴会，但我观察人们，我阅读——例如，关于人们的生活如何被技术主宰——并且我会作出回应。”

——设计师 乔伊·卡塞利·海福德（Joe Casely-Hayford）

学院鼓励学生以生活、自然为题材进行彩绘、素描，以此作为设计的首要来源。通过密切的观察，你能够真正地欣赏到环境中激发你设计灵感的、动人心弦的美丽事物。常用的视觉研究对象包括花卉、动物、景观和城市主题，如建筑、城市的衰落、强光和反射。有时工作中会布置静止的生物或模特等环境，以便重点研究抽象的色彩和线条。

设计研究中的灵感来源

- 博物馆、画廊、服装收藏馆、图书馆；历史服装与民族服装中可挖掘的内容尤其丰富。
- 手工艺品、民间艺术和个人爱好收藏，例如玩具、刺绣、植物和动物。
- 社会的影响，例如文化风潮、音乐、电影、文学作品、戏剧和舞蹈。
- 生活的主题，例如建筑、室内设计、社会事件。
- 高级成衣和高级时装的发布会、杂志报道，流行预测和时装书籍。

约翰·加里亚诺的毕业作品是受到法国大革命后“醉心于仿效欧洲大陆派头的英国少年”和“说话做作、衣着奇特的年轻人”的服装启发而设计，并导致1984年新浪漫主义式样的风潮席卷伦敦。

设计师从蓝色的大闪蝶、日本折扇、朋克风格中得到启发。

个人创造力和风格

通过理解经典服装及其细节，时装设计专业的学生可以学习如何创造新的时尚。但是，要成为一名时装设计师，所要做的远不止于只掌握一些知识。不能只看到原有的东西，你必须找寻能满足当前人们需要和愿望的新概念和新材料。创新来自于对游戏般的规则变化的远见和改变的勇气。

从第一次开始设计，你的品位就像你的个性一样，部分地由你的背景、社会地位和经历构成。这就是你表现个人精神的核心体现。教师在你的设计结果中寻找的正是你自己的真正风格，而不是你对最喜欢的设计师风格的复制。风格是经过多年对工作的热情投入与对同伴及专业设计师作品的欣赏而逐渐发展形成的。

虽然原创性受到奖励，但要注意一个平衡：如果领先时代太多或出格到让人无视的地步，时装是做不出成绩的。在富有创造力的环境中，你可以讨论、展现和完成你的构思，得到别人的支持和激励。

“每人做着自己的服装。有的人做浪漫主义的服装，有的人做概念性的服装，有的人做商业化的服装。你不能将我们进行比较，因为我们在做我们自己想做的事。这里有这么多出色的学生，如果你太有竞争欲，会把自己逼疯掉。”

——一位二年级学生

开发创造力

有许多技巧可以开发创造力，其中有些可以通过教授而学到，而有些只能靠亲身经历习得。心理学家已经识别出两种解决问题的思维方式：集中式和发散式。

乔安妮·琼斯（Joanne Jones）

这是乔安妮·琼斯汲取俄罗斯民族或北欧部落服装的特点而创作的时装作品。她运用繁复的细节、层叠式的设计和微妙的色彩搭配营造了一种印象中仙女的模样。与此同时，富有光泽感的硬质绸缎、哑光的绒面革和皮革绷带又为这一形象增添了当代摇滚女歌手的风采。将两种人们所熟悉的特质并置在一起——这的确是个吸引注意力的好方法。

集中式思维方式通过技能、集合和组织，将思维集中于问题的已知方面，并将问题减少到可以处理的程度。有时，创造性地解决问题取决于使用正确的工具、窍门、分析的程序和方法。

发散式思维方式需要更大的聚集范围，随意地深入无意识状态中，运用意象传递思想。与做白日梦不同的是，它更多的是保持一种开放和清醒头脑的能力。你要有勇气开拓未知，即使不知道将走向何方，也不知道为什么有些方法可以解决问题。你不仅要实践已明朗的构思，还要实践那些看起来不太可能实现的想法。很多时装设计师用类似的沉思方式，花大量时间只是用来处理和了解面料。之后，如何使用或安排一种面料的解决办法可能会突然从头脑中冒出来。

有时，设身处地地思考很有用。设计任务书中的一个专题也许要求你按某个知

一个设计项目或许需要你阅读大量的背景资料去研究，其中，对面料和辅料的开发也要做历史和实践上的调研。

名设计师或某个特定时期的裁剪方式来设计，这种框架允许你尝试已经使用的技巧以及裁剪与细节的不同组合，并让你体悟别人的才智与品位，因此可以推动你创造的信心。试着平衡好你自己的投入来运用这个方法。

应避免在情感上或者个性上固定自己的风格：你在学习，需要灵活。会有引起你兴趣的设计主题和品质或者聪明的想法出现，成为你创造的原动力并成为你的标志。你的图解和表现技巧也应成熟并发展为一种个人化“手迹”，作为你设计服装的补充。

在时装业中“好的品位”是一个灵活的概念。它是对时代和环境的敏感度的体现，部分来源是直觉性的，部分是从某些基本规则中继承的。它通常是先由直觉感觉

凯瑟琳·盖兹塔斯（Katherine Gazetas）

夏奈尔套装因其醒目的细节装饰而成为时装的经典代表。可可·夏奈尔通过对外套进行精心的剪裁而为顾客提供了一种舒适，优雅和自信的穿着体验，很少有人不为之动容。经过层层剖析和深入重组，凯瑟琳·盖兹塔斯将从夏奈尔套装以及马具上所获得的灵感融入这款非常实用的骑马装的设计中。她重新演绎了经典的人体工程学形状，并且进一步完善了服装的比例结构和廓型。通过这些，她向心目中的大师致敬，同时也给予了这一类型的服装以新的生命活力。

到，而不是通过逻辑分析得到。你也许会故意嘲弄好品位使大家震惊或是开开玩笑。亚历山大·麦昆就是一个典型的不断推陈出新的设计师。他不断挑战品位的概念，并总能走在时尚的前列。记住，流行前线走得非常快。

“亚历山大·麦昆上大学的时候，他们在抨击加里亚诺。我上大学的时候，他们在抨击麦昆。去年我回来的时候，他们在抨击我。”

——设计师 安德鲁·格罗大斯（Andrew Groves）

发表作品

草图本

草图本和记录视觉印象的笔记本是时装设计专业学生的必备之物。它们常与一架照相机一起构成你的便携式文件夹，里面记录着能够激发灵感和令人兴奋的资源。你的草图本应当记录你的兴趣所在：例如，对人造物的印象、人们的生存状态、人体姿势、面料和服装细节的特点、颜色和环境因素等。经过多年积累，草图本可以成为丰富的资料库，为你开启深入思考的大门。

在任何时候都坚持使用卓图本是很有意义的。为了方便，可以变换使用大小不同和纸质不同的草图本。小一点的草图本可以随身携带，在商店或公共交通工具上看到的小片布块或有趣的设计细节，都可以用其收集或记录下来，大一点的草图本可以用来素描和彩绘写生或发展更为复杂的构思。有时大一些的图使一个构思显得更有分量。展开式便笺簿很有用，因为其纸质几近透明，身体的站姿和轮廓可以很快地描摹下来，而细节可以很快变更。

一本好的草图本是一扇“让他人了解到你的原创思想和思路线索”的窗户。你的导师偶尔会想看看你的草图本，在专题结束时或在学业课程的某几个时段，需要对草图本进行评价。你会不时地为一个更为确定的目的画草图，例如，在国外旅游的视觉日记或关于某个发现或主题的资料图。针织和印花设计专业的学生需要记录色彩和染色试验。

拼图

用来拼图的碎片是从杂志、报纸、展览会节目单、明信片、广告单上撕下来的。收集喜欢的图片可以帮助你确定出吸引你的情绪或造型——但不要直接复制。拼图不一定需要同时期的内容。二手书店通常是不寻常的视觉和参考材料的丰富来源；复印件也很有用，但不要使用太多，否则你的作品会呈现出一种“二手信息”的形象。

主题板

一旦你从研究中收集了足够的图像和想法，就可以开始投入设计。为了将你的概念和意图更加“正式”地介绍给他人，你可能会做一个“主题板”。图片和面料样在你的悉心安排下就组成了一个“主题板”——就像为杂志排版那样，它们通常是被钉在泡沫板上（板的中心是用塑料泡沫做成的），而不是永久性地黏合。泡沫板虽然很轻，但可以承受布料的重量，在你和导师的研讨过程中，它们可以成为灵活切换的话题内容。

设计草图

在对设计任务书做出反应的初期，你需要在你的草图本或便笺簿上快速地记录下很多的想法，这就叫做草图（Roughs）和设计发展图（Design Developments）。标出或选出你最喜欢的图和你想进一步探索的草图，改进它们并进一步挑选。你可以根据布

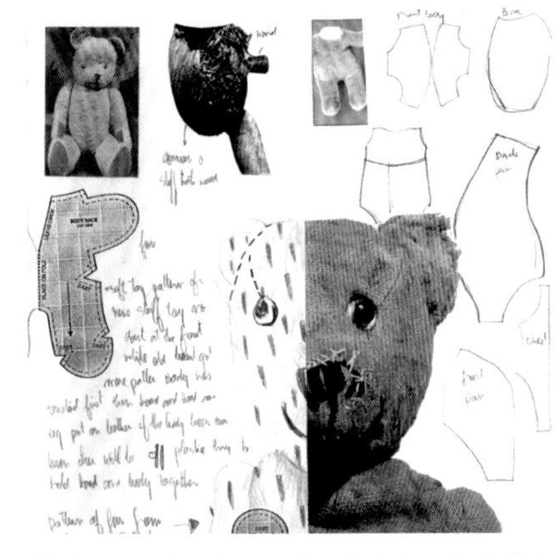

上图：最好的调查研究并不是仅限于和时装有关的那些内容。更加能够开拓设计思路的是那些自然界里存在的各种形态、城市里的建筑、人类的情绪和记忆以及音乐、电影等。

对页图：这款名为“暴露狂的雨衣”的奇特服装是设计师约翰·霍特（John Holt）对于成天携带在身上的个人记事本的另一种诠释。

THIS

左顶图：花卉总是流行的，有时小而含蓄，有时大而醒目。这幅图是为舒适的针织衫设计的"情节串联图板"。

左图：玩具和洋娃娃是很受欢迎的灵感来源。草图本和情节串联图板展示了在以泰迪熊为雏形的设计中，色彩、材料、大小比例和图案是怎样被有机地组合在一起。

料的使用、轮廓、细节等不同的标准将设计分组。设计导师会和你讨论这些选择并帮你弄清楚和确认你的正确性。

很多情况下，在面料从人台上垂下或在人体上形成某种轮廓的刹那间，设计灵感会不期而至，因此，准备一架立拍即得的相机十分必要——它可以帮助你记录各种各样的即时状态，设计思路的发展要依靠很多的偶尔事件，因此不要随意扔掉那些你觉得不满意的作品，没准一周后，你或者你的导师会发现那才是要寻找的理想之作。设计导师和工艺师将帮助你挑选出比较成熟设计以理清和判断你思路是否正确。记住，日常在工作室里举行的作品讨论会使你受益匪浅，通过这些讨论，老师们可以在正式的作品提交之前，进一步观察你执行设计任务的方法和操作手段是否正确。

情节串联图板

通常在一个项目中，你需要通过像"模型"或是"服装"这样的艺术作品来阐述自己的设计思想。情节串联图板是用来进行一系列阐述的纸张或泡沫板，上面表达的是你关于这个项目的全部"情节"愿望，包括主题板、最终的时装效果图、相关的面料和装饰物，以及一小段用来阐述设计主题、色彩和市场前景的文字。时装课程有多种课程参考以帮助学生找到发表作品的渠道，在进入评审的阶段也会给学生极大的自由空间来组织他们的设计作品，这些资料往往会成为文件夹中的核心材料。

评审

所谓的评审就是指在一个场合中由小组成员对你在执行一个项目过程中的表现进行评价。(在一些大学里也会用“评论”一词取代“评审”一词，以回避后者中所包含的批评、苛责的意味，此外，“最终回顾”或是“评价”也是经常会被用到的词汇。

针对你在完成任务中的表现，一份评审材料中既包含了客观的意见，也包括了主观的倾向。根据项目的不同种类……评审阶段是导师评价你所完成的项目情况的阶段。他们要对完成的项目进行主、客观的评价，同时也会与你有很多思想上的交流。根据项目的不同种类，评审以不同的方式进行。有时是一组导师进行封闭式的评审；有时需要一个小型的时装表演——你得把穿好服装的模特带去。在这些场合，全组学生或一部分的学生代表和导师、工艺师或访问学者共同参加评论。评审组选出一个解决方案，这个方案应不仅回答了项目设置的问题，而且包括谐调的布局、和谐感、原创性以及对面料和辅料的选择。另外，他们希望看到你的设计和实践技巧有所提高。

一般地，只有部分选出的设计作品会被评审组进行充分讨论，以缩短原本可能冗长的程序。作品的成功与失败之处都会被讨论并罗列清楚。所得分数将依据作品质量——不仅包括实际的作品形式，也包括学生对自己作品所做的诠释和回答问题的能力。

“评审时，学生需要仔细地倾听别人的意见并进行学习，按个人观点概括出有用的信息和事实……评审能够动态地展现出所有的改进情况；一般而言，它是积极的，但也常伴着忏悔和眼泪。无论如何，我们都会从中获益。”

——二年级时装导师　萨莉·卡伦达(Sally Calendar)

大多数学生和导师觉得评审过程是令人愉快的。看到你的设计完成并被模特穿上，同时看到相同的主题下其他人的处理及其得出的完全不同的结论，是很有满足感的。对目标达成情况的评价中常有很多不同的、相互冲突的意见，但如果事先你准备很好并且排练了演出，那就不用担心。评论的目的在于帮你提高认识和欣赏的能力，并解决你未来设计工作的潜在问题。

“如果你完全清楚自己想要的是什么，那么，一定是因为你已经仔细地考虑过了。它应当符合内在逻辑并且在概念上是正确的——所有的元素相契合并且决定了形式和色彩。然后你就可以离开了，因为这直接就是成品了，过多的揣测和反复修改只能是画蛇添足。”

——一位毕业班学生

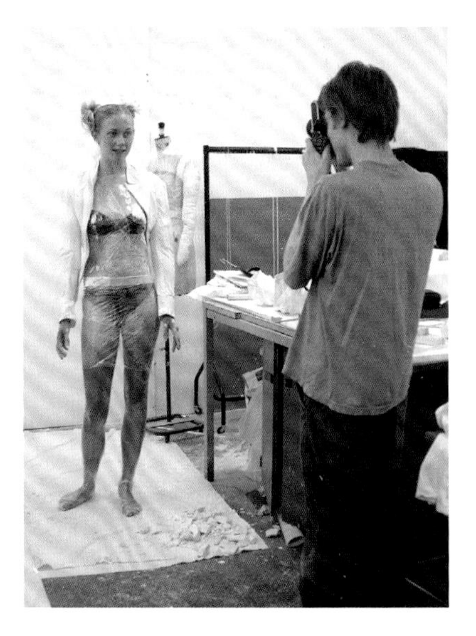

顶图：在创作过程中使用照相机记录片断是很有必要的，尤其是作品进行了很大改动的情况下。

上图：“展示和介绍”的环节可以锻炼你的表达能力以便在将来的专业环境里做到游刃有余。

在面料正式地裁剪和缝制以前，让模特穿上样衣并呈“一”字形排开，将有助于你选定最终的创作方式，也有助于你剔除或更换那些不够理想的设计，从而让整个服装系列更好地表现和达到整体上的视觉平衡。

评分体系

任务的最后期限、评审、自我评估以及最终的打分方案——这些都是大学深造阶段里非常重要的环节。你所要做的就是有效地安排自己的工作量，而不要首先就将最终的评审视作为是一道必须翻越的鸿沟。你可以被允许犯错，因为这是学习过程里至关重要的部分。记住，分数的给予只是为了确认并且让你更好地判断自己学习及工作的过程。评分体系必须是透明的、合乎逻辑的、正当合理的以及经得起推敲的。你不必执拗于分数的高低和评审的结果，而是将注意力更多地投向于自我的成长。在完成任务的过程中，有许多环节（例如组织拍摄、布置展览、进行访问或是谈话）通常是无法用分数进行衡量的，但是它们仍然是你学业中非常关键的部分。

评审的方式有多种多样，但是大体上可以分为两种主要形式：形成性评审和累计性评审。在一般情况下，一份评审结果总是同时包括了以上两个方面的形式。

- 形成性评审是通过反馈的信息和建议来促进学习的过程，以帮助学生达到更好的表现。它一般是通过学生和导师之间不断地用电子邮件或是更多的正式书写方式来实现的。

- 累计性评审是一项正式的评判方式，以分数或是分级的形式来实现，它根据你在学习阶段的产出来确定你的位置，通常是一种最终的评审结果。在过去，它常常以设计结果作为判定的标准。

评审出来的分数和分级也可以让更高一等的教育机构、政府、纳税人和企业了解到大学目前的教学水平及学术成就(有时是专业需求)，以便取得更高层次的教学质量。学生的学习成果可以让教师直面自己的教学成效，当外部条件发生转变时，教师就可以对教学资源和教学体系的有效性作出微调。

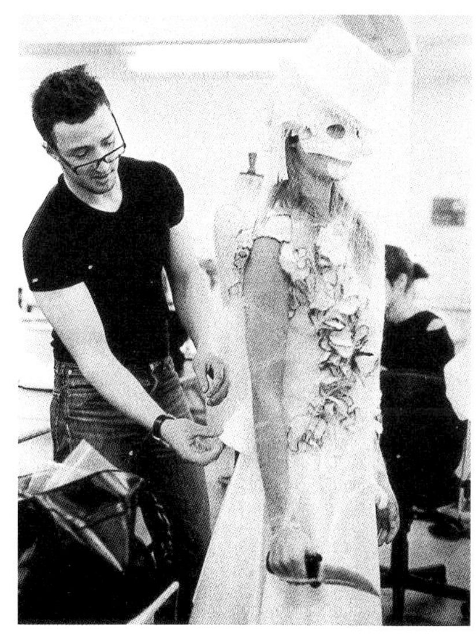

在评审过程中，准备和讨论时均应将设计作品穿在模特身上。

不同的院校和课程都有着各自不同的课程评分体系。例如在英国，学习的过程更加受到重视，比起最终的产品或是时装系列，它被认为是更加值得珍视和认可的。对待同一个特殊任务目标中的所有学生，必须采取一视同仁的、客观的评审政策。几乎所有的正式评审都会经由一人以上的教职人员来共同完成，并且送交学校的考试委员会来进行会议认证。对于一些评审对象而言，他们所提交的作品最好是以匿名的形式（通常只需要提供学号即可），这样一来，导师就可以"盲打"分数了。校外聘请的考官和学术专家或许会在与你不曾谋面的情况下就对你的作品进行修改，你所积累下来的分数会形成一份学习档案或者成绩记录，从中你可以看出自己的长处和短处，并且以此去向老师请教。最终，这些分数将会被换算成一种分级的形式。在一个任务团队中的学生无需给彼此打分。学生们所要思考的问题不是要和谁形成竞争对手的关系，而是专注于自己要达到什么样的目标。

保持积极的心态

对作品的批评和评论对进步是非常重要的，它们可以促进你改善。不要把对你作品的评价同个人的好恶联系起来，要控制自我主义。设计是不能强加于人的，它们必须用被人们接纳的方式。从令人失望的评价中恢复的能力同绘图和制衣的能力一样，是创造力武器的一部分。

别工作得太辛苦，调整自己的速度——人需要精力来发挥创造力。延时的、高强度的工作以及睡眠和营养的缺乏不仅无法让你多产，甚至还会阻断你的创造力。如果发现周围其他人都在忙碌而你却在原地不动或犹豫不决，这可能令你感到苦恼。然而你更需要耐心、帮助、休息或者一次灵感的突破，再来重新开始。

1993年，胡塞因·查拉雅(Hussein Chalayan)拿自己的毕业作品冒了一个相当大的险。他用纸、金属和磁铁制成衣服，然后将它们在土里埋了6个月，直至腐烂、生锈。在T型台上，由于使用了电磁铁，布料可颤动并出人意料地拉伸。

更多的专业读物和资讯

- Francesca Alfano Miglietti. *Fashion Statements*, Milan: Skira, 2006
- Janet Boyes. *Essential Fashion Design: Illustration Theme Boards, Body Coverings, Projects, Portfolios*, London: Batsford, 1997
- Lisa Donofrio Ferezza & Marilyn Heffernan. *Designing a Knitwear Collection*, New York: Fairchild, 2008
- Carolyn Genders. *Sources of Inspiration*, London: A&C Black, 2002
- Hendrik Hellige. *The Great Escape*, Berlin: Die Gestalten Verlag, 2006
- Anne-Celine Jaeger. *Fashion Makers, Fashion Shapers*, London: Thames & Hudson, 2009
- Brenda Laurel (ed.). *Design Research Methods and Perspectives*, Cambridge, MA: MIT Press, 2003
- Oei Loan and Cecile de Kegel. *The Elements of Design*, London: Thames & Hudson, 2002
- David Meagher. *Fashion Speak*, Sydney: Random House, 2008
- Penny Sparke. *As Long as it' s Pink—The Sexual Politics of Taste*, London: HarperCollins, 1995
- Petrula Vrontikis. *Inspiration = Ideas: Creativity Sourcebook*, Beverly, MA: Rockport, 2002

画廊及艺术代表作选辑网站

www.artshole.co.uk/arts/fashion.htm
www.arts.ac.uk/ntouch
www.dresslab.com
www.wgsn-edu.co.uk
www.showstudio.com
www.zoozoom.com
www.sowear.com
www.firstVIEW.com
www.inMode.com
www.trendstop.com
www.catwalking.com

第七章

毕业汇展及其他事项

毕业设计作品

最后的设计作品，通常称为“毕业设计作品”，是你在大学期间取得的个人成绩的缩影，也是把你带入专业领域的系列作品。你自己为毕业设计作品撰写说明是很重要的环节——写一份阐述你的设计思路，或是一份协助传达你的设计意图的设计说明。它将和你的画稿、挑选的织物和其他相关的所有资料一齐展示给指导老师，并很有可能也要展示给学校以外的评委，或者其他被邀请来讨论并协助你完成最终成衣的人。它同时可以作为“新闻发布”的内容传达给媒体、潜在雇主或购买者。

在这个阶段，你应该已能鉴别出你所希望为之设计的目标市场和人群类型；经过几年的学习你已经形成了自己的设计风格；你对将跨入的复杂而竞争激烈的时装业抱以欣赏的态度，在你的作品集中展示的所有的辅助工作、照片和效果图显示出你已经为第一次专业性的展示做好了准备。你将带着日益成长的自信心对织物、色彩及外形轮廓、设计细节做出决定。同时,你也获得了适合自己专项的各种服装制作的技能和技术性知识。

你的毕业设计作品应该具有强烈的视觉冲击力，并包含着重要的思想性和较少的戏剧性。当你的设计在展示会上获得认可后，就可以进入打样阶段。在作品未成型及样衣获得专家的认可之前，你的设计很可能需要进行一些调整和修改。在款式定型之前，你需要不断地对作品进行反思。对一些设计师来说，实际制作他们自己的作品是最令人愉快的事。

“一个系列作品最终可能与你初期的构思完全不同。这是非常难以控制的：它有其独特的生命轨迹，它会从你手中跳出来。在展示的当天，当一切都准备就绪后，你会发现它们已经变了。你会想：‘这是怎么回事？’”

——设计师　苏珊·克莱门茨

校园作品会演

知名设计师的时装展与学生的作品展明显不同。专业的时装发布会，其目的是使买家和新闻媒体对一个新的商业系列作品先睹为快，同时，它会成为杂志的图片和话题来源，进而还会逐渐演变成一场娱乐风暴。而校园作品会演的主要观众相对而言以教师员工、学生、家长及少数寻找新雇员和构想的赞助商和制造商为主。一些学校认为，大部分人在以后的职业生涯中会遇到时装展，那么毫无疑问，在校期间举行模拟时装展是非常有指导意义的。对工作进度的安排和整合的能力是学生未来事业发展的基石，两者将从其毕业作品中得以体现和验证。

为自己的毕业设计作品努力工作时，你会自然而然地产生出“把作品如何如何”和“怎样才能在T型台上取得最佳效果”的诸多构想。记住，作品会演是为许多人准

备的展示舞台，因此不可能像展示单个设计师的产品那样进行精心和特别的策划。因学校的资金有限，在尽力满足学生意愿的同时，也需要最有效地利用模特。但是，你仍可以对模特的类型、肤色和高度及所用的音乐和饰物有一定的选择余地。

并不是所有时装学校都认为在T型台上检测或陈列学生的作品是合适的。因为时装设计的许多方面限制这种形式的展出。然而与稍纵即逝的绚丽的T型台场面相比，所有的时装课程都更倾向于出版一个好的、看起来颇为专业的作品集。学校通常也举行年末的作品展览，感兴趣的人和制造商也会受邀参加。现在，时装课程越来越注重新技术的运用——例如，数码摄影和互联网，它们会帮助学生更广泛地提高自己的技能。

上图：化妆和做发型。

对页图，上排左至右：正式展演之前，务必重排一遍，以计算所需要的时间。
凯利·汤森德（Kelly Townsend）的设计作品。
会演开场前的最后调整。

对页图，中排左至右：这是近期所举办的一场计划外的毕业生作品会演，设计师是路易斯·盖里（Louise Gary）。如同汽车拉力赛上的机械师一般，后台的穿衣工通力协作以确保模特能够及时地按照正确的顺序出场。

对页图，下排：对于那些对未来充满憧憬的设计师来说，这是令人激动不安的一刻。

关于毕业会演的一些小提示

试着保持简单的构思——尽量不要让服装过于花哨，也不要让那些燕瘦环肥的模特抢了镜头。一个清晰的轮廓、色彩和设计的偶然组合会产生意想不到的效果。

尽量让你的作品呈现出完美的视觉效果。例如，你希望模特在舞台上是单独、成对还是群体出场？是走得快一些还是慢一些？脱掉服装的一部分还是摆个造型？

务必事先与指导教师进行详尽沟通，告诉他们你对表演的想法——避免仓促的表演被扣分。如果事先对整个展示过程进行有效的安排和计划，一切就会按部就班地进行，直至达到最佳的效果。

非专业模特——无论多么漂亮或受人喜爱——常常会因为站错位置、走台欠佳或自我意识过强、与他人抢镜头而破坏整个会演效果。所以必须要对他（她）们进行事前的排练，才能够检查和纠正其中的坏习性。

模特也有自己穿衣服的原则：一些人会拒绝穿过短或过于暴露的服装，另一些人则会拒绝穿他（她）们觉得很傻或很丑的服装。使用一些策略，比如交换邻近的衣服。如果所有方法都无效，那就只有哭的份儿了！表演间隙，模特必须迅速地更换衣服。值得注意的是，复杂的装饰，例如连裤袜、腰带和首饰等，其穿戴和取下都会很费时费力。模特们换衣服的时间需要受到监督，否则时装展的流程会因此受阻拖延。你可能会通过乞求、借用、租赁或者分批付款等方式来支付那些昂贵的饰物和配件的费用，因此须事先妥善安排这些事宜。

会演的组织者通常会设置一组专业的“穿衣工”，因此即将开始前，你将被禁止到后台去检查各项工作是否已准备完毕。此时，描绘和列出每件衣服的穿着方式和如何搭配就显得十分重要。要确认穿衣工和模特已经充分了解了你的设计意图。多准备几套紧身衣或连裤袜，因为这些配件在排练时很可能受损或丢失。把能固定在成衣上的任何配件都尽量粘上去或用别针固定好。解开衣服上复杂的绳、带等系合物，并向穿衣工说明清楚。有些“概念性”的时装需要设计师亲自向模特和穿衣工演示穿着方法。

如果你想装饰发型，不要忘记，衣服的领口必须能够让头部快速且容易地通过。一些学校坚持在整个展示过程中模特自己保持一种简单、光滑的发型，因为这种式样能够戴上假发或帽子，但要注意——没有比滑溜溜的假发看上去更傻的东西了。你必须服从于适合所有学生的模特妆容的安排，除非你有自己的模特或者你是最后一个使用模特的，并且能够在换衣服的间隙中迅速化妆以做出特别的效果。

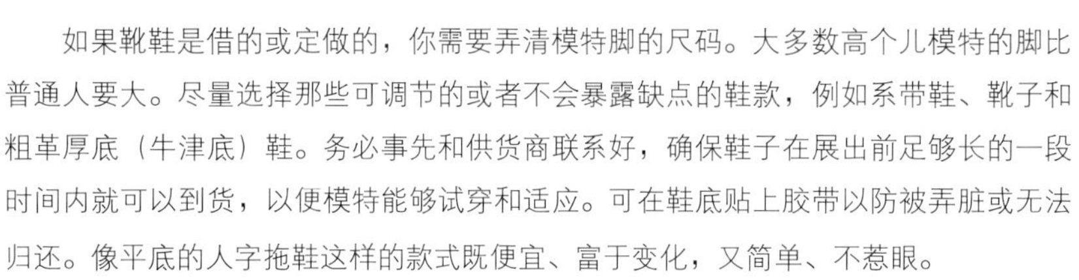

如果靴鞋是借的或定做的，你需要弄清模特脚的尺码。大多数高个儿模特的脚比普通人要大。尽量选择那些可调节的或者不会暴露缺点的鞋款，例如系带鞋、靴子和粗革厚底（牛津底）鞋。务必事先和供货商联系好，确保鞋子在展出前足够长的一段时间内就可以到货，以便模特能够试穿和适应。可在鞋底贴上胶带以防被弄脏或无法归还。像平底的人字拖鞋这样的款式既便宜、富于变化，又简单、不惹眼。

你要为作品秀挑选背景音乐。你要尽量保证在一段确定的时间内，这段背景音乐既不太长也不太短。至少提前一个月试听那些备选的音乐，并试着随音乐走台。要尽量避免那些前卫派的音乐，因为它们通常十分乏味、吵闹或缺乏旋律感，往往使人感到烦躁而不是愉悦。

特殊的舞台效果能为你的设计增色不少，但如果使用不当，也会毁了你的整个设计。例如，干冰有可能会刺激观众，令他们咳嗽或是眼睛疼痛，过浓的烟雾有可能完全遮蔽了舞台上的服装作品。你的一些想法可能由于健康或安全的原因而遭到拒绝，所以在租用任何昂贵的设备前，要先核实一下是否可行。洒水、闪光、掷鲜花或牵狗等场景的设计最好留到最后使用，否则，整场展示模特们都会走在T型台上的杂物堆中。展出后要快速地将饰物整理好，因为后台会很混乱，零碎的小配件很容易被损坏或丢失。

“一切结束得非常快，你用了三四年的时间来学习，可是只有三四分钟就展示结束了……”

——一位毕业班学生

顶图（从左至右）：毕业会演通常会在一些现代的展览场馆里举办。
即使是为学生举办的时装秀，也应当为来宾安排好座次，同时做好充分的保安工作。会演场馆外簇拥的人群。

上图（从左至右）：在会演开场之前，要让模特们一字排开，以便查看服饰配件是否齐全以及服装的整体效果是否最佳，而模特们也是最后一次被告知走台时的注意事项。
卡恩·弗兰克林（Caryn Franklin）和希拉里·亚历山大（Hilary Alexander）在宣布毕业会演周的获奖作品名单。
由业界专家组成的评审小组会在最长为两年的时间内为他们所挑选出来的毕业会演获奖者担任就业指导老师。图为获得“Canu Cut It”大奖的设计师藤本星野（Akari Fujimoto）。

对页图：极富戏剧效果的压轴作品。设计师是丽贝卡·杰恩·卡朋特（Rebekah Jayne Carpenter）。

学生作品展览

上图：媒体的记者会采访那些作品较为出色的学生。

学生在获得时装专业和纺织专业的学位前，通常需要做一个关于毕业设计方案和作品集的小型展览，以便被进一步评价成绩。这些年来，这种评价展已发展为令人兴奋的展览。它由最初只对学生家长和受邀请的名人开放，逐渐发展到对公众开放，有时还会收费。展示的标准和技巧日渐提高，因此对大部分事项，必须做预先细致的安排。

通常组委会只给学生大约一天的时间准备展台和悬挂展示的内容，特殊的展板、灯光和橱窗陈列都必须预先和校方人员讨论。照片、图片及精美的幻灯片展示或录像片段需在几周前组织好。如果展示成衣作品，则务必要确保有衣架悬挂。衣服上要有学生的姓名标签和活动标牌，这样它们就不容易丢失并且看起来更专业。图片和学生名片应该有一个统一的整体风格以便人们记住其作品。织物样品也可以用同样的方式标明，其展出形式要尽量突出它们的优点。另外备一个架子展出学生的作品集。

此时，要试着让别人知道你的个性，但注意不要弄乱展示厅——空间越小，展示应越简洁。素描本和技术性的作业应该码放整齐以便于打分，但出于空间和安全的考虑，通常在对公众开放期间它们会被移走。展览期间，你需要不时地亲临现场以确保展区安全和整洁，同时还要回答参观者的询问并宣传自己和他人的作品。展览过后，你要根据提出的所有询问重新安排作品集，并以此开始寻找你的第一份工作。

毕业作品橱窗展览

大部分时装专业和纺织专业的学位课程是在其学生及该产业之间搭起的桥梁。毕业生时装作品的展示会是签订合约、获得关于学生作品的反馈以及观赏和学习他人作品的极好机会。它会有由赞助人和企业界的观察者授予的具有威望的奖项，并且有报社、电视台、时装星探和设计师出席。这可不是轻松的时刻——如果你希望从众多充满才华的“希望之星”中脱颖而出，你必须坚持在场，并发挥出最佳状态。

下图：获得奖项无疑是对你辛苦工作的最佳回报，将这段经历写入简历或是个人履历中，它将有助于你的求职生涯。

出售你的系列作品或艺术创作

如果你向公众展出你的作品，那么在展览中准备好名片和一个小本子。接下来，你可能会接到一些订单合同和关于作品是否出售的询问，因此提前给作品制订价格很有必要——因为对你的服装作品或是绘画作品感兴趣的现场发问者会使你很难在短时间内给出成本报价。你很有可能被恭维，特别是被社会名流或者模特，也许你会因此不由自主地降低作品的价格（虽然名流买家会在适当的场合穿着你的衣服，但他们也和大多数人一样，希望得到免费的服装）。为了避免这种尴尬的情况发生，你在同意出售作品之前，需要仔细考虑以下的一些因素：绝大多数情况下，你不要急于回答是否或以什么价格出售，而是起草一份细节的合同——但内容不要过长。你的系列作品是独一无二的，并且是你的心爱之物，你花费于其上的时间和金钱可以用客观的价值来体现。打入你银行账户里的钱要足够支撑完善你的系列作品，要知道只有将作品认真地完成，才有机会吸引一些赞助资金。另一方面，你的作品受到好评当然是一件好事，但是过高的定价会影响你的整个业绩。几个月以后，当时尚风潮开始转变，作品将逐渐失去优越性，因此能够及时获取现金同样重要。

如果买家拥有一家自己的商店或者公司，你可以建议对方将你的作品当作样衣收购并继而进行批量生产；或者，你也可以进行小批量的复制。这种情况下，你应该和导师商讨——因为学校会有一些著作权方面的规定，或是校方聘请了这方面专职的代理人代理此种事宜。他或她可以帮助你制订一个双方都满意的价格、帮你解读合同文本中的条款或是指出哪些地方还需要再修改、明确知识产权的范围或条件。在展览的末期，甚至在展览结束后的几个星期才交付作品是很不明智的行为，因为你那时仍然免不了要面对评判、面询和自我陈述等一系列的评审过程。最后，确保在毕业作品集中保留你毕业作品的照片；你也要学会和买家讨价还价，以便在需要的时候仍然能够拿回你的作品参加公开展览；交易过程要按照严格的正规程序进行，选择安全的支付方式（通常现金交易和电子转账比支票安全一些），给对方出示收据，并将已经售出的作品包装好，以免它们在运送过程中受到损坏。

顶图及上图：如果在后台待命，学生们一般无法看到服装在T型台上的效果，只有事后借助录像来了解情况。
将布告牌设计得有别于他人——这对你的表达能力是一项挑战。图为设计师妮娜·米尔尤斯（Nina Miljus）的创意。

你的作品集

一开始，准备一个专业水准的作品集很重要，因为它可以平面地、有序地、携带方便地保存你的设计和艺术作品。如果你能负担得起，最好买两个这样的公文包（一个日常使用，一个在面试时使用）：A1（84.1厘米×59.4厘米，33英寸×23.5英寸）尺寸的公文包只适用于大型作品；A2（59.4厘米×42厘米，23.5英寸×16.5英寸）或A3（42厘米×29.7厘米，16.5英寸×11.8英寸）的公文包似乎更便于携带。避免抱着笨重的作品或素描本到处走——虽然这可能比较有趣，但看起来不够专业。你应该将特别好的作品复印后，将其放进作品集里。

最好在弹簧夹中间的突起处套上塑料的透明活页以便于重新排列。估计一下你需要用多少张活页，太“空”或太“满”的作品集都会让人觉得外行。在纸张插入塑料活页前，将你的作品按照类别排列一下，将所有的页面进行排版是很好的主意。仔细权衡哪些页面放在右手的一侧，因为人们通常会更注意这一侧。

一些学校为了方便评价，可能要求按照年代的顺序排列作品。

上图：如果你在“毕业生时装周”参观学校的展台，那么你就能知道对方能提供什么了。

然而，为了达到最佳的视觉效果，你应该将作品分为“最好”、“次好”和“一般”的不同等级，如同对杂志中的文章那样编辑和编排它们。最吸引视线的作品放在开头，紧跟着好的作品一直延续，最后以强烈的“对话片段”结束。应保持每页的方向都是相同的，因为在观看时如果一直不停地转动头部和翻转整个公文夹会令人疲倦。不要弄乱你的页码——你很熟悉自己的作品，但第一次看你文件夹的人可能会被搅昏头。你应该在每个部分都简要清楚地列出关于研究、发展设计和组织情况的说明。每个单元之间用一张空白的纸张隔开。

确定整体的版面和式样。整个本子应该看上去像一个人的作品，并且展示出你的优势而不是暴露你的弱点。页面经常会使用一张黑纸作底以便更好地衬托艺术作品。过于频繁地变换背景色不是一个好主意。中性色调通常是最明智的选择，太多黑色会使人感到沮丧。以活页夹中的纸作为标准尺寸，其他的纸也要裁成这样大小。

你需要在作品的边缘加上边界来保持整齐有序。同时，把艺术作品的边和角粘起来，以方便以后的移动。松散的或简易的固定方式可以让你重新编排作品的位置。并不是所有的作品放在透明的活页中都有好的效果，因为聚乙烯的薄膜会使鲜明的颜色变得暗淡。如果你制作了漂亮的织物，将它们自然地放置会好些。

每个设计方案应有清楚的释义，标题有助于你清楚地表明每部分的内容。确保你在单独的一页纸上，而不是直接在艺术作品上书写标题。如果面试的考官纠正你的拼写错误将是一件很尴尬的事，所以你应仔细检查每件事。虽然手写体看起来较放松，但如果用计算机处理会显得更专业。标注和标题要尽量简短，但是如果你需要把作品集留给某人，则最好写上足够的文字使其能理解作品的构思。作品上不要标注日期，因为这样会使作品显得过时。

对项目部分的介绍，用拼贴图看起来效果非常好，但如果这些拼贴图过大，最好将其彩印下来。有趣的是，彩印有时比原件效果还好。一些人喜欢用激光打印整个作品集作为归档材料，同时也保持其连续性——这样看起来会更加整洁。将画稿缩放为同一个尺寸会更加统一，也显得更加专业。作品集应当包含清晰的、构思完善的效果图，也要包含能够表现艺术精神的草图或已完成的图稿，并且应力求在两者中寻求一

对页图（按顺时针方向）：展出作品集的文件夹供时装界的人士浏览。
金色的路易斯椅是沙龙展示会上的经典座椅，在这里被转化成为陈列个人作品集的道具。
针织衫展示出来后很难使人不伸手去触摸。
对于你和你的作品来说，商业名片是和买家及潜在雇主联络的最基本工具。内容包括：姓名，所学的专业，电话号码（如果可能的话，最好留下家中电话和手机号码）以及电子邮件的地址。如果你设立了一个展台，那么更有利于人们索取你的名片。

下图：一幅充满活力的摄影作品或是一个系列作品的记录图片也许花不了太多钱，但是它们却能够大大地提升作品集的内在品质。图中是（Heo Sung Sohn）的设计。

对页图：尼区设计。

种平衡。改变一个页面中图的数量、尺寸以及所用的表现媒介，其目的就在于要尽量展示你对于不同季节、不同色彩的服装设计的多样性。

反复检查作品集内容的排列顺序，保证其足以吸引别人一直翻看下去。如果你没有机会与人进行交谈，给对方留一张折叠的、便于从作品集中抽取的优秀作品会很有帮助；或者，你留下一张作品的复印件并附上自己的名片都会引起人们注意。

还有一些其他的展示作品的方式，例如，你可以用便携式的幻灯机展示幻灯片，也可以制作一张数字化的作品集和简历并用光盘的形式提交。但注意，你不要把最好的作品放在光盘里，但可以放一些有纪念意义和令人印象深刻的作品。

你有针对性地申请一份工作时，作品集应以最能吸引人的方式来组织和宣传自己。你要研究这个公司，找出近年来生产什么产品和公司的销售目标是什么。站在将要欣赏你作品的人的角度去审视你的作品。

就业定位和工作实习

突然间被推到职场中的毕业生，自然会有一些不适应——这是不可避免的过程，但是如果准备充分，一切都将迎刃而解。在校期间，你可以及早开始建立自己的事业网络，寻求工作经验或制订就业计划。至少你可以试着在感兴趣的公司里从事短期工作。一些学校备有综合课程——在整个学习期间，学校会安排学生在某些企业单位进行长时间的实际工作，这被称之为就业定位或产业实习（Lntership）。这是了解和直接观察不同职业和角色特征的途径。

通常，实习期的报酬不高，但这个经历本身就是极具价值的投资。你在工作室新手的位置上工作，基本的任务可能涉及处理样衣的一切事宜，比如钉缝标签和纽扣、接电话、煮咖啡，甚至出去买三明治。实习期间，你似乎不太可能有机会对公司的主要设计事务出谋划策，但是如果你够机灵的话，试着证明自己的能力，你就会被赋予更加复杂的工作和更加重大的责任。

实习阶段，你的个性和自我表现应当控制在一个安全的范围内，否则有可能会被他人取代。一个守时、井然有序、工作努力和举止良好的实习生将会受到推崇。多交一些朋友，他们可能成为你未来人际关系网的一部分——他们中的一些人也许会乐意在资金或精神上给你关照或赞助。许多学生在毕业后被实习公司召回工作，担任有较丰厚回报的初级设计师一职。

“实习是最美妙的一段时光。刚开始我非常紧张，而且不敢与设计师讲话，但人人都很友善，于是我很快便融入其中。看着一个系列设计逐渐完善并且知道其中还有我参与的部分——那种感觉是最棒的。现在我也知道如何在巴黎发展，我真的已经能得心应手了。”

——一位三年级学生

通常，学校会要求你写一篇关于公司结构、产品性质及工作自我评估的报告。因此保留工作日记以及向你的同事寻求有效的信息和材料是一个很好的主意。你的雇主也会对你在工作期间的表现给予书面的评价。

尽管个人档案具有私密性，但你的雇主总会希望了解它们，因此你要注意把握其中的分寸。你的雇主或许还会针对你的工作表现填写一份表格或给出一份口头的评价。实习期满，你将有可能会将到学分的嘉奖，你可以把它们都写入个人简历中。未来雇主都倾向于聘用那些在产业领域已积累了一定经验的雇员，如果拥有这样的经历，那么你在就业时会具有优势。实习阶段的优势在于，你能够以“低成本”的代价验证自己在这个产业内究竟“适合”或“不适合”做什么。你可以发现自己的不足之处，也可以为心目中理想的职业岗位加强技能的训练，还可以考虑研究生学历的深造。

研究生阶段的学习

取得第一个学位后，你或许希望能够出国留学或是更深入地学习专业技能。或者，你希望能够“术业有专攻”，在例如市场营销、运动服装、计算机辅助设计或是其他的时装设计项目上有所建树，而这些项目在偏重于培养艺术修养的本科阶段往往不被单列出来。因此，你将会有更加广阔的研究生深造的选择范围。做此申请之前，你要向大学或者学院了解专业的基本状况。在这个更高一级的学习阶段，你会被要求对所学专业进行更多的知识储备。课程的安排是以假定你“已经完全掌握了时装设计的技巧”为基础展开，并且不会给你太多的时间追赶其他的学生。你在申请攻读学位前会被要求提交一份学习计划。如果有可能的话，你最好去参观欲申请专业的毕业展览，或者在学校的“开放日”走访相关部门并进行详尽的咨询。艺术学的研究生学位，特别是时装设计的硕士学位，一般比理工及人文学科的设置要少得多，但很多学校都会将它归类于社会学或文化学的范畴，也会针对时装设计研究而设立时装营销专业和纺织品开发专业，还有很多大学或者学院会提供在职研究生的学习。

规划职业生涯

建立工作关系网

每年的六月，都会有大批时装设计专业的学生从学校毕业并走上工作岗位。毕业后的最初几个星期可以被视为假期，但很少会有毕业生真正地享受假期的宁静与放松——这期间有大量的雇主会参观毕业生作品展，分发求职信和进行面试也在这段时间进行。如果用人单位对你表示出兴趣，那么你要和对方的管理层进行积极互动；如果没有收到对方的反馈，你也不要感到沮丧，最重要的是目标明确而不要朝三暮四。创意设计师的队伍总是人丁兴旺，因此一些公司的高级职位是不会公开招聘的。理论上有专门的机构来进行人才的挖掘，实际上更多的工作机会是通过推荐而获得。推荐有时来自于学院的老师，有时来自于事先的接触，还有的是“猎头”公司从竞争对手那里“挖”来的。时尚业是一个稳定系数极低的行业，而许多人也正是乐于其中。

你在积极找寻工作时，要安排好时间和行动计划，同时也别忘记提高自己的专业技能和总结在兼职或学习期间所获得的经验。要学会在电脑上操作关于商品交易、生产流程以及市场推广等一系列的工作，其中，微软公司的Word、Excel和PowerPoint是必须掌握的软件。这些通用的技术可以从除了时装以外的众多渠道中获得。你要时刻关注产业新闻，了解周围所发生的事件，也要积极参观商业展览。第一份工作往往是极其重要的，因为当你“迈进大门”后接下来才会获得更好的职位，你只有身在其中，才会有机会打听到或获得那些更好的工作机会。

就业前景

就业形势随时在发生变化，而高失业率的情形依然存在。最近几年的毕业生似乎越来越难找到理想的职位，许多人不得不接受一些短期的、初级性的工作或是兼职的工作，甚至是以自由职业者的身份生活，而这些工作的薪酬往往都非常低廉。根据英国、欧洲和美国政府部门的统计显示，到2000年为止，西方国家的时装及纺织工业所能容纳的从业人员数量迅速减少了20%，到2012年这个数据预计将会达到69%，而造成这一局面的罪魁祸首则是货币的通货紧缩、廉价劳动力转移以及2008年次贷危机的爆发。然而，这种经济衰退在全球范围内并不是均衡蔓延的，像中国、俄罗斯和巴西这样的新经济体的崛起反而迅速带动了土耳其、罗马尼亚、印度、哥伦比亚、南非和墨西哥经济的发展。产能下降的直接后果是，失业者主要集中于技能不熟练者和制造业内的全职岗位。但可以预见的是，像前期产品设计师、信息技术员（电脑工程师）和高级电脑辅助设计人员、生产管理者以及高级时装所依赖的传统手工艺师等技术含量较高的岗位会继续受到市场的热捧。

人才需求增长的领域包括了产品开发（包括设计和技术方面）、剪裁及排板、计算机辅助设计、手工缝纫、管理学、逻辑学和零售等。在男休闲装、运动装和童装领域内，出于对产品进行持续创新、扩大生产以及有针对性地开发40岁以上人群特殊型号服装等目的，纺织设计师和时装设计师的需求量不仅不会下降，反而还有可能攀升。否则，设计师之间的职业竞争也不会如此激烈了。

一项由普林斯顿大学提供的关于就业状况的调查中指出：在16万人中才能出现一个世界级的时装设计大师。只有1%的服装设计专业的毕业生真正地继续从事设计，70%的人则从事了其他相关的职业——以生产、零售和管理居多。由此可见，创意领域有着一个大跨度的就业选择机会。你对现实状况和自我的评估将有助于进一步进行自我完善。大约50%的毕业生在五年之内弃这个行业而去，因为他们对自己的就业经历感到失望；还有大约15%的毕业生会继续研究生课程的深造或成为一名专业教师。在进行职业生涯的规划时，你要充分考虑在研究生阶段的资金来源以及进一步接受培训的成本问题。对于那些已经获得成功的或是顶级的服装设计师、管理人员以及销售人员而言，他们的薪金会逐步提高，工作状态也会变得更加令人满意。由于长期处于对成功的不懈追求以及总处在不断地开发新产品的压力下，工作10年以上的人通常都会有一种“被耗尽”的疲倦感。营销专家通常会运用多变的技术改变商业策略或商品方针，因此，必须以现实的态度和积极主动的方法来规划你未来的职业道路，同时要善于抓住那些出现在你身边的机会。

工资

女性占据了时装产业从业者的绝大部分，但是她们的薪酬通常都很低。另外，大约有75%的零售人员也都是女性。在英国，女性在成衣业里占有58%的人数比例。预计到2012年，全球女性的受雇者人数将会是新雇用男性人数的4倍。在西方国家，雇用法是严禁性别歧视的，同一工种支付给女性员工的薪酬必须与男性一样；然而这 规章制度所带来的结果却是：一些工种逐渐被划分成为男性或是女性所专有的了。近年来，如果不能够在员工薪酬和劳资条件方面承担更多的社会责任，这个企业将会受到舆论的谴责。目前，从前的血汗工厂在员工工资方面也有所改善，企业对于自己的行为也向社会增强了透明度。

由于设计师和管理者职位的薪酬上升空间非常有限，因此这些岗位的工资差距已经变得很小了。在英国，一名缝纫技术师的年平均工资大约是11300英镑，而资深的缝纫师和剪裁师每年大约能赚到17000英镑。一名服装工程师或者生产管理者（特别是那些懂得计算机程序的人）每年大致可以有25000英镑的收入。一名初级设计师的工资往往是比较低的，每年在12000～14000英镑（比美国设计师每年32000美元要高一些），但是这一数字在五年之内会得到大幅度的提高，英国的设计师年平均工资可以达到30000英镑（还是要比美国设计师每年50000美元高一些）。随着资历的加深，英国设计师的工资可以提高到大致每年60000英镑，而美国设计师的工资会按照每年10000美元递增。事实上，绝大多数受雇者的工资都不可能达到一个很高的水平，在2008年时，大约有四分之一美国服装设计师的全年工资低于42000美元，而行业整体的平均年工资为77840美元。高级别岗位的工资会高一些，特别是在纽约和巴黎这样的城市，扣除税款后的工资必须能够维持高昂的生活成本。对于顶尖的经理人、设计师、买手和品牌销售代表来说，企业通常会采用奖金激励制度以及分红制。全职的员工还会享有带薪假期，并配置有交通工具，同时还享有置装费、人身保险、公司养老金计划以及其他各种各样的就业津贴。

真实的工作环境

对于工作环境和工作时间，公司之间常常有着很大的差别。“朝九晚五”仍然是普遍的工作时间，但是大一些的公司可能会希望更加灵活的工作机制——现在的许多零售商店在周末都会24小时对外营业。在欧洲，大多数时装公司和服装公司都是以小型企业的形式存在，而在美国，服装从业人员的雇主基本上是联合的大企业和大工厂。你可能会被要求加入一个团体。在设计和管理的职位上，由于对工作性质的描述是含混不清的，因此其工作机制也随之变得灵活多样。一般来说，设计师每周平均的工作时间为55个小时，这大大超出了欧共体国家对于限制每周48小时的工作时间的规定。如果你对工作时间感到不确定，最好向公司索要一份书面的作息时间表以及一份

作为一个以毕业作品秀而受到媒体追捧并由此走红的设计师，克里斯托弗·凯恩（Christopher Kane）的例子实属少见。两年之内，他已经推出了一个商业性质的产品线（左图），而由其发展出的副品牌也在时尚零售Topshop里占有一席之地（右图）。

明确你职责范围的书面材料。从法律的角度讲，雇主都应当出示关于劳动时间、法定节假日、病假以及其他酬劳补给的方面合同条款和书面说明。当行业的外围条件变好时，常常会因为交货期、新货发布和季节性货品转变等因素导致额外的加班加点。公司健康和安全的规章制度使工厂或工作室保持良好的安全性和卫生性，但是由于机器会发出噪声，因此缝纫机和计算机辅助设备常常被摆放在固定的位置。销售人员一般要站立很长的时间。如果你的资历和个人资质非常适合于你选择的工作岗位，那么你或许能够进一步地发挥潜在的特长，例如：守时、谨慎、忠诚、产业内的关系网、人际关系、社交能力或是权威性、善于记住别人姓名的记忆力、能够进行详尽而睿智的自我表达能力等。小型服装公司和销售的岗位通常会要求职员拥有驾驶执照。设计、生产、管理和面料采购人员的工作并不局限于办公室中，他们经常要出国进行考察和谈判，因此，会说外语是很有用处的——这似乎也是让老板欣赏你的唯一途径。销售代表和面料设计师要与海外的代理机构或客户建立紧密的联系，因此他们会频繁地背负着沉重的面料样本参加商业展览和走访客户。任何一个雇主都希望雇员是充满热情的和有韧性的。

自主创业

在英国和美国进行的统计表明，有40%的设计师选择了自主创业，还有越来越多的人则选择了兼职的工作或是成为一名自由职业者。调查还显示，经验相对丰富的毕业生似乎更加难以适应那些专为新人提供的低等职位，因此不少人宁可选择自主创业。好在新的媒介形式已经引领并提供了全新的工作模式，尤其是像数码及CAD产品服务、时尚平面设计、网络写作和网络管理等工作都非常适合于在家里或是以兼职的方式进行。尽管如此，自己创业的过程大约要比给别人打工艰辛好几倍。自主创业意味着面临更多琐碎的事，包括不断地寻求投资和业务、保持收支平衡、寻找外派职员和员工以及处理账目和税务等事宜。拥有一个好的设计点子并不意味着就能够挣到大钱，你必须能够发展出产品并且进行销售以及一系列的财务知识，或者你有能力支付薪酬让别人来帮你完成这一系列商务活动。损耗或者低利润在创业的早期或许会很明显，但是一个成功运营的企业最终总会带来丰厚的利益回报和极大的个人满足感。有很多地方性或政府性的创业基金可以帮助你开拓自己的事业，还有许多优惠条款让你可以在创建工作室和组建公司的过程当中获益。因此，在你做出自主创业的决定之前，一定要仔细地调查研究投入成本和其他所有相关的事项。

职业道路

五光十色的时装界会使人产生极大的不真实感。最后的毕业汇演让你感到热血沸腾并对前景充满了期待，但是，你也应当做好失望的准备，因为只有极少数幸运的人能够从毕业展中脱颖而出，从而走上“光明大道”。寻找工作时，通常你可能从底层做起，工作将会很辛苦，离你的人生目标也会很遥远。仔细考虑一下，什么是你想要做的工作以及为什么你要在时装业中追寻自己的职业理想——这都将有助于你安排自己的事业计划。在一个注重员工个人发展的公司里谋取一份低报酬收入的工作，比接受一份短期内薪水较高却不给员工发展空间的工作有意义得多，因为前者可以提供更多的培训机会和更加广阔的个人发展空间。初级的工作可能让你暂时无法进入设计领域，但却可以锻炼你的基本功和责任感，也会增加你的个人阅历，当你日后寻求更高职位时，它便可助你一臂之力。第一份工作很重要，一个好的开始和一个好的参照标准可以避免你在前进的道路上自恃过高。

实际上，只要你有创意、技能和学识，除了设计师的职业之外还有很多职业种类和就业机会可供选择，例如从事技术工作，其中一些和统计学、逻辑学的关系紧密；还可以从事高层面的社会公关活动，例如与新闻媒体和出版社联络等。由此可见，可选择的范围是很大的。有很多人是以全职、兼职、自由职业的状态担任顾问的工作。在时尚界，职业的种类有很多层次，围绕着一个时装主题展开的议题也是多种多样的，下面列举出一些主要的工作领域，在第250页还有一份单列的目录供你参考。

女装设计师

一些毕业生会在离校之前出售他们的毕业作品。图中为一组静态展示的毕业生作品，承蒙科尔切斯特（Colchester）艺术学校提供。

只有很少的极具天赋的毕业生一开始能够成为女装设计师。你最有可能从设计助理开始做起，通过努力地工作缓慢地逐渐靠近你的目标。

如果你受聘于一家目标为中级市场的服装公司，公司会要求你拿着效果图和设计说明书与技术人员及销售人员沟通，同时会给你的工作设定一个“最后期限”。公司相信你能够充分地考虑和尊重公司的风格路线、品牌效应以及设计预算，并能按照目标市场的品位和成本预算创造出大批量新颖的、值得期待的、回报率高的时装产品。以上的技能，你可以通过完成一系列的任务来习得，例如，为面料或辅料编写目录，熟悉和检测板图，进行成本核算和产品范围的制订——这些都是你提高职业素质的工作。想要升职，那么韧性、责任感和团队协作精神必不可少。你要通过对消费品市场的分析、阅读各类杂志和感受市场的影响紧跟当下的时尚潮流，而这些工作都需要占用你自己的私人时间。早期的低薪酬或许会使你不得不谋一份兼职的工作。

设计师的日常工作包括：寻找合适的代理商，挑选面料和辅料；建立设计主题；在样衣制作阶段协同打板师及样衣师共同工作；在试衣阶段对最初的设计意图和服装结构布局进行修正。如果你在设计室里担任了较高的职位，那么你要监督其他设计师的工作；与销售部门进行沟通；解决服装制作问题和面料问题；会见重要的客户；参加商业展览并与客户签订合同等。你可能要承担设计项目中的一个部分或是一个系列的产品开发，因此你不要忘记，你所负责的服装应从轮廓、造型、色彩、整体风格和服饰配件方面都要与其他的产品保持“一致”或“配合”。在新潮与经典之间找到平衡，选择相互适合的色彩及面料——这些都是你的工作范围。你应该具有良好的组织能力、逻辑思考能力以及产品的研发能力。在大型的服装公司里，你也许总是和某些固定的人打交道，因此直到升职为设计总监之前，你或许有一种总在原地踏步的无成就的感觉。成功地占领中级市场的设计师的名字总是被保密，这是为了防备那些猎头公司而采取的措施。

不是所有的服装公司都拥有自己的设计师。目前，对于自由设计师的需求在不断地增大。自由设计师一般都在家里工作，但是很多服装公司希望他们能够在短时期内与一个积极上进的团体共同协作。尽量树立起一个良好的工作形象，包括可靠的时间保证、熟练的专业技巧、灵活而刻苦的工作态度。自由设计师可能会集中某一段时间加入到公司的高强度工作中。这可能会是一种令人兴奋的工作状态，但其过程也会很紧张。许多任务也许会因为缺乏帮助与回馈而得不到有效的回应，而你的设计成功与否最终由销售业绩决定。雇用自由设计师的好处在于，在决定将对方聘任成固定职员之前，服装公司能够对其工作能力进行考察。最普遍的操作方法是双方签订一份书面的工作协议，并且以行业工作标准和工作业绩期望值为参照，进行每日的工作效率评估。谈判技巧和网络操作是自由设计师的基本能力，即使工作中出现令人不愉快的状况，他也应当尽量保持礼貌的态度和专业精神。人际关系网是非常广泛的，口头的推荐和警告随处可见，可以给设计师造成长时期的影响。自由设计师应该备有自己的名片和打印出来的文件资料——一方面是为了更好地推广自己，另一方面也是为了能够保持工作有序地开展。

极具天赋的设计师往往会走上高级服装设计的道路，这是个专门为少数社会名流在某些特殊场合进行视觉化包装的行业。具有良好的判断力、亲和力、恭维他人的能力以及及时把自己的工作融入当下的社会事件中的能力是必要的素质。很多此类设计师具有独具创意的设计并拥有属于自己的品牌。由于女装市场已经趋于饱和，因此要想从事此类服装产品的经营应当进行充分的市场调研和积累一定的社会资源。加入某个商会或是政府的代理机构将有助于公司的业务拓展和财务上的便利。一个独立的成衣设计师在设计的决定权上有着更大的自由度——他（她）通常在产品的面料和色彩上无需向行政管理部门请示。值得注意的是，对于一个新的公司来说，设计以外的诸多方面的经验匮乏有时甚至更具有危险性。如果一个品牌的管理较专业，就会产生市场需求，也会给公司在利益和满意度上带来意料之外的惊喜。

男装设计师

男装时尚的变化速度要比女装慢得多。设计男装要求设计师有一双对细节变化十分敏锐的眼睛，因为男装的变化都发生在细微之处，而不是在那些显而易见的轮廓造型或色彩上。男装设计的工作重点有很大程度上在于设计的管理、生产和销售，而不仅仅是设计。

商务套装和工作制服仍然是支柱型的男装产业，与女装相比，男士的正装和休闲装泾渭分明。由于其工艺技巧和操作规程与一般服装有较大的差别，因此男装设计师也具有一定的特殊性。大批的裁缝师和较小型的公司都因不断增多的自动化生产和批量化服装生产的压力而遭到淘汰。幸运的是，在经历了30年就业机会不断下滑的萧条之后，目前男装生产又得到了恢复，尤其在针对15～35岁的男性消费群体的市场方面。当代的男性对自己在工作生活及休闲生活中的形象都十分在意，并且比过去更加愿意在服装上的花费。在中级市场中，男装的多样性和选择性是非常重要的两个方面，因此也有很多的中型公司应运而生。低成本款式的风格套装比那些需要精心打理的正式礼服更受欢迎。

风格化定制的男装是建立在传统的“量体裁衣”（详见第五章）和劳动密集型生产的基础上。套装和外套的市场经历了从“手工测量及缝纫”阶段到“用计算机辅助设备进行激光剪裁”阶段的飞跃。从事这一行的设计师需要了解英国及欧洲男装在质量和工艺方法上的统一标准，以及二者之间在裁剪和风格上的细微差异，只有这样才能对经典的男装市场进行品牌上的区分，并满足那些私人客户的需求。

对页图：你的设计作品或摄影作品可以一并收录于一本手册或者年鉴里，以供日后的发布会前组织拍摄和指导模特时参考。

新兴的休闲装和从体育服装衍生而来的运动装，其设计和生产需要有类似女装市场上的迅速反应能力，但是其产品在季节和年度上的界线并不像女装那样明显。体育运动和健身风潮是影响市场的重要因素。鉴于消费者对风格和流行性的追求总是变化多端，因此设计师应及时了解当前的流行趋势，并以开放的心态对待新的影响因素，并迅速地作出回应。此类设计师需要擅长设计标志图案和T恤上的图案，还要精通信息技术和能够精细地绘制图案模版，这已经成为越来越多用人单位对于大学毕业生的考核标准。在早期的商业条件下，由于男装公司的职员往往比女装公司少得多，因此解决问题的能力和在压力之下能够独立完成任务的能力就成为这些男装公司职员的重要必备条件。在这一行业里工作的人，需要在自身原则的指引下开展工作，因此，他们只有精准地安排自己的时间进度表，才能够在最后期限之前交出令客户满意的产品。由于男休闲装的生产通常是在海外加工，于是工作上的沟通不仅要远距离进行，有时还不得不在一些奇怪的时间内进行；另外，今天的男装设计师还必须具备出行的意愿——因为他们要时常拜访供货商或者去异地解决生产中出现的问题。良好的商业感觉和销售能力也是非常重要的，尤其是对那些自由设计师或是自己经营品牌的男装设计师来说。

针织设计师

针织产品设计所触及的范围和类型要比人们日常想象的更为广阔和丰富。针织服装是时装市场一个重要的组成部分，它不仅仅包括T恤和衬衫，而且还包括了弹力面料服装、运动装、活动装、内衣及袜类以及“仿生”服装。在女装、男装和童装中，针织类都占到相当大的比例。人们一致认为针织服装是舒适、合体和柔软的，它的上乘性能表现在能够通过良好的吸汗性来调节面料的温度和凉爽程度，同时它的牢固度和水洗性也是很好的。有迹象表明，在人们的公务出行中，休闲装已大有取代职业正装的趋势，而针织服装似乎适合于任何一种场合的穿着。针织装设计师已经建立起了一个层次完备的针织时装王国——例如顶级品牌有米索尼（Missoni）和由朱莉恩·麦克唐纳（Julien McDonald）设计的晚礼服，而经典品牌则有索尼亚·里基尔（Sonia Rykiel）。许多设计公司，尤其是一些知名的意大利时装公司，会将针织时装系列作为他们所有服装产品中的拳头产品。

针织设计师所面临的职业挑战和历程与女装设计师十分相似，然而，针织企业中的雇佣关系却通常比用机织面料裁剪制衣的女装企业中的雇佣关系牢固一些——这是因为针织服装的生产要经历更长的周期，因此需要更多持续不断的沟通工作。针织设计师或许会被要求灵活机动地为各类不同的市场进行设计，而非只坚持某种单一品牌的“外观”。针织设计师也无须掌握手工编织的技巧（虽然具有手工编织感的服装经常会成为流行的宠儿），因为绝大多数的针织衫产品是由那些构造极其复杂的机器编织出来的。针织服装上的细节处理是微妙的。因此设计师需要接受一定的培训以掌握工业编织机的工作原理。此外，设计师还需要熟知关于纤维、针迹和工艺技巧的术语以及有关的专业说明书，并且能够将它们很好地表达出来。最后，对织物肌理的鉴赏能力以及对色彩和款式的流行趋势的把握也是必不可少的。

对针织设计师和针织产品来说，有两种生产模式：一是全自动机械生产，另一种就是具有一定劳动强度的人工织造。机械针织技术已经发展到了在无人操作的情况下能够完成整件服装的缝制和后整理的水平，这使得一件针织服装的利润空间要大大高于其他种类的服装，同时生产和零售的成本也随之降低了许多。在人工织造方面，手工操作的织机为设计提供了很灵活的发挥空间，同时由于该生产投入的资金总额很少，因此可以给很多人提供就业的机会，近年来，中国和孟加拉等国家已经开始积极地推广这一产业形式。目前，针织服装设计师会将电子设计稿及相关数据通过网络发送给远在千里之外的制造商，然后再由制造商把确认后的稿件发还给设计师。于是，精通计算机辅助设计（CAD）流程的人才变得炙手可热，那些擅长设计、绘画和计算机编程的针织设计师在各个阶层的市场里都格外受欢迎。而对那些熟练运用筒型编织机进行袜类和无缝内衣织造的专家来说，市场所提供的就业前景会更加广阔。

制造业和生产管理

时装制造公司（参见第二章）需要受过时装业训练的人才来筹划生产、营销货物，并且在顾客和生产过程之间建立联系。具有织物印染、纺织或编织专业技能的时装设计师与制造工业联系紧密。织物公司及纤维、针织衫制造商频繁地雇用时装设计组织和调整他们的设计范围，并以筹办展厅和贸易展览的方式来宣传他们的商品。为专卖店和连锁店制造成衣的制造商，同样需要表达能力良好的销售人员，这些人常比买手或设计师赚得还多。许多设计师都是在制造业找到其第一份工作的：打样师助理、生产助理或样衣技工。这些职位薪水很高，并能从中学到许多，是进入服装界令人满意的方式。

塔希尔·苏丹（Tahir Sultan）设计的针织作品。

购买和零售

时装买手可能是一家精品店的店主或雇员，也可能是大型商户的一个成员。商店和连锁店通常细分它们商品的种类，所以买手专业分工购买某一个领域或部门的产品，如女士针织衫或晚礼服。购买行为通常有两种主要的操作模式：集中式采购和部门式采购。

集中式采购允许连锁店之间的货存移动，采购量大，也意味着价格可以从优；部门式采购更强调地区化。买手通常对时装主管负责，时装主管制订整体的采购策略，但通常允许买手自行决定采购的内容。要想加入专业的买手队伍，你就或者由销售助理等初级职位做上来，或者接受过营销技巧的时装业培训并以采购助理的身份加入。在达到这 有吸引力和高收入的零售工作的顶峰之前，具有相当的一线售货经验是很重要的，因为这需要你娴熟而有创造性地在直觉和商业实践之间做好平衡。

买手必须了解哪些是正在热卖的服装，哪些在杂志上出现过，并能提前预测半年至一年后顾客的需求。许多设计师通过邀请买手参加聚会和在展示会上给他们留有前排的好位置来吸引他们的注意。买手除了能迅速地为设计师反馈如何推广其作品的信息之外，还能迅速地反馈如何改进一个系列作品的信息。买手通常一年进行2～12次旅行，他们的大部分时间都用于参观展室中的成品或与销售人员会面。一个买手需要传递出一种成熟的感觉，看起来很专业，像个商人；富于创造力的眼光、计算能力以及与初级人员、管理人员和设计师打交道的外交能力是买手必需的素质。

推销

“推销”这个模糊不清的词语有时指采购和组织存货。然而更准确地说，是指买手任务以后的财务安排。一个推销员可以授权降价和大量购买时的打折，或授权转移商品到其他的分支机构。推销员是商店陈列和分配货物方面的专家，并与买手紧密合作。因为这个头衔有时也用在负责在店内安排货品的销售助理身上，所以当你申请推销方面的职位时，弄清工作的内容性质就显得十分重要。这个职位需要良好的组织能力和用电子表格处理数字的计算能力。

时装界的公共关系

时装公司通常没有时间宣传自己的设计产品，所以它们借用公共关系公司的服务来推广其产品。公关公司的任务是引起公众对作品的评论，以及联系杂志、电视台、报纸和广播电台进行宣传。选择合适的人参加展示会——时装编辑、买手和明星们，这样做才能造成有报道价值的事件而不是时尚败笔。

若在公关公司工作，你需要有文采及采访的技巧。你必须做到伶牙俐齿，能对媒体即兴发言，当出现不曾预料或突发的事件时，能够建议设计师如何处理公众关系问题。性格很重要，公关是“和人打交道的职业”——在社交环境中泰然自若并善于化解不同人之间的矛盾非常关键。在展示会上明白座位要分等级、尽量聊一些轻松的话题、安排聚会、健谈和活跃是这项工作的关键技巧。社会关系多，穿着得体也很有用。这种工作大部分都是在晚会上完成的，并且有相当多的旅行安排。同时，精通至少一门以上的外语也是一个资本。

时尚新闻

媒体是使设计师受人瞩目最有效的工具，因此时尚记者拥有大量的权力。像为英国《星期天泰晤士报》写作的科林·麦克道威尔、为《国际先驱论坛》写作的苏济·门凯什和美国版*VOGUE*杂志的主编安娜·温托，在时装界都有举足轻重的地位。时尚记者的工作是参加展示会和展览会，分析和评价公众消费的趋势和信息。时装公司极力地讨好记者，给记者好处，为他们在展会上留前排座位，以期望他们的评论对公司有利。

为了吸引注意，许多产品系列或者活动都配套印有充满创意的宣传册或年刊。

记者的职责是阐释设计及把时装大众化，这不仅需要自身的富有经验的眼光，也需要包含那些支持他们杂志的读者和广告商的观点。时尚记者受到期限安排的压力，必须从众多其他记者也都参加的相同展示会中，提出新鲜素材和新颖角度。在各季时装展的间隙，他们被期待为每周举行的策划会议提出建议，并发表素材和观点以保持公众的兴趣。

时尚新闻最近几年来已扩展到包括剧本写作、展示以及伴随杂志版的有线和网络电视节目。今天的记者必须掌握印刷系统桌面排版技术（Desktop-publishing，简称DTP）和文字处理技能，并能通过远程通信传递文件。

流行杂志要比主流的时装刊物更能够提供写作的机会，因此，它们跟随潮流的步伐也显得更为紧密。

上图（从左到右）：媒体和名人的参与是时装公关公司推广的结果。图中为在英国版*VOGUE*杂志所举办的活动上，公关人员波郎·赛科斯（Plum Sykes）与女演员明妮·德里弗（Minnie Driver）合影。

时尚记者需要具备很强的对新鲜事物的感知能力，并且能够客观而简洁地面向大众进行报道。像《每日电讯报》（Daily Telegraph）的时尚总监希拉里·亚历山大（Hilary Alexander）就是许多新晋设计师背后的强大推手。

一场时装秀是否具有报道的价值有时取决于前排就坐的是哪些嘉宾。图中是艺术家格雷森·佩里（Grayson Perry）和女帽设计师戴维·谢林（David Shilling）。

时尚造型师

时尚造型师与时装杂志和摄影师紧密合作。时尚造型师不是设计师，而是时装的阐释者，他们将不同的时装造型创造出来——既可以按照编辑们的要求，也可以按他们自己的意愿进行阐释。有时人们惊讶于最好的时尚造型师并不出自于最年轻的人。品位和款式是其永恒的语言，并且像服装设计师一样，时尚造型师倾注其所有的关于服装的知识和理念来工作。更重要的是，在一个时间压力很大的行业，效率和经验是伴随其成长的宝贵财富。

时尚造型师通常与某个特别的编辑或摄影师建立起良好的私人关系。另一些人则同设计师一道工作，以协助将他们的时装明确地展示出来。阿曼达·格里夫（Amanda Grieve）曾多年担任约翰·加里亚诺的时尚造型师，卡蒂·英格兰（Katy England）为亚历山大·麦昆设计。杂志经常使用其内部的时尚造型师来使其常规的页面设计保持一致性。时尚造型师会对人们的穿着和举止产生巨大的影响，但这在时尚媒体中是较少抛头露面的工作之一。其从业者通常未受过学校训练，也历经以长期低酬的学徒身份与杂志和导购目录合作，或作为摄影师的助手而工作的磨炼。

时装摄影

时尚摄影是一项充满竞争和时间压力的工作。

时装摄影是从杂志和摄影业分化出的一个专业化的门类。对于那些有特别才能的人来说，这可能是一个具有吸引力和富有魅力的职业。它是一个快节奏和充满压力的工作，作品必须满足出版要求和截止期限。大部分的摄影师是自由职业者并且自己经营。他们通常有代理人接受咨询，并把他们的作品展示给潜在的客户。摄影师最初花费在设备、工作室和旅行上的开支非常大，要到很久以后才能得到补偿。摄影师一般被委托后，会与时装编辑讨论自己需要做什么。只有当他们非常知名时才能生产和销售早期的照片集。

做时装摄影是一项艰苦的、有时甚至是孤独的工作。在暗房中冲印照片所花的时间比大多数人想象的还多，但也有由公司美人相伴到异国旅行拍照的机会，而且，所有的费用都由别人支付。为了实现一个时尚造型，摄影师经常与一个助手小组、造型师和化妆师一起工作。专门拍摄展示会的摄影师有严格的职责和等级划分，以便能保证所需照片能及时、有效地发回本部。拍摄导购目录和报纸的摄影师都是被指派去工作。要成为一个时装摄影师，你不仅仅需要摄影技巧，更重要的是有一双独创性的眼睛，对灯光、时装的理解及经常在紧张的节奏下生活的能力。

预测和预报

预测公司或提供信息的机构，是向时装界提供预测和报告的服务型公司。它们研究时装领域可能的趋势，把不带偏见的信息报告整理好后卖给大型企业。预测公司基本上需提前预测一个月至两年。更大型的咨询性机构雇用一组内部设计师来描述目前的时装、分析细节并画出一个主题的变化，其工作标准及信息质量都很高，而且收集报告的花费也相当大。客户期待它们能提供大量多功能的和最新的信息。

预测公司的财务总监与客户密切合作，也光顾引起他们兴趣的贸易集市和时装中心。他们也为委托者提供的艺术作品和照片提供参考意见、写报告和进行数据分析。如果你喜爱旅游和社会景观，你可以通过提供潮流观察的服务开始这项职业之路。

时装插图

优秀的时装商业插画首先要对服装与人体之间的亲密关系有准确的理解和表现，但它们对于时装设计师来说并非是举足轻重的。时装插画的创作风格往往自成一派，其重点更多地在于艺术性地组织画面和捕捉某种情绪，而不是为了收集时装产品的设计元素。与平面设计师和图书插画师一样，时装插画师更多的是自由职业者，其中的一些人也与专门的经纪公司签约，使之帮助自己寻求业务、洽谈费用和协助工作。在时装产业中，一些公司会启用插图师，将所需要的产品进行视觉化的表现，以帮助供货商了解顾客究竟需要什么款式的时装。流行预测公司也会用时装插画的形式发布下一季的时尚趋势。时尚杂志中的时装插画比较少，它们更加偏爱时装摄影。尽管如此，为T型台进行速写的传统是某些报纸的专利。时装插画的发展通常受平面设计

与纺织服装行业相关的职业角色

学术研究人员
行政管理人员
经销代理人员
档案保管员
速记员，会计和股票管理员
商业管理人员
CAD/CAM计算机系统维护师
服装工艺师
色彩搭配师
顾客设计师
女装裁缝师
软件设计师
发行人员
编辑
编辑助理
面料买手
财务和售后服务管理人员
试衣模特
预测师
专业服装及品牌服务的平面设计师
高等教育从业者
平面模特
工业机械维修师
工业机械操作员
服装网站设计师
新闻记者
针织服装设计师
针织生产编程师
后勤管理人员
媒体编辑
博物馆管理员或馆长
谈判专家
板型师
制板员
个人形象顾问
人力资源师
摄影师
出版人
产品助理
产品经理
公关人员
生产质量管理员
零售助理
零售买手
零售经理
销售人员
销售代表
样衣师
缝纫技师
策展人
绘图师
市场督导
男装裁缝师
面料设计师(包括机织、印花和针织面料)
面料技师
翻译人员
形象推广人员
库管员和跟单员

发展的影响。对于哪种风格或介质适用于哪一类服装或哪一类市场，插画师应该心中有数，而且要做到多才多艺。如果你自创了一种风格独特、轮廓鲜明和引人注目的绘画技法，那么你大可以在未来的事业中将其发扬光大。还有一些很好的再生画面的处理方法，例如印刷方法、宣传册的版式、字体以及文本的排列等。对绘画软件Photoshop和Illustrator的掌握能够使你拥有更为高超的绘画技巧。目前在视觉画面处理方面，对于CAD软件的应用和三维动画处理的需求也呈现出愈来愈旺盛之势。与时装设计师以团队协作的工作方式不同的是，一名画家或时装插画师通常是孤独的——因为他(她)必须独自进行自我提升，每天专注于实际的绘画操练中。画得越好，速度自然也就越快，但是这样一来想要保持住一种高水平的绘画水平就难，因此尽量不要让自己变得油滑和懒散。插画师必须要有一种保持新鲜灵感的方法，比如定期在网络上公布自己的作品并听取他人的评价意见等。

撰写个人履历或简历

只有极具才华并且能够全心投入创新工作的设计师才有可能建立属于自己的时装品牌。图为设计师马修·威廉姆斯（Matthew Williamson）与女演员海伦娜·克里斯滕（Helena Christensen）一起登台谢幕。

简历是对你技能、成就和所受教育的总结，用来吸引你潜在老板的兴趣并赢得面试的机会，它不应超过两页长。

• 用电脑写简历，这样方便于存档和日后的更新。同时你也可以把曾经投递简历的日期和对象记录在案。

• 用一张A4大小的纸张打印，最好是白底黑字。为了保证内容的易读性，应避免使用太过花哨的字体和斜体字。切忌用手写字体在上面校正和修改。

• 在简历上只使用你实际为人所知的姓名。注明所有你的联系方式，包括通讯地址、邮箱编码、电子信箱地址和电话号码。

• 保证版式的简洁和清晰，以便他人阅读和浏览。记住不要放自己的照片或是插画之类的内容。

• 按照由近及远的年代顺序罗列个人的相关信息，包括受教育程度、技术水平以及工作经历。

• 注明你所取得的学位、所上的大学名称以及专业方向。在此不必一一罗列各个科目的成绩和学分，但是可以把与求职相关的内容加以强调。千万不要在资历或是履历方面人为地造假，以免日后被发现。

• 列出所有获得的荣誉、竞赛获奖以及作品参展情况。

• 列出所掌握的语言能力、计算机等级水平以及其他的技术培训状况，如果有驾照也要标明。

• 注明你从前的工作经历，着重说明与本次求职有关的部分。对于那些你实际上只参加了一小部分的项目或者活动要避免过于冗长的描述。

• 不要提及推荐人的姓名和电话号码。你可以在页面上注明"如有需要可联络推荐人"。

• 将简历作为你自己的"个人广告"，根据你所求职公司的业务范围有针对性地总结自己的长处和学识。

• 不要加入太过私人化的信息，例如婚姻状况、健康状况、宗教信仰、种族特点、与工作不相干的获奖记录、旅游经历、离开上一份工作的原因以及消遣活动等。

• 列出你曾经担任过的所有职务。不要写你先前那份工作的报酬以及你对于未来薪酬的要求。

针对于所申请的职位，话题应当总是围绕着你的个人简历和作品集而展开，并且设法告诉对方你对于他们所从事的市场领域充满了兴趣。公司会直接地把公式化的信函剔除出去，因此对于官方的语言是无效的。

你还需要准备一封附函，并和简历一并寄出。

• 确信你所得到的是确切的公司联系方式，打电话询问你应该把个人简历投递给谁，并确保对方的职位名称和姓名都拼写无误。

• 把收信人的姓名写在信封上，不要以“亲爱的先生/女士”来统称。

• 如果你有推荐人，在附函里提及他的名字。你可以将导师或是前一任老板的推荐信夹带在其间，最好不要用复印件，要用正规的带有标题的信纸，并且在落款处要用蓝色的墨水签字（看上去更加新鲜）。

• 造访公司的网站，看看他们关于招聘的声明或是企业文化的核心内容，并可以从新产品和资深职员那里获取一些灵感。特别要关注公司的发展历史、产品线以及最新推出的产品系列。

• 随时重新编排你的简历和作品集以适应你所要申请的职位。用人单位 一般都可以一眼看到那些符合他们要求的固定形式公函，但这一点和最终的应聘结果并无太大关系。

• 保持附函的简洁—— 一页纸上最多排放两段文字。

• 一张单页的时装插图或明信片样式的名片将会非常抢眼。

• 在附函中表明你登门拜访的意愿，但不要确定具体的日期。

• 在简历发送大约两周以后，你可以通过电话询问自己是否在公司的考虑之列，或者能否约定时间进行面试。

面试的注意事项

• 了解公司，以便你对其历史、生产和市场有充分了解并提出合理的建议。

• 确保你准确地知道面试的地点并提前到达，以避免热汗淋漓和紧张不安的形象。你很可能会紧张，因此要静下来整理思路，准备你要说的关键要点或询问面试官关于公司或工作的情况。

• 你的穿着将给人留下深刻的印象，但不可打扮过头。穿一件你自己设计的服装固然好，但一定要适应场合。

• 不要吸烟或嚼口香糖，也不要讲笑话。试着不要拨弄头发或坐立不安。良好的姿势及肢体语言能够展现自信。

• 对于你的技能要诚实地表达，试着引用作品集中的例子来证明你的优势。一些公司会在专业方面给你提供培训，所以对不懂的事不要装懂。

• 一个友好、灵活和坚毅的举止能创造出奇迹。在自信和自负之间只有一条很细微的界限。把每一个工作都当作一次学习、发掘新技能和才干的机会，尽量与人保持微笑和目光接触。

• 询问有关这项工作中你不清楚的或并未被提到的方面，如工作时间的长短及你需要向上报告的人数。询问该工作在未来的发展状况。太急于谈论工资是不明智的，你要寻找的是机会，但你千万不要在不知道薪水的情况下就接受工作。

• 你不要表现得过于冷淡或过于急切。即使你有其他的工作机会，也不要详尽地谈论。公司首先希望听到的是你对他们感兴趣。

- 不要把你的作品集给当时不在场的人留下观看。
- 可再约另一个公司的面试。并不是所有的公司都诚实。
- 如果这次不成功，你不要灰心丧气。重新振作起来，要相信，自己的能力以及辛勤工作所获得的技能迟早会被承认。

很少有“菜鸟级”的设计师会在毕业展演中脱颖而出。在向时装事业高峰攀登的过程当中，你将要经历许多面试和失望。即使是顺利毕业了，如果遇到经济不景气的状况，就业的压力也会更大。为了给自己累积工作经验，你或许在一段时间内不得不做兼职或是实习生的工作，而从事高街服饰生产的公司往往比那些经营品牌的公司更值得一试。让人高兴的是，由大公司和政府机构共同推出的旨在帮助近期毕业生就业的善举也越来越多。时装委员会承担了绝大部分费用以资助年轻的创业者加入商业展览，他们还提供专业大赛的奖金，因此在毕业后的头几年里你要密切关注这些征集的信息。机会之门或许随时为你敞开。有许多途径都可以让你崭露头角，例如由Top-shop品牌赞助、英国时装协会(British Fashion Council)主办的NEWGEN项目，由德意志银行赞助的大奖赛、由Coutts & Co银行赞助的Fashion Forward大奖以及为英国新兴的时尚界设计人才举办的年度竞赛Fashion Fringe，由意大利版*Vogue*主编弗兰卡·索萨妮(Franca Sozzani)发起的旨在支持毕业六个月以内的学生进入时尚业界的项目Pro-tégé（而这一举措也开始被澳大利亚版和英国版的*Vogue*主编开始效仿）。著名的英国哈罗德百货公司（Harrods）也宣称推出了名为“Harrods Launches”的新秀设计师大赛。在美国，时装协会针对新人分设了男装大奖赛和女装大奖赛；而在欧洲的柏林，以“梅赛德斯-奔驰”(Mercedes-Benz)冠名的时装周通过大赛推出正在上升或即将出道的天才设计师；法国的ANDAM时尚大奖赛基金则是由法国文化部所提供的（获奖者不一定必须是法国人或是在法国工作的人）。

由当地专业机构或大学提供津贴的工作室也是很多的。在一些地区，政府拨款或是商业奖励能够很好地推动就业。志趣相投的几个人形成组合有助于降低运行的成本，也方便于组织作品展。在今天，你也可以通过小规模的网上销售或是邮购来开始你的事业。最重要的是，你必须保持一种旺盛的创作激情，同时还要努力地工作以推进自己的产品路线。

你是否已从毕业阶段的一系列展示、展览、仪式或毕业证书中得到了证明？这是个值得骄傲的时刻。应该感谢这个包含着你多年的辛苦和努力的过程，它也展示出你珍贵的创造力和实践技能，并带来给你友谊和乐趣。你的致谢说明你已做好准备迈出第一步，走进这个引人入胜的、有回报的和永远在变化的事业。祝你好运！

更多的专业读物和资讯

- Dick Bolles. *What Color is Your Parachute?*, Berkeley: Ten Speed Press, 2004
  Sandra and Rory Burke. Fashion Entrepreneur, Burke Publishing, 2008
- Noel Chapman and Carole Chester. *Careers in Fashion*, London: Kogan Page, 1999
- *The Hobsons Directory*, Hobson's Publishing, 2004—an annual guide to UK graduate career opportunities
  John Howkins. *How People Make Money from Ideas*, London: Allen Lane, 2000
- Richard M. Jones. *The Apparel Industry*, Oxford: Blackwell Science, 2003
- Astrid Katcharyan. *Getting Jobs in Fashion Design*, London: Cassell, 1988
- Anne Matthews. *Vogue Guide to a Career in Fashion*, London: Chatto & Windus, 1989
  Toby Meadows. *How to Set up and Run a Fashion Label*, London: Laurence King Publishing, 2009
- M. Sones. *Getting into Fashion: A Career Guide*, New York: Ballatine, 1984
  Linda Tain. *Portfolio Presentation for Fashion Designers*, New York: Fairchild Publications, 1998
- Ulla Vad Lane-Rowley. *Using Design Protection in the Fashion and Textile Industry*, London and Chichester: Wiley, 1997

毕业生作品汇展周网站：www.gfw.org.uk
新晋设计师毕业作品展网站：www.newdesigners.com 这家网站收集了来自180所英国专业院校4000名设计专业毕业生的最新作品
新晋设计师网站：www.newdesigners.com 这家网站提供了几乎所有主要设计专业的最新代表作品
时装论坛网站：www.fashionforum.co.uk/flash/aboutus.htm 这是一本服装和纺织品的电子字典和杂志，其中还包括了公司名录和招聘信息
波多贝罗（Portobello）商业中心网站：www.pbc.co.uk 这一网站可以提供时尚创业咨询
技能速成网站：www.skillfast-uk.org 这家网站面向全英国的时装从业人员开放，为他们提供职业技能训练
时间之都网站：www.fashioncaptial.co.uk
伦敦发展代理机构：为年轻的设计师提供启动事业的资金及政策

组织机构
毕业生职业指导服务协会（AGCAS）每隔一年会针对毕业生发布就业状况报告和提供就业资讯，这些小册子可以通过以下的通讯方式获得：
AGCAS管理办公室地址：Millennium House
30 Junction Road
Sheffield S11 8XB
Tel 0114 251 5750
Fax 0114 251 5751
或者通过他们的网站获得：www.agcas.org.uk

为即将毕业的学生出谋划策的网站
www.prospects.ac.uk
www.lffonline.com
www.wgsn-edu.com

职业代理机构
www.denza.co.uk
www.jobsinfashion.com
www.fashion-jobs.com
www.fashion.net
www.joournalism.co.uk
www.cheeringup.com
www.project-solvers.com
www.drapersjobs.com
www.successjobs.co.uk
www.fashioncareers.co.uk
www.freedomrecruit.com
www.theappointment.co.uk
www.thisislondon.co.uk

其他网站
www.freelanceadvisor.co.uk
www.crunch.co.uk
www.csd.org.uk
www.cvukgroup.com
www.own-it.org
www.artquest.org.uk
www.fashioncareers.co.uk
www.fashion-incubator.com

附录

术语表

A

Apparel 服装（相当于Clothing），这一词汇在美国应用得较多。

Armhole Scye 袖窿，绕胳膊底部的曲线，用于衣片与衣袖的结合。

Assessment 评估，指对设计作品进行正式的打分评估。

Atelier "设计师工作室"的法语称谓，位于巴黎的工作室多是进行女装定做或套装、外套定做的场所。

Avant-garde 先锋派，一种超前于当下时代的流行风潮或观念。

Avatar 印度语中的"神"或"另一个自我"的意思，通常用于虚拟的现实环境或游戏当中，服装CAD中的虚拟人体也借用此称谓。

B

Baseline Price 底价，指生产商在提供产品时所能承受的最低限度的商品价格或是成本支出。

Bespoke 男装的个人定制。

Blocks 原型板，指一套"个人的"或者"标准的"服装基础板型，它是设计展开的依据。在美国，这一概念也被称为Slopers。

Boutique 精品店，源于法语，指的是一种独立经营的小型店铺，它往往有着独特的货品和购物氛围。

Brainstorming 头脑风暴，在同事之间展开的一种开放式的讨论，目的是通过互动带来新的思想和观念。

Brand 品牌，专属于一种产品的名字或商标，为的是体现这种产品的质量、价值或是某种特殊的内在表征。

Bridge fashion 过渡品牌，这是一个美国词汇，指的是那些介于设计师品牌和街头大众品牌之间的服装。

B2B Business-to-Business 网络贸易的字母缩写。

B2C Business-to-Consumer 针对个人顾客的网络贸易的字母缩写。

Buyer 买手，指专门负责规划、购买和销售产品的人。

Buyer-based Pricing 这一价格反映的是一名买手对于货品的预期值（通常是不太准确的），包括品牌的定位和货品的市场渴求度。

C

Cabbage "布头"，这一词汇指的是那些在制造过程中尚未用过的面料，或是用生产中的多余面料制造的服装产品。

CAD/CAM 计算机辅助设计和计算机辅助生产。

Ceiling 最高价，指一件服装或服饰产品所能够达到的最高价位。

Chain stores 连锁店，指众多小规模、分散经营的商店，通常开设在热闹的商业街区，这些商店的所有权、经营权和销售权同属一家公司并使用同一个商标，所销售的产品有着鲜明的特征并具有一定的辨识度。

CITES(Convention for International Trade Endangered Species) 国际组织公约，旨在规范动、植物的进、出口贸易以及保护濒危物种。

Classic 经典，这一词汇所形容的是一种能够持续保持流行的风格，这一类服装几乎没有什么细节变化，例如男衬衫、羊毛衫和牛仔装。

Co-design 这一词汇既指集合了多种资源所进行的设计师之间的合作行为，也指有消费者参与的设计活动，通常出现在设计手册的介绍当中。

Collection 产品系列，指一组在特征上彼此呼应或是专门为季节而设计制作的优质时装。"The Collections" 在口语上就指巴黎时装发布会。

Colour palette/gamme 色表盘，专门用作时装或布料生产参考的数量有限的季节色彩归类。

Colourway 为有限范围内的一些色彩所起的名字，它们或许会被应用在某种风格或某一系列的时装产品中，也有可能被应用在一种印花面料上。

Competition-based Pricing 卖家基于竞争压力而采取的一种价格策略，即不考虑商品的实际成本或是消费者的需求而制订的一种基准价格。

Concession 特许租借，指租用百货公司的柜台来销售另一家公司的产品。

Conglomerate 母公司，指拥有多家子公司资本所有权的母公司，它可以与子公司所经营的产品和目标市场没有关联。

Consumer 消费者，产品的最终用户和购买者。

Conversationals 指具有鲜明主题特色的印花面料，例如夏威夷衬衫或动物斑纹等。

Converter 指专门将纤维原材料纺织成面料或是将绸坯进行印染的制造企业。

Corporate Social Responsibility(csr) 企业社会责任，是企业出于自律而制订的词汇，特别集中用于对生态及环境保护问题方面的申明上，对于消费者和利益相关而言，这一概念的出现往往会给人留下"好印象"的感觉。

Cost-plus pricing 一种按照预先设定的百分比在成本价格基础上给商品加价的方法。

Costing 成本，由材料、配件、人工和 运输成本所决定的服装基本价格。

Costing Sheets 成本明细，指制造一件衣服所用的时间进程及原料成本明细表。

Couturier 设计师，法语中对于时装设计师的称呼。

Critique/Crit 对作品的讨论和评估，通常在一个项目或任务的尾期以会议的形式举行。

Croquis 时装画，指设计师用线条所勾画出来的服装效果图或是用色彩描绘的面料设计稿。

Cruise 在美国紧随冬季假日而来的一段时间，是运动休闲装的热卖期。

CV(Curriculum Vitae) 简历，一份按年代顺序排列的个人总结，其中主要介绍了个人受教育程度，工作业绩以及曾经作出的特殊贡献（也被称为Résumé）.

D

Degree show 学位展示，指一种用来公布和评估学生学业水平的作品展示会。

Demi-couture 高级成衣，对一个高级时装设计师来说，这通常是一个与成衣设计的交汇点。

Demi-measure 类似于服装的个人定做，但是有一小部分人体数据则参考了标准的服装样板，腰带、克夫和裤子可以由驻店工艺师进行尺寸上的调整。

Demographics 人口统计，指一项关于市场划分的人口普查统计结果，从中可以看出年龄、性别、收入阶层、生活方式和居住环境给市场带来的影响。

Design developments 设计发展，在设计主题下所进行的正确有效的资源整合。

Diffusion line/Range 二线品牌，指为了让消费者在有限的预算之内能够享受到设计师最新的创意作品而针对二级市场所开发的价位稍低的产品系列。

Discounting 打折，在服装单品、系列和品牌的销售中，经营者所采取的一种降低价格或按百分比让利的销售策略。

Docket 明细表，是一份记录生产订单要求的文案资料。

E

E-commerce 电子商务，经由互联网所进行的贸易，通常会通过网页上的电子订单进行交易。

E-tailoring 通过网络把顾客的三围尺寸传送给裁缝师，实现成衣化定制。

Eco-chic 一个当代词汇，指某件时尚产品符合环境可持续发展的基本要求。

Elective 选修课，指对学习科目的选择。

Electronic Data Exchange(EDI) 通过计算机通信网络所进行的电子数据交换。

Electronic Point-of-sale(Epos) 店铺中所用的电子销售终端，常配备有条形码扫描器。

Enterprise Resource Planning(ERP) 将所有的财务设计和管理信息整合于一体的企业资源管理系统，用于企业的日常运作和协调统一。

Exclusivity 独家代理，介乎零售权与批发权之间的一种权利，经授权的商店甚至可能出现相互毗邻的状况。

F

Fabrication 服装的生产细节以及具体的原料种类。

Fed 稍纵即逝的流行。

Fascia 公司的标牌，如商店门头的展示招牌。

Fashion cycle 一份记录着企业开发、设计、制造和销售某种产品的日程表。

Final collection 毕业作品系列，学生在毕业之前所完成的最后一个校内作品系列。

Findings 形容那些有着某种统一风格的服饰配件或小物件，例如纽扣和蕾丝花边等。

Fit model 试衣模特，服装公司为调试样衣所用的人台或是真人模特。

Flats 服装平面结构图。

Formatire assessment 旨在对学生的作品进行鼓励和评论的教学测评，而并非只用分数来表示其优劣。

Franchise 特许加盟，一种商业特许的形式，这种形式允许制造商、批发商或者服务机构按照原有品牌的经营方针将权利出售给小型公司或者个人，作为对提供启动资金的回报，这些小型公司或个人要交付经营利润中的一部分。

Fusible fabrics 热敏织物，常与其他材料混纺在一起以增加面料的牢固度。

G

Geometrics 几何图案面料，用线、点、矩形块等类似无机物形状所构成的印花面料。

Grain[of Fabric] 织物有横向丝缕（纬线）和纵向丝缕（经线）以及45° 的斜丝缕，不要和斜向纹理（cross-grain）混为一谈。

Greige （读音与“grey”一致）织物处于尚未被加工处理的基本状态，例如未经漂白的棉坯布。

H

Hand/handle 面料的手感。

Handwriting, signature “手迹”指设计师的个人设计风格、设计的特征以及绘画的方式。

Haute couture 高级时装，法语中对制作最为精良的高级女装的称谓。时装设计师或时装公司不能随便地给自己冠此头衔——除非已经通过了巴黎高级时装公会严格的审核并且得到了认同。

I

Indent[in Importing] 商家之间的一份贸易约定和法律合同。

Interlining 置于服装面料与衬里之间的一层纺织材料，起到了加固服装或者填充的作用。

Internship 实习，指实际参与公司业务的学习阶段，通常为期三周至九个月。

ISO Codes of Conduct 国际标准组织所维护的由各国企业与政府部门签署的条约，旨在保证贸易平等、产品质量标准以及就业和行为的公平。

J

Joint Honours Degree 一般情况下一个学位通常只包括单个学科项目，但是联合学位却允许两个（或以上）的相关学科在同一个时间段内成为获取学位的必修课内容。

Just In Time(JIT) “即时反应”，指制造商对消费者的需求作出的快速反应。

K

Kimball 一个为服装打标签的操作系统。

Knock-off 对高价位热销时装产品的复制行为，由于采用了更为廉价的面料和辅料，因此服装的售价也较低。

L

Label 标明设计者或生产厂家的小标签，上面应当还注明产品的产地、面料成分以及护理注意事项。有时它和产品标志的用法是一样的。

Landmark 形容人体的一些关键点，通常指那些突出的关节位置，而这些部位会被用来进行人体比例的衡量。

Layout pad 一本可以贯穿整个设计过程的薄薄的速记簿。

Lead-times “交付周期”，指从工厂接到服装生产订单到能够将成品送到各个销售点的这一段时间。

Learning Profile 学习曲线是对一个学生专业才能的正式评估方式，包括了累计得到的学分和在某段学习时间内所处的优劣位置。

Licensing 注册权，不同的制造商之间对某一商品名称、标志或产品类型的权威性书面授予，同时要收取一定数额的专利使用费。

Light fastness 指织物在经过日晒或洗剂以后颜色的耐受程度。

Line 在同一主题下有着相关细节的一组服装，美国人及欧洲人则称之为collection。

Line-up 对一组穿在模特身上的白坯布样衣或是成品样衣进行考量，以此来事先评估产品的利润空间、适用人群和产品系列化的可能性。

Lining 衬里是用于服装内部的织物，目的是减少摩擦或是增加服装的保暖性，有时也会为服装增添可观赏性。

Logo 图形标志，用来辨识产品或设计者的一个品牌名称或者图形符号。

Loss-leader 比正常销售量少的那部分商品，它们的价值在于吸引购买者前来购买其他的设计产品。

M

Made-to-measure 对个人进行一系列人体尺寸测量，然后依据这些数据为顾客制作套装或外套。

Mark-up 成本价格和销售价格之间的差额，其中也包含了税额。

Mass-customization 大规模定制，指为个体消费者提供基本的鞋或服装商品，后者可以在不同的面料、色彩、合体程度以及品牌的标志图形中进行选择。

Meta Tags 无标记是对编码的一种描述，用于为一个主题组织提供信息，或是将多个相关主题群组在一起，还可以在一个页面上配置某个主题。

Module 教学所用的一套可以改变长度的模板，可以取得很特殊的学习效果。

Mood board 主题板，一块用来阐述完整设计概念的展示板，通过它，人们可以对学生的设计系列一目了然。

N

Nap[of fabric] 一种“单方向”的组织结构或肌理设计，尤其常用于描述天鹅绒、灯芯绒和绒面革等起毛织物。

O

Off-schedule 官方组织机构所发布的日程表以外的服装发布会。

Off-the-peg 在商店中出售的统一标准尺寸的男装成衣产品。

On-grain （见Grain一词）指与纵向纱线（经线）相平行的丝缕方向。

One-to-one （营销用语）有时也用“1：1”的方式表达，意思是根据个人客户的喜好（或尺寸）推出的私人化的产品。

Outworker 外包工，指那些在家中为工厂或设计师进行服装加工的个人。

Over-dyeing，cross-dyeing 染色过度，不同的纤维类型或许会要求面料要经受不止一次的染色过程，因此对于某种材料而言颜色就加深了。

P

Palette 应用在一个时装系列上面的颜色范围是色阶变化。

Pattern-drafting，Pattern-cutting，Pattern-making 制板，依据测量的数据或是模板画出服装的平面样板。

PETA(The People for the Ethical Treatment of Animals Foundation) 一个总部设在英国的慈善组织，旨在建立和保护动物权益。

Piecework 计件生产，指一种服装的加工方法，不同的制衣工人在机械流水线上专门负责不同环节的生产和组装。

Placement 参见“internship”。

Portfolio 作品集，一个装有个人平面艺术创作和相关媒体剪报的大文件夹，它能够让潜在的顾客充分了解设计师的能力所在。

Première Vision 更多人熟悉它的简称——PV展，这是一个每两年在巴黎举办一次的具有前瞻性的最重要的面料博览会。

Prêt-à-porter 法语中的“高级成衣”，它既代表了那些具有设计师个性的、做工优良的成衣类别，也是一个重要时装展览会的名称。

Price point 价位，不同的价位代表了不同的产品质量和市场阶层，例如廉价品牌、设计师品牌和奢侈品牌。

Primary Sources 在学术研究领域，第一手资料是指研究者将自己原创的研究报告公之于众（以接受来自各方面的评阅与监督）。在设计界，第一手资料包括了个人观点、设计作品、摄影图片，与相关人士的谈话录以及其他形式的原始性的材料。

Private label 商店或公司的“自有品牌”，制造商通常会组织闲置的生产设备和劳动力为其他的商店或公司进行服装的贴牌加工。

Product Lifecycle Management(PLM) 产品生命周期管理是指通过电脑系统对企业内部的复杂事务、生产消耗以及全球销售网点的可持续发展等重大问题进行一个概念化的、决策性的框架管理。

Proportion 比例，指设计作品中的一个部分与其他部分的相互关系和平衡感，是时装设计中的一个重要概念。

Psychological pricing 心理价格，一种和消费者预算心理休戚相关的价格策略，减去小数点后的数字将会大大地调动人们的购买动力，例如 19.95或是 49.99。

Push v pull “推”和“拉”都是市场销售及供货链配置的策略。在过去的几个世纪中，“推”的策略（即制造商控制和创造商品的生产模式）占据了主导的地位。但在未来，消费者将会越来越多地通过电子市场来参与和把握贸易行为，从而促使符合消费者喜好的个人化商品不断涌现（即“拉”的策略）。

Q

QR(QQick response) 快速反应，指制造商非常迅速的市场反应。

Quotas 配额，一种由政府所控制的配额制度，为的是在国际纺织品交易中防止出现大规模货品贬值的情况。

R

Rag-trade 一种形容时装工业的俚语，通常特指低端市场。

Ready-to-wear 成衣，也被称为off-the pêg，Prêt-à-porter，是服装一个分类。

Résumé 简历，一份按年代顺序排列的个人总结，其中主要介绍了个人受教育程度、工作业绩以及曾经作出的特殊贡献（也被称为CV-Curriculum Vitae）。

Retail 零售，指将商品从一家企业销售到消费者个人手中的过程。

Roughs 设计作品的草图，通常是快速勾画并且线条简洁的铅笔稿。

S

Salon/showroom 展厅，一个供销售人员向潜在的买手展示产品系列或商品款式市的场所或办公地点。

Sample 样衣，是服装设计制作的第一阶段，通常用白色棉布或是品质较差的面料制成。

Sample cut 在样衣的调整过程中用于添补的一小块布头。

Sealing sample 最终的样衣，是经过确认的服装款式和制作工艺，产品在批量生产时要以此作为范例。

Secondary Sources 在学术研究领域，第二手资料是指那些根据他人的原始资料而产生的文字报道或者著作。在设计界，二手资料包括了从其他设计师那里借鉴来的灵感或手法、杂志信息以及诸如此类的并非因直接感受或动机而产生的作品。

Selvedge 与经线方向一致的布匹的加固织边。

Seminar 研讨会，有着讨论性质的演讲会。

Semiotics 符号学，即在文化学和传播学范畴内对标记及符号所展开的研究。

Separates 服装的零部件。

Silhouette 轮廓，用最基本的几何形或者字母数字造型所概括出来的服装整体外形，例如箱型、A字型、8字型。

Sketchbooks 一种由白纸组成的笔记本，用来进行绘画或是注释设计思想。

Slow Fashion 一种与“快时尚”完全对立的生活态度。主张对服装产品要悉心呵护并延长其使用寿命，提倡反季节的着装方式以及使用环保型的原材料。

Source book，Look book 指产业未来发展状况的报告书。

Sourcing 在最适合的价位上和最便捷的交通运输条件下寻求到的原辅料的供应商和加工单位。

Specs(Specification sheet) 说明书，标注有尺寸和产品制造细节的图纸，例如在生产过程中需要图示出针脚的大小和形状以及装饰物的位置。

Standards 国际标准代码是为成衣产品所制订的质量基准参照，以便国际间的贸易往来和环保的要求。

Staple 指羊毛和羊绒等基本纤维的长度，当它们被纺在一起后就形成了连绵不断的纺线。

Stock Keeping Unit(SKU) 库存单位，即为一件商品所标注的单位代码，通常用条形码标签来表示，以便货品的追踪、库存管理和销售。

Stories 用系列化的面料、色彩或者风格所制造出来的设计主题。

Storyboard 情节串联图板，也称主题板，它通过对服装款式的细分和局部细节上的呼应而对一个作品系列进行设计概念的阐述。

Stylist 造型师，指专门为时装摄影或时装作品发布进行策划和组织工作的时尚专家。

Summative Assessment 对作品的一种定量分析，决定着学生的学分或分数。

Supply chain 供应链，一个连贯性的制造商和加工组织，原料在他们手中逐渐变成商品并最终送达商店。

Syllabus 教学大纲，按照教学计划所制订的科目学习步骤。

T

Tear Sheets 拼图，也被称为swipes，指那些从杂志上撕下来的图片，是设计的灵感来源或者作为某一概念的证实材料。

Texture Map 纹理映射，即用来贴覆由电脑生成的三维物体表面的摄影图像或者图画，以增加物体的逼真感。

Trademark 商标，即通过注册所取得的对某个标志或品牌名称的所有权。

Transitional 换季，在季节交替而气候特征却又不明显的一段时间内，大众的着装也处于一个更迭的状态，这一阶段会持续到他们感兴趣的新品出现为止。

Trimming 一方面指服装上用的装饰物件，另一方面也指缝制完成后清理线头的过程。

Trunk show 服装经销商将服装样品带到各个城市并进行店内展示。

Tutorial 学生与教师之间进行的关于作品进度的讨论。

U

Universal Product Code(UPC) 统一商品代码，价钱标牌上的标准化代码可以使商品在入库和销售时被电子设备轻易识别。

V

Value apparel 指低价位的服装和时尚用品。

Vendor 卖主，指从事销售工作的供应商或个人。

Virtual Catwalk 虚拟T台秀，指通过计算机辅助设备制作的服装表演，画面上的人体和服装都是经过视觉化处理的数码信息。

Virtual Learning Environment(VLE) 虚拟学习环境，即在学校或学院内部互联网上使用的沟通及知识软件。

Visual diary 网络日志，指在执行一项设计任务时随时记录思想发展的草图本。

W

Warp/weft 经纬线，经线在织物中形成了长度上的纹理；而纬线在纺梭的牵引下与经线形呈90°夹角，从而形成了织物的幅宽。

Wholesale 批发，指企业与企业之间的货物贸易，通常是大批量的买卖，其中常附有价格上的优惠和信用支付等条件。

Y

Yoke 育克，一块用于出于清洁的目的或是为了集中衣料而缝制在衣服上的布，例如在衬衫的后肩部位以及短裙臀围线的位置都会有这样的装饰。

Z

Zeitgeist 德语词汇，意为“时代的精神”，常会被与时装联系在一起，因为时装总是被看作是时代创新的集中代表。

有用的地址

英国

英国时装协会 (The British Fashion Council)
Somerset House,
South Wing
Strand
London WC2R ILA
Tel 020 7759 1999
Email
info@britishfashion Council.com
www.britishfashion Council.com
英国时装协会致力于英国本土设计师和时装生产企业的推广，尤其侧重于对出口时装企业的扶持。这一机构还通过举办年度学生设计大赛来推出新人，例如“创新纸样大赛”以及在时装周上举办学生毕业作品专场。

国际棉花委员会（Cotton Council International）
Empire House, 5th Floor
175 Piccadilly
London W1J 9EN
Tel 020 7355 1313
Fax 020 7355 1919
Email cci-london@cotton.org

英国手工业协会（The Crafts Council）
44a Pentonville Road
London N1 9BY
Tel 020 7806 2500
Fax 020 7837 6891
www.craftscouncil.org.uk
除了拥有位于这一地址上的杰出现代画廊和书店以外，英国手工业协会还为社会提供诸多服务项目，例如一座公共参考书图书馆，同时，它也会为手工艺产品的推广和发展献计献策、办理授权以及出版杂志等等。

英国商业、创新和技术部(The Department for Business, Innovation and Skills)
1 Victoria Street
London SW1H 0ET
Tel 020 7215 5000
www. bis.gov. uk
这是一个为企业办理法律事项的政府部门；也是一家提供相关出口条例咨询服务的机构。

英国东部面料协会诺丁汉及德贝郡服装纺织联合有限公司(East Midlands Textiles Association)
69-73 Lower Parliament Sereet
Nottingham NGI 3BB
Tel 01159 115 339
Fax 01159 115 345
Email enquiries@emtex.org.uk
www.emtex.org uk
这是一个专门为扶持东部企业发展及创业而设置的支持中心。

“时尚指导”组委会(Fashion Awareness Direct)
10a Wellesley Terrace
London N1 7NA
Tel/Fax 020 7490 3946
Email info@fad.org.uk
这是一家积极将年轻设计师引入专业圈子的机构，它的策略是经常举办一些引导性的活动。

商业技能支持中心（Fashion Business Resource Studio）
London College of Fashion
20 John Prinas Street London WIG OBJ
Tel 020 7514 7407
Fax 020 7514 7484
Email fbrs@fashion.arts.ac.uk
www.fashion.ants.ac.uk/fbrs

壹伦敦(GLE OneLondon)(正规的伦敦企业代理机构)
New City Count 20 St Thomas Strect Londos SEI 9RS
Tel 020 7403 0300
Fax 020 7403 1742
www. gle.co. uk/onelondon
这是一个由多家位于伦敦的公司和企业组成的联合机构，它的任务就是助力小型企业和教育项目的发展，并且给与一定的财政支持。

波多贝罗商业中心（Portobello Business Centre）
11 & 12 Barhey Shotts Business Park 246 Acklam Road London WIO 5YG
Tel 020 7460 5050
Fax 020 8968 3660
www. pbc.co. uk
波多贝罗商业中心长期提供一种顾问性的服务，并且还代表英国贸易工业部为那些想要在伦敦西部开创事业的时装企业提供时装管理培训课程。

英国查尔斯王子基金(The Prince's Youth Business International)
18 Park Square East
London NW1 4LH
Tel 020 7543 1234
Fax 020 7543 1200
www. princes-trust.org.uk
这项以查尔斯王子命名的信托基金既为年轻人提供了创业所需的商务建议和专业支持，也为他们提供一定数额的创业基金；同时，这一机构还为那些失业人群挖掘潜在的就业及成功机会。

壳牌创业成就大奖（Shell LiveWire）
Design Works, Willian Strect Felling
Gateshead NEIO OJP
Tel 0191 423 6229
Email enquiries@shell-Livewire.org
www. shell-livewire.org
通过这项比赛，为年轻人提供创业建议和技能培训。

英国时装及纺织协会(UK Fashion & Textile Association)
5 Portland Place
London W1B 1PW
Tel 020 7636 7788
Fax 020 7636 7515
Email info@ukft.org
www.ukfo.org
英国时装及纺织协会为其会员提供了运营一家企业所需的全部基础培训，并且积极推广面料产品及针织服装至全球市场。它旗下的“出口部”还会为英国时装及纺织品的海外销售提供切实可行的建议和帮助。

美国

时装设计师协会（Council of Fashion Designers of America）
1412 Broadway, Suite 2006 New Yerk, NY 10018
www.cfda.com

时装流行信息（Fashion Information）
The Fashion Center Kiosk
39th and 7th Avenue
New York, NY 10019
Tel 212 398 7943
Fax 212 398 7945
Email info@fashioncenter.com

国家艺术教育协会（National Art Education Association）
1806 Robert Futttn Drive, Suite 300
Reston, VA 20191
Tel 703 860 8000
Fax 703 860 2960
Email info@arteducators.org
www. naea-reston. org

美国小型企业管理处（United States Small Business Administration）
409 3rd Street SW Washington. DC 20416
Tel 800 827 5722
Email answerdesk@sba. gov
www.sba. gov

面料及来源

Two major directories are used to resource fabrics, trimmings and supplies:
Fashiondex
The TIP Resource Guide

时装商业出版物

Womens Wear Daily (WWD)
W
Tobe Report
Fashion Reporter
California Apparel News
Daily News Record (DNR)

See also shops and suppliers

织物资料馆、资讯及色彩服务

American Wool Council
50 Rockefeller Plaza
New York, NY 10020
Tel 212 245 6710

The Color Association of the US (CAUS)
315 West 39th Street, Studio 506
New York, NY 10018
Tel 212 947 7774
Fax 212 594 6987
Email info@colorassociation.com
www.colorassociation.com

The Cottonworks (fabric library)
Cotton Inc.
488 Madison Avenue
New York, NY 10022-5702
Tel 212 413 8300
Fax 212 413 8377

DuPont Global Headquarters
DuPont Building
1007 Market Street
Wilmington DE 19898
Email info@dupont.com
www.dupont.com

Fashion Services of America
411 East 50th Street
New York, NY 10022-8001
Tel 212 755 4433

National Textile Association
6 Beacon Street
Suite 1125
Boston, MA 02108
Tel 617 542 8220
Fax 617 542 2199
www.nationaltextile.org

Pantone Color Institute
590 Commerce Boulevard
Carlstadt, NJ 07072-3098
Tel 201 935 5500
Fax 201 896 0242
www.pantone.com

The Wool Bureau (Woolmark)
330 Madison Avenue
New York, NY 10017
Tel 212 986 6222

流行织物种类

醋酯纤维面料 Acetate，一种富有光泽的合成纤维，精细和密实的织纹使它们看上去很像丝绸面料和衬里材料。

鸟眼纹织物 Bird's Eye，一种织纹为钻石形状的面料。

织锦 Brocade，一种奢华的提花面料，常用于晚礼服的制作。

白棉布 Calico，一种中等重量的未经印染的棉布，常用于服装原型的制作，也是制作传统印度服装和美国印花布的原材料。

白麻纱布 Cambric，一种重量较轻或中等的优质棉布，常用于衬衫和女衬衣的制作。

羊绒面料 Cashmere，一种从山羊身上梳理下来的底层绒毛，能够被纺织成为非常精细、暖和和奢侈的梭织或针织面料。

条格布 Chambray，用经过染色的纱线编织而成的平纹面料。通常经线为彩色纱线，而白色的纬线能给这种粗棉布以"杂色"的视觉效果。

雪尼尔花线面料 Chenille，这种面料是由一种柔软、蓬松的纱线缠绕在柔软的芯线上构成，这一称谓来自于法语词"毛虫"（Caterpillar）。

雪纺绸 Chiffon，一种非常轻薄的面料，常用于披巾或晚礼服的制作。

印花棉布 Chintz，印有植物图案的平纹织物，表面经过抛光处理，有时会成为衬衫和夏天女裙的流行面料。

灯芯绒面料 Corduroy，一种带有棱条或是"凸纹"的面料。柔软、舒适和耐用的特点让它成为制作裤子和夹克的理想面料。

绉织物 Crêpe，这种结构广泛存在于毛、棉、丝、黏胶纤维、合成纤维和混合纤维的织物中，通常都有皱缩、皱褶或颗粒状突起的表面肌理。来自于法语的"Crêpe"有"形成皱褶"或"形成卷曲"的意思。

双绉面料 Crêpe de Chine，一种精纺的、轻质的丝绸或合成纤维绉织物。

钩针织物 Crochet，一种用钩针将钩线环绕编织而成的松散的织物，通常用来制作夏季轻薄的汗衫。钩针的编织效果现在也可以通过机器来实现。

斜纹粗棉布 Denim，这种面料的经线为白色纱线，纬线为染成靛蓝的纱线，斜纹构造使这种棉布具有较硬的质感，它最早发源于法国的尼姆(NÎmes)地区。

烂花缎 Devoré，这一词汇在法语中有“虫蛀”的意思，它指的是一种通过酸溶液刻蚀或者灼烧来完成表面肌理设计的奢侈型面料。

刺绣 Embroidery，彩色线、细绒线、柔软的棉线、丝线或者金属丝线在针的穿梭下构成了美妙精致的装饰性图案。尽管手工刺绣依然是一种非常普及的手工劳作，但是更多的服装还是采用机器刺绣。

按特殊要求印花 Engineered Print，又称Placed Print，是指在特殊区域进行印花处理，纺织品的边缘印花就属于按特殊要求印花中的一种。

素软缎 Faille，一种考究的、平面棱纹的闪亮面料，有着很好的悬垂性。这种面料上的棱条不如罗缎面料那样明显，但是看上去更加平整一些，传统上多用于制作女裙、套装或者上衣。

法兰绒 Flannel，一种耐磨的羊毛织物，通常为灰色调，适用于裤套装或外套底领的制作。

法兰西毛圈绒 French Terry，一种圈绒状的针织面料，有着圈状的绒面底层，但表面看上去颇为平滑。

华达呢 Gabardine，一种耐磨、厚实的织物，有明显的斜纹组织并且经过了止口折净处理。用棉纤维、毛纤维或者人造丝织造而成的华达呢是极好的面料，通常用于制作运动装、套装、制服和雨衣。

乔其纱 Georgette，一种半透明的、轻质的平纹面料，有着精细的绉织物外表。有时是用真丝织造，有时则为合成纤维制成，也被称为“绉纱”或是“纱绉”。

粗麻袋布 Hopsack，一种用棉或羊毛织造成的、具有松弛组织结构的粗布。这种面料最初用于制酒业中的酒花口袋。

双罗纹织物 Interlock，一种经过切驳的针织面料，其特征就是线迹都呈回旋锁扣状。

平针织物 Jersey，这是对于那些没有明显纹理的平针织面料的统称。它最初的生产源自于泽西岛，并且是用毛料织造的。

上等细棉布 Lawn，一种非常精细的轻质棉布，上面通常印有精美的植物花卉图案。

莱卡面料 Lycra®，杜邦公司为他们的弹性面料产品所注册的专利名称。

混色纱线织物 Marl or Mouliné，用双股混色纱线织成的面料，在针织毛衫中经常可以看见其斑驳的色彩效果。

消光针织物 Matte Jersey，一种用细绉纱线织造成的哑光平纹面料，常用于修长晚礼服的制作。

微型纤维面料 Microfibre，凡是用比真丝纤维还细的合成纤维织造而成的面料都可统称为“微型纤维面料”，它们的共性是柔软、轻盈、透气性好并且耐磨。

仿鼹鼠皮面料 Moleskin，一种经过绒头梳理的厚实棉布，通常为深色，用于裤子和夹克的制作。

桃皮绒织物 Peau-de-pêche，有些类似于仿鼹鼠皮面料，但是更加轻盈和柔软，多用微型纤维织造。

细点牛津布 Pinpoint Oxford，一种轻质、柔软、类似于棉布的面料，是用$\frac{2}{1}$厘平组织反复织造而成的。它是一种高质量的面料，有着非常平滑的外表，常用于衬衫的制作。

凹凸织物 Piqué，一种带有华夫饼格或钻石格等图案的棉针织物。凹凸织物在国际范围内的流行源自于20世纪20年代法国网球公开赛上世界网球名将恩那·拉科斯特（Rene Lacoste，鳄鱼品牌的创始人）所穿的比赛服。

罗纹网眼布 Pointelle，一种非常女性化的针织面料，上面有精致的网眼图案。

府绸 Poplin，一种耐磨的、类似于细毛织品的平纹织物，但是有更加明显的纹理和更重的质量，常用真丝纤维、棉纤维、合成纤维、毛纤维或混纺纤维织成。

锦纶纱加固织物 Ripstop，这种面料是用双股纱线按照一定的间隔规律织造而成，因此小的外力撕扯并不能将其破坏。

棉缎 Sateen，这种表面光滑、耐磨的面料有着含蓄的光泽，它通常是棉纤维按照缎纹组织织造而成。

缎纹织物 Satin，一种表面光亮、平滑的面料，通常用真丝、黏胶或醋酯纤维织造而成，多用来制作正式的礼服、结婚服或衣服衬里。

机织花边 Schiffli，一种在透明或者网状衬底上按照植物藤蔓图案刺绣出来的纺织材料，通常根据所使用的机器类型来决定其称呼。

绉条纹薄织物 Seersucher，一种在热天里十分受欢迎的棉织物，上面有永久性的条状皱痕。

山东绸 Shantung，一种用粗节纱（是指粗细不规则的、结块较多的纱线）织造而成的类似于丝绸的中等重量平纹织物。多用于女裙装的制作。

塔夫绸 Taffeta，一种质感松脆的、能够沙沙作响的闪亮礼服面料，常常沿经向或纬向的方向织出格子或圆点的肌理效果。

毛圈织物 Terry，单面或者双面都有着圈绒状肌理的织物。

亚麻织物 Toile，一种重量较轻或中等的精细平纹棉织型面料。

粗花呢 Tweed，一种冬季型苏格兰羊毛织物，常采用色织形成图案效果。

斜纹织物 Twill，在表面形成明显斜纹肌理的织物（例如斜纹粗棉布、华达呢和斜纹精纺呢等），常用于制作下装和外套。

拉绒机织物 Velour，一种柔软、绒毛紧致的长绒面料。

天鹅绒 Velvet，一种经过剪绒的绒面织物，有着富贵的外表和柔软的质地。

八枚经面缎 Venetian，一种奢华的毛经棉缎，常用于套装和上衣的制作。

黏胶纤维 Viscose，一种利用再生纤维素制造出来的纤维产品，有着较好的柔软度、吸水性和悬垂性，可以被生产成不同组织结构和重量的纺织品——无论是表面粗糙的，还是有光泽的。只是这种材料却经受不起过于频繁的水洗。

巴里纱 Voile，一种轻质的、透明的薄纱，摸上去手感脆而硬。

维耶拉面料 Vyella™，一种将棉、毛纤维按照一定比例混纺的面料，可以进行色织或印染图案，常用来制作中等重量的冬季服装或者学生校服。

色织棉法兰绒 Wincyette，一种常用来制作睡衣和童装的梳棉面料。

精纺面料 Worsted，耐磨的羊毛面料，常用于男装。

时装院校

虽然以下所列出的院校名称并不全面，但它们都是时装教育领域中的领先代表。

英国

中央圣马丁艺术与设计学院
Central Saint Martins College of Art and Design
主要教授时装与纺织设计课程
Granary Square
London NIC

金斯顿大学
Kingston University
主要专业为艺术、设计和建筑
Knights Park
Kingston upon Thames
Surrey KT1 2QJ
www.kingston.ac.uk

伦敦时装学院
London College of Fashion
20 John Princes Street
London W1G 0BJ
www.fashion.arts.ac.uk

曼彻斯特城市大学
Manchester Metropolitan University
主要专业为艺术和设计
Cavendish Building
Cavendish Street
Manchester M15 6BX
www. mmu.ac.uk

密德萨斯大学
MIddlesex University
主要教授艺术及艺术教育课程
Cat Hill
Barnet
Hertfordshire EN4 8HT
www.mdx.ac.uk

皇家艺术学院
Royal College of Art
主要教授时装与纺织设计课程
Kensington Gore
London SW7 2EU
（只提供研究生课程）
www.rca.ac.uk

布莱顿大学
University of Brighton
School of Architecture and Design
Grand Parade
Brighton BN2 0JY
www.brighton.ac.uk

法国

迪贝雷时装学校
Ecole Duperre
11 rue Dupetit-Thouars
75003 Paris
www.essa-duperre.scola.ac-paris.fr

艾斯蒙特高级时装学院
ESMOD
这所学院在世界14个国家开设了21所分校，其总部位于：
12 Rue de la Rochefoucauld
75009 Paris
www.esmod.com

伯考特高等服装设计学院
Studio Bercot
29 rue des Petites Ecuries
F-75010 Paris
www. studio-bercot.com

德国

艾斯蒙特高级时装学院
ESMOD
Fraunhoferstr.23h
80469 München

意大利

罗马时装学院
Academia di Costume e di Moda
Via della Rondinella 2
00186 Roma

马兰戈尼设计学院
Marangoni
Via Verri 4
20121 Milano
institutomarangoni.com

波里摩达时尚学院
Polimoda
Villa Strozzi
Via Pisana 77
501443 Florence
www.polimoda.com

比利时

法兰德斯时装学院
Flanders Fashion Institute
Nationalestraat 28/2
2000 Antwerp
www.ffi.be

坎贝雷艺术学院
La Cambre
Ecole Superieure des Arts Visuels
21 Abbaye de la Cambre
1000 Brussels
www.lacambre.be

美国

纽约时装学院
The Fashion Institute of Technology (FIT)
7th Avenue at 27th Street
New York, NY 10001
www.fitngc.edu

帕森设计学校
Parsons The New School of Design
66 5th Avenue
New York, NY 10011
www.parsons.edu

普瑞特艺术学院
Pratt Institute
200 Willoughby Avenue
Brooklyn, NY 11205
www.pratt.edu

日本

神户艺术工科大学
Kobe Design University
8-1-1 Gakuennishi-machi
Nishiku
Kobe 651-2196
Japan

博物馆和服饰展览馆

一些博物馆会给学生票以优惠，或者会选择某些日子免费开放。

布鲁克林博物馆
Brooklyn Museum
200 Eastern Parkway
Brooklyn
NY 11238-6052
USA
www.brooklynmuseum.org

意大利国际服饰艺术博物馆
Centro Internazionale Arti e del Costume
Palazzo Grassi
S.Samuele 3231
20124 Venice
Italy

洛杉矶艺术博物馆服饰廊
Costume Gallery
Los Angeles County Museum of Art
5905 Wilshire Boulevard
Los Angeles
CA 90036
USA
www.lacma.org

美国时装研究院展览馆
Costume Institute
Metropolitan Museum of Art
1000 5th Avenue at 82nd Street
New York
NY 10028-0198
USA
www.metmuseum.org

英国服饰博物馆
Fashion Museum
Assembly Rooms
Bennett Street
Bath BA1 2QH
UK
www.museumofcostume.co.uk

格莱里亚服饰博物馆
Galeria del Costume,
Via della Ninna 5
50122 Florence
Italy

神户时装博物馆
Kobe Fashion Museum
9, 2-chome
Koyocho-naka
Higashinada
Kobe 658–0032
Japan
www.fashionmuseum.or.jp

德国时装研究院展览馆
Kostumforschungs Institut
Kemnatenstrasse 50
8 Munich 19
Germany

柏林服饰艺术博物馆
Lipperheidesche Kostümbibliothek
Kunstbibliothek
Staatliche Museen zu Berlin
Matthaikirchplatz 6
10785 Berlin
Germany

比利时安特卫普时尚博物馆
MoMu
Antwerp Fashion ModeMuseum-
Nationalestraat 28
B—2000 Antwerpen
Belgium
Tel + 32(0)3470 2770
Fax + 32(0)3470 2771
Email info@momu.be

巴黎流行服饰博物馆
Musée de la Mode et du Costume
Pallais Galliéra
10 Avenue Pierre 1er de Serbie
75016 Paris
France

巴黎艺术与时装博物馆
Musée des Arts de la Mode
Palais du Louvre
107 rue de Rivoli
75001 Paris
France
lesartsdecoratifs.fr

法国丝织博物馆
Le musée des Tissus et des Arts Décoratifs
34 rue de la Charité
F-69002 Lyon
France
Tel +33(4)78 3842 00.
Fax +33(4)72 4025 12.
www.musee-des-tissus.com

纽约时装学院展览馆
Museum at the Fashion Institute of Technology
7th Avenue at 27th Street
New York
NY 10001-5992
USA
E-mail museuminfo@fitnyc.edu

萨尔瓦多・菲拉格慕博物馆
Museum Salvatore Ferragamo
Palazzo Spini Feroni
Via Tornabuoni 2
50123 Florence
Italy
Tel 055 3360456
Fax 055 3360475

英国维多利亚与艾伯特博物馆
Victoria and Albert Museum (V&A)
Cromwell Road
South Kensington
London SW7 2RL
UK
www.vam.ac.uk

网站

La Couturière Parisienne
www.marquise.de

Musée (links to musems worldwide)
www.musee-online.org

What is fashion
www.pbs.org/newshour/infocus/fashion/whatis-fashion.html

Fashion-Era
www.fashion-era.com
by Pauline Weston Thomas and Guy Thomas.

Your Creative Future
www.yourcreativefuture.org.uk/fashion
A guide to education and career opportunities in the creative industries sponsored by the Department for Culture, Media and Sport, the Design Council, and The Arts Council of England.

www.skillset.org/fashion_and_textiles

The Register of Apparel and Textile Designers
www.fashionweb.co.uk

www.costumes.org

电影和文学作品

小说

《绽放》(*In Full Bloom*)

作者卡罗琳·黄（Caroline Hwang），故事记述了一个韩裔美国女孩在时尚杂志界的打拼经历。

《城里的女人们》(*Women About Town*)

作者劳拉·雅各布斯（Laura Jacobs），曾任《名利场》(*Vanity Fair*)杂志的编辑。在书中记述了两个混迹于设计界和传媒界的纽约客奋力融入上流社会的故事。

《桑汀的超模冒险》(*The adventures of Sandee the Supermodel*)

一本幽默的书。

《波格多浮的金发女郎》(*Bergdorf Blondes*)

作者普兰姆·赛克斯（Plum Sykes）是《流行》杂志的造型师，也是一个躲藏在聚光灯后的颇能引起争议的人物。

《穿普拉达的恶魔》(*The Devil Wears Prada*)

作者劳伦·魏丝伯格（Lauren Weisberger），她曾担任美国《流行》杂志主编安娜·温托的编辑助理。

电影

《飞车党》(*The Wild One*)

由导演拉兹罗·比尼德克（László Benedek）于1953年执导，主演马龙·白兰度（Marlon Brando）在影片中所穿的摩托车牛皮夹克风靡一时。

《无因的反抗》(*Rebel Without A Cause*)

由尼古拉斯·雷（Nicholas Ray）于1955年执导，主演詹姆斯·迪恩因这部影片而成为当时的青少年偶像。

《甜姐儿》(*Funny Face*)

由斯坦利·多南（Stanley Donen）于1957年执导，主演奥黛丽·赫本（Audrey Hepburn）穿着休伯特·德·纪梵希所设计的服装。

《摇摆舞女郎》(*Beat Girl*)

由爱德蒙德·T·格莱维尔（Edmond T Gréville）于1960年执导的影片，讲述了一个毕业于圣马丁时装学院的学生流连在苏豪富人区甚至多过在校时间的故事。

《太空英雌芭芭丽娜》(*Barbarella*)

由罗杰·瓦迪姆(Roger Vadim)于1967年执导的影片，称得上是著名演员简·方达(Jane Fonda)所出演的一部粗制滥造的电影，但里面那些充满未来感的时装却是设计师帕克·拉巴纳的力作。

《白昼美人》(*Belle de Jour*)

由路易斯·布努埃尔（Luis Buhuel）于1967年执导，影片主角凯瑟琳·德诺芙身着伊夫·圣·洛朗服装。

《同流者》(*The Conformist*)

由贝纳多·贝托鲁奇(Bernardo Bertolucci)于1970年执导，影片优雅地再现了20世纪30年代法西斯统治下局势紧张的社会面貌。

《迷幻演出》(*Performance*)

由唐纳德·卡梅尔和尼古拉斯·罗依格（Donald Cammell & Nicolas Roeg）于1970年执导，影片中的主角米克·贾格（Mick Jagger）和安妮塔·帕里博格（Anita Pallenberg）所穿的是英国时装设计师奥西·克拉克（Ossie Clark）的作品。

《安妮·霍尔》(*Annie Hall*)

由伍迪·艾伦（Woody Allen）于1977年执导，影片女主人公安妮·霍尔所穿的是美国时装设计师拉尔夫·劳伦的作品。

《模特》(*Model*)

由弗雷德里克·怀斯曼（Frederick Wiseman）于1980年执导，影片所展示的是纽约时尚界的风貌。

《银翼杀手》(*Blade Runner*)

由雷德利·斯科特(Ridley Scott)于1982年执导，这部影片将科幻元素和摩登的洛杉矶元素结合到了一起。

《都市时装速记》(*Aufzeichungen zu kleidren and Städten*)

由维姆·文德斯(Wim Wenders)于1989年执导，是一部以时装设计师山木耀司为主要人物的纪录片。

《云裳风暴》(*Prêt-à Porter*)

由罗伯特·奥特曼（Robert Altman）于1994年执导，影片以超现实主义的手法对巴黎的时尚界进行了展现，尤其以让·保罗·戈蒂埃和克里斯汀·拉夸的时装秀为最大亮点。

《解开拉链》(*Unzipped*)

由道格拉斯·基维（Douglas Keeve）于1995年执导，电影的主角是拥有很高声誉的时装设计师伊萨克·米兹拉希（Isaac Mizrahi），这部电影就是通过他的眼睛来纪实性地看待时尚产业。

《波利·玛戈，你是谁?》(*Qui etes Polly Magoo*)

由威廉姆·克莱因(William Klein)于1996年执导，影片从一个时装摄影师的视角戏谑式地再现了一个陌生的时尚世界。

《第五元素》(*The Fifth Element*)

由吕克·贝松(Luc Besson)于1997年执导的影片，演员米拉·乔沃维奇(Mila Jojovich)所穿的是法国时装设计师让·保罗·戈蒂埃的作品。

《时装》(*Garmento*)

由导演米歇尔·马赫(Michele Maher)于2002年执导的影片，讲述了一个发生在纽约第七大道时装公司的黑色幽默故事。

《巴黎拜金女》(*Priceless*)

由皮耶尔·萨尔瓦多利(Pierre Salvadori)于2006年执导，影片堪称当代版的“蒂凡尼的早餐”，奥黛丽·塔图（Audrey Tauton）饰演的是一个在蔚蓝海岸为了名牌而进行援交的拜金女郎。

《赎罪》(*Atonement*)

由乔·怀特(Joe Wright)于2007年执导，女影星凯拉·奈特利(Keira Knightley)20世纪30年代的惊艳造型更是成为全片的一个亮点。

《时尚女王香奈儿》(*Coco Before Chanel*)

由安妮·芳婷(Anne Fontaine)于2009年执导，奥黛丽·塔图（Audrey Tautou）在其中扮演年轻时的可可·香奈儿。

《灰色花园》(*Greg Gardens*)

由迈克尔·苏克西(Michael Sucsy)于2009年执导，杰西卡·兰格(Jessica Lange)和德鲁·巴西摩尔(Drew Barrymore)扮演了一对性格古怪的杰奎琳·肯尼迪(Jacgueline Kennedg)的表亲母女，在电影中的造型也十分的离奇古怪，自成一派。

《时尚恶魔的圣经》(*The September Issue*)

由导演R.J.卡特勒(RJ Cutler)联合时尚评论家哈密什·博尔斯(Hamish Bowles)和演员萨拉·布朗(Sarah Brown)于2009年联合推出的纪录片。影片记录了美国版《时尚》(*Vogue*)主编安娜·温图尔(Anna Wintour)和她的编辑们一起准备内容最为丰富的九月刊的出版全过程。

《单身男子》(*Asingle Man*)

导演是时装设计师汤姆·福特(Tom Ford)于2009年推出。演员有科林·费斯(Colin Firth)和朱利安·摩尔(Julianne Moore)。

《香奈儿秘密情史》(*Coco & Igor*)

导演杨·高能(Jan Kounen)于2010年推出，由安娜·莫格拉莉丝(Anna Mouglalis)饰演香奈儿，麦德斯·米克尔森(Mads Mikkelsen)饰演伊戈尔·斯特拉文斯基(Igor Stravinsky)。影片中的服装由香奈儿品牌提供。

《我是爱》(*I am Love*)

由卢卡·格达戈尼诺(Luce Cuadagnino)于2010年执导，影片中女主角蒂尔达·斯维顿(Tilda Swintcn)所穿的是极简主义女设计师吉尔·桑达(Jil Sander)的作品。

学生事务信息

英国教育官方网站(Education UK)

www.educationuk.org

网站列出了由英国文化部所认可的英国境内所有大学及学员的名称。

欧洲实习计划(European Work Experience Program)

www.ewep.com

EWEP计划为来自欧洲国家的学生提供了在英国就业实习的机会，并以此来探索新的英国生活方式。

英国全国学生联合会(The National Union of Students)

www.uns.org.uk

NUS是一个由英国的教育机构、基金团体、就业培训机构以及其他有关部门联合组成的十分重要的学生服务组织。

英国大学与院校入学委员会(Vniversity and Colleges Admission Services)

www.vcas.co.uk

可供查阅英国大学与院校的本科课程及基础学分的数据资料。VCAS为想在英国修读全日制本科课程的学生提供申请入学服务。

www.arts.ac.uk/stndyabroad

这是一个专门提供位于伦敦中心地区的艺术设计或传媒类院校咨询的网站。

www.unofficial-guides.com

这是一个由学生自己运营的学生服务网站，专门提供社交、设施、食宿等于校园生活密切相关的资讯。

www.fashion-school-finder.com

可以搜到美国时装学校的相关资料

www.academix.com

这是一个给那些想到德国以外国家留学的学生提供资讯的网站。

国际教育交流协会(The Council on International Educational Ex-changes)

www.councilexchanges.org

以下是协会分部的联系方式：

伦敦(London)
52 Poland Street
London WIV 4JQ
UK
Tel 020 7478 2000
Email infovk@ciee.org

纽约(New York)
205 East 42nd Street New York,NY10017-5706
USA
Tel 212 822 2660
Email intVSA@ciee.org

巴黎(Paris)
1Place de l'odeon 75006 Paris France
Tel 33 144 42 74 74
Email infoFrance@ciee.org

商店和供货商

美国

Active Trimming
shoulder pads and trims
250 W. 39th Street,
New York, NY 10018
Tel 212 921 7114

Adel Rootstein USA Inc.
display mannequins
205 W. 19th Street,
New York, NY 10011–4012
Tel 212 645 2020

Alpha Trims
trimmings
6 East 32nd Street,
New York, NY 10016
Tel 212 889 9765

Apple Trim Sewing
notions and trims
260 W. 36th Street,
New York, NY 10018–7560

Art Station Ltd
art and design materials
144 West 27th Street,
New York, NY 10001
Tel 212 807 8000

Brewer-Cantelmo
custom portfolios
350 Seventh Avenue,
New York, NY 10001
Tel 212 244 4600

Britex Fabrics
146 Geary Street,
San Francisco, CA 94108
Tel 415 392 2910

Button Works
buttons and trims
242 W. 36th Street,
New York, NY 10018
Tel 212 330 8912

Duplex Buttons and Beads
small findings and trims
575 8th Avenue,
New York, NY 10018–3011

Far Out Fabrics
1556 Haight Street,
San Francisco, CA 94117
Tel 415 621 1287

Fashion Design Bookshop
books and fashion tools
234 W. 27th Street,
New York, NY 10001
Tel 212 633 9646
Le Lame Inc.
stretch and party fabrics
and elasticated trims
250 W. 39th Street,
New York, NY 10018
Tel 212 921 9770

Long Island Fabrics
406 Broadway, New York,
NY 10013–3519
Tel 212 925 4488

M & J Trimming Co.
trimmings
1008 6th Avenue,
New York, NY 10018

Mood Fabrics
250 W. 39th Street, 10th Floor,
New York, NY 10018–1500

Paron Fabrics Inc.
206 W. 40th Street, New York, NY

Pearl Paint
artists' supplies
308 Canal Street,
New York, NY 10013
Tel 800 221 6845

Sam Flax
artists' materials
425 Park Avenue,
New York, NY 10021
Tel 800 628 9512

Satin Moon
32 Clement Street,
San Francisco, CA 94118
Tel 415 668 1623

Service Notions
trimmings and display suppliers
256 W. 38th Street,
New York, NY 10018
Tel 800 508 7353

Superior Model Form Co.
dress stands, also repairs
306 West 38th Street,
New York, NY 10018
Tel 212 947 3633

Swarovski Crystal Company
crystals and components
29 W. 57th Street, 8th Floor,
New York, NY 10019
Tel 212 935 4200

The Pellon Company
interfacings and appliqués
119 W. 40th Street,
New York, NY 10018

Vogue Fashion Pleating
custom pleating
264 W. 37th Street, New York,
NY 10018
Tel 212 921 8666

Zipper Stop
zippers and threads
27 Allen Street, New York, NY 10002
Tel 212 226 3964

英国

Alma Leather
leather
12–14 Greatorex Street, London E1
Tel 020 7375 0343

Barnet & Lawson
ribbons, lace, fringes, cords, elastics, feathers
16 Little Portland Street,
London W1N
Tel 020 7636 8591
Borovick
glitzy evening fabrics
16 Berwick Street, London WC1V
Tel 020 7437 2180

Celestial Buttons
unusual buttons and notions
162 Archway Road, London N6 5BB
Tel 020 8341 2788

The Cloth House
fabric, broad range
130 Royal College Street,
London NW1
Tel 020 7485 6247

The Cloth Shop
fabric, designers' unused fabric, samples bought
14 Berwick Street,
London WC1V 3RF
Tel 020 7287 2881

Eastman Staples Ltd
student and studio equipment for pattern-cutting and making
Lockwood Road,
Huddersfield HD1 3QW
Tel 01484 888888

Ells & Farrier
beads, sequins, and crystals
20 Beak Street, London W1R 3HA
Tel 01494 715606, Fax 01494 718510

George Weil and Sons Ltd
fabrics, dyes, printing equipment, books
18 Hanson Street, London W1P 7DB

The Handweavers
studio yarns, fibres, dyes, books
29 Haroldstone Road,
London E17 7AN
Tel 020 8521 2281

London Graphic Centre
portfolios, designers' materials, student discounts
16–18 Shelton Street,
London WC2E 9JJ
Tel 020 7240 0095

MacCulloch & Wallis Ltd
fabrics, trimmings, and notions
25 Dering Street, London W1R 0BH
Tel 020 7409 0725

Morplan Fashion
stationers and cutting-room equipment
56 Great Titchfield Street,
London W1P 8DX
Tel 020 7636 1887
Freefone 0800 435 333

Pongees Wholesale
plain silks
28–30 Hoxton Square, London N1
Tel 020 7739 9130

Rai Trimmings
tailoring supplies
9/12 St Anne's Court, London W1
Tel 020 7437 2696

R.D. Franks Ltd
fashion books and magazines,
tools, dress stands
Kent House, Market Place,
London W1W 8HY
Tel 020 7636 1244

Rose Fittings (James & Alden)
buckles, eyelets, metal fittings
398 City Road, London EC1

Soho Silks & By the Yard
quality fabrics and fancy silks
24 Berwick Street,
London WC1V 3RF
Tel 020 7434 3305

Whaleys (Bradford) Ltd
plain, natural, and greige cloth
Mail order
Tel 01274 576718

William Gee
linings, notions, trims
520 Kingsland Road, London E8
Tel 020 7254 2451

法国

Bouchara
old-fashioned home and fabrics store
corner of boulevard Haussman and rue Lafayette

Dominique Kieffer
8 rue Hérold, Paris, 75001

La Samaritaine
department store with both modern and tra-ditional fabric
floor 75, rue de Rivoli, Paris, 75001
Metro: Pont Neuf

Le Rouvray
patchwork and craft suppliers
3 rue de la Bucherie, Paris, 75005
Tel 01 43 25 00 45

Marché Carreau du temple
traditional roofed market—excellent fabric and clothing bargains
rue Perrée

Marché St Pierre
four-story fabric shop. Every imaginable type of fabric from standard cottons to luxury embroideries
2 rue Charles Nodier Montmartre, Paris, 75018
Tel 01 46 06 56 34

Moline Tissus
household fabrics and laces
1 Place Saint-Pierre, Paris, 75018
Metro: Anvers
Tel 01 46 06 14 66

Pierre Frey
22 rue Royale, Paris, 75008

Reine
end of line fabrics
Montmartre, Rue Charles Nodier, Paris

制板和缝制术语

A

Allowance 余量	多余的面料量用于：(1)缝合边缘的余量； (2)给服装留下适当的活动量； (3)褶裥或抽褶量。
Appliqué 缝饰	用一块面料在另一块面料上进行装饰性的缝纫。
Arm Stye 袖孔	原型板上表示袖窿的区域。
Asymme trical 不对称式样	不呈中心式对称和均衡的服装款式。
Awl 锥子	一种尖端锋利的工具，用来在服装样板或皮革上钻孔。

B

Bag-out 来去缝	一种用机械缝合面料及衬里时所进行的边缘处理工艺，即在反面缝合以后再翻转过来，于是缝线被藏在里侧，而正面所得到的边缘是光滑平整的。
Balance 平衡	(1)指一件服装被悬挂时的直丝方向，甚至是侧缝的方向； (2)指令人感到舒适的设计比例。
Balance Marks 对位记号	服装样板上用于确保面料正确经、纬方向的标记。
Basic Block 基本原型	用于绘制其他服装样板的标准母板。
Basting 假缝	临时的缝合，因此也称为临时组合，用于服装被送去机械缝纫之前的调试环节中。
Bias 斜丝	面料的经、纬丝道之间45°的方向。
Bias Binding 斜裁滚边	将面料按斜丝方向剪裁成长条，这种布条在折叠后比用直丝道裁成的布条具有更好的延展性和服贴性，因此是很好的绲边或包缝材料。
Blocking	(1)熨烫，将针织面料熨烫平整； (2)归拔，即用热蒸汽熨烫出布料的隆起。
Bodice 紧身衣	服装的合体的上半身（通常没有领子部分）。
Boning 骨撑	妇女紧身胸衣上用于支撑的硬条，最初使用鲸须，后改用金属条或涂层塑料材料制作。
Breakline 驳口线	领片的翻折线。
Breakpoint 转折点	胸前衣领片向后身转折的点。
Button 纽扣	常见的服饰配件，有二孔、四孔之分，还有鱼眼形、骨节形和包覆形的。
Buttonhole 扣眼	扣眼的形式有手工锁眼、包边扣眼、嵌线式扣眼和内缝式扣眼，也有一些是通过特殊的机器（例如自动钉扣机）来进行开扣眼和钉扣。
Button line 纽扣型号	纽扣型号是表明纽扣大小的标准尺度，也可以用“莱尼(ligne)”单位来加以表现，通常的型号有18，22，26，30，36，45，60。

C

Casing 抽带管	在两道平行的绗缝线之间形成一个管道，可以将松紧带或者绳带穿入其中。
Chalk 画粉	用蜡质的裁缝画粉在面料上将关键点标示出来，以指导样衣师的缝纫工作，其所形成的印迹可以被水蒸气轻易地去除。
Chevron 人字斜纹呢	一种条纹相互交搭形成V字图案的面料。
Clip 剪口	在缝边的拐角处和曲线处剪出一个或多个缺口以减少因为张力而形成的鼓包，或者使面料在展开时能够保持平整的状态。
Collar Stand 底领	即领座，是向下翻折的领面和领口的连接部分，在衬衫里通常被加固并钉有纽扣。
Contoured 轮廓	指人体的外形轮廓。
Crossgrain 交错纹理	从布匹的一端边缘到另一端边缘的织物纹理方向。

D

Dart 省道	一种被缝合的褶裥，它的一端或者两端逐渐变得尖细，其作用是为了使织物能够贴合身体的轮廓。
Décolleté 低颈露肩装	一种领线很低的服装款式。
Die cutting 冲压裁剪	服装在进行大批量生产时采用金属模板进行冲压裁剪。
Double-breasted 双门襟	一种阔翻领的服装样式，通常钉有以前中心线为对称的双排扣。
Drape	(1)悬垂性，织物的悬垂性； (2)褶裥，在服装上面捏出褶裥。
Dress Stand 人台	人体躯干模型，通常采用站立的姿势并且可以转动，以便于制衣者进行操作。

E

Ease 余量	类似于"Allowance"，即多余的面料量，以满足服装的活动量或舒适性。
Embroidery 刺绣	一种装饰性的针线工艺，可以是手工操作，也可以通过机器生产。
Empire Line 高腰线	一种上身为紧身衣的裙装，腰部的分割线或束带被提高到胸底的位置。
Eyelet 孔眼	服装上供绳带穿入的小孔，通常用金属圈或锁缝针法进行边缘处理。

F

Facing 贴边	一种处理服装毛边的方法，通常是采用一块与服装裁片形状相同的面料与服装裁片进行反面缝合，然后翻出来得到光滑的衣边。
Fastenings 扣件	服装系扣有很多种方式，例如纽扣、拉链、挂钩和眼孔、尼龙搭扣、绳环套扣等。
Feeler 样本	由供应商所提供的简单的面料小样集合，以帮助设计师来挑选材料和色彩系列。
Fitting 试装	在人台或者顾客身上调节服装合体性的过程。
Flare 喇叭形部分	服装底摆扩展的部分，通常会为服装增加一种摇曳的美感。
Flexicurve 弯尺	一种可以辅助绘图者画出光滑、饱满曲线的工具，有着很好的柔韧度。
Fly 裤门襟	以纽扣或拉链开合的裤门襟。
Fly Front 暗门襟	暗藏着的以纽扣或拉链开合的门襟，通常出现在外套上面。
Fray 毛边	经过光边处理的织物边缘都不会散开，但在许多织物里，毛边必须经过锁缝或者扎成束状才能避免服装在日后因为开裂而毁坏。
French Curve 法国曲线尺	一种制板用的工具，它是根据"黄金分割"的原理制作出来的弧形尺，可以辅助制板师描绘出饱满、开放的曲线。
Frog 盘花纽	盘成圈状的绲带，用作服装的装饰或是纽扣。
Fusing 热熔	利用高温或化学药剂将织物表面粘合在一起的一项技术。

G

Gathers 抽褶	将面料拉出余量或者使两条缝线之间充盈。
Gimp 上光线	用于加固钮孔或是刺绣用的功能性缝线。
Godet 三角布	用以放宽衣裙下摆的三角形布块。
Gore 拼片	剪裁成某种形状的面料，通常用来放宽服装的下摆。
Gorge 领子串口	即衣领领面与驳头面缝合处（既有叠串口线，也有单串口线）。
Grading 收放码	在标准尺码的基础上进行加大或缩小板形的处理。
Grain 纹理	指面料经线方向（直丝道）和纬线方向（横丝道），如果没有按照布匹的直丝道裁剪的话，那么人们就会说服装被"裁歪了"。
Grosgrain 罗缎饰带	一种常用于腰部和帽子装饰的宽缎带，质地比较挺硬。
Grown on 部件板型	和服装主体板型相配套的衣袋、下摆或者镶边等小零件部位的纸样。
Gusset 三角形衬料	一种三角形或者船形的面料裁片，当被夹缝在裆部或者腋下位置后，会改变服装的造型或能为穿着者提供更大的活动空间。

H

Haberdashery 缝纫用品	纺织装饰材料的近义词。
Handstitch 手工线迹	无论是出于实用的目的还是装饰的需要，样衣师或者裁缝的工作有很多是通过手工针线完成的，有时其所占的比例甚至要超出借助机器所完成的缝纫项目，例如粗缝、人字线缝、滚边缝、锁扣眼、斜纹花边，等等。
Hanger Appeal 衣架展示	指一种商业通用的、不利用人形模特进行服装展示的方法，尤其适用于那些悬垂性和延展性好的服装。
Hem 下摆	将服装下面的边缘折叠进去形成下摆。
Hemline 底摆线	指服装的边缘线，也指其所对应的人体部位。

I

Inset 嵌料	美化服装接缝的一小片布料或是装饰物。
Interfacing 衬布	也可以称为Interlining，是指放置在面料和衬里之间的纺织材料，其作用是为了加固服装或是塑造服装的外形，可以用针线与面料进行绗缝，也可以通过高温使其与面料结合在一起。

J

Jetted Pocket 嵌线口袋	边缘用嵌线工艺并且有着一定倾斜角度的口袋，通常用在套装上，也被称作"钱包口袋"。

L

Lacing 编织饰带	两条绳带相互编绕，形成小孔和扣结，可以被编成各种不同的形状。
Laminate 层压	通过涂层材料、粘合剂或者热融法使两层面料粘在一起。
Lapel 驳头线	外衣或者夹克的领子向颈下翻折的那一道转折线。
Lay 铺放量	排料所需的服装面料总量。
Lay Plan 排料	依据面料的幅宽和类型，将服装的裁片在面料上进行最为经济的摆放和安排。
Layering 码板	沿样板的轮廓在横丝方向将面料进行修剪，以确保面料的总量不被浪费。
Lining 里料	一种纺织材料，通常是亮而光滑的，它被缝在服装的内面以保护人体不被磨伤。
Links 袖口链扣	种用竹管形绳纽或者金属链条系合的纽扣。

M

Machine Stitches 机缝针迹	绷缝机能够缝制出一条笔直的线迹，一些特殊的机器还能够产生多种样式的线迹，例如包缝线迹、拷克（锁边）线迹、人字线迹、暗缝线迹，等等。
Marker 描样	在批量裁剪之前，将服装的板样铺放在面料上进行拓绘。
Match 匹配	(1)面料和饰物的色彩和谐悦目； (2)对服装上的条纹和图案进行检查； (3)剪口或是结构分割线相互对应。
Mitre 斜角拼缝	通过一种斜角缝合的方法来制造出整洁的衣角。
Modelling 立体塑造	“立体裁剪”的同义词，即在人体或者人台上面用三维的方法进行服装设计。
Mounting 裱托	用绗缝或热融的方法将衬布与主要的面料结合在一起。
Muslin 平纹细布	一种薄棉纱布，用来制作“样衣”或者进行缝纫训练。

N

Nap 绒面织物	指因绒毛的不同倒向而发生光泽变化的起绒面料，用它制作服装时，裁片必须顺应着同一个方向。
Needle 缝针	缝针的型号可以以公制单位表示（70~110毫米），也可以用“胜家（Singer）型号”（11~18号）来表示。不同的针尖形状可以满足不同需求的缝纫类型，例如锋利型、圆头型、双头缝针、皮革缝针等，专用的手工缝针有手套针、珠绣针和女帽针。
Needleboard 针板	一块布满细小刺针的板，可以把天鹅绒或者灯芯绒面料铺在上面进行操作。
Notches 打剪口	在服装纸样的缝边余量上剪出缺口以确定将来缝合的位置，有助于各个关键点的对位。
Notions 小件日用品	针线、纽扣、带子等缝纫用品和纺织装饰材料。

O

Off/on-grain 歪斜丝绺	指那些因经纬丝道扭曲而成为残次品的面料，或者是在裁剪当中由于纸样没有顺应正确的丝道方向而导致的整体扭曲的服装产品。
One-way 单向印花	许多印花面料的图案具有单一的方向性，绒面织物也是一种需要注意方向统一的面料。
Overlock 包缝	一种用机器对布边进行对缝以防止毛边散绺的工艺，也称Serging或者Merrowing。

P

Pad-out 填充	用面料或者软填料将服装的某一部分支撑起来使之显得丰满。
Paper 纸	有许多类型的纸和卡纸都适用于时装设计的工作，例如牛皮纸、白纸、点纹或十字纹的纸、黄卡纸、马尼拉卡纸和表格纸等。
Pattern-hook 样板挂钩	用于成品生产的服装样板通常不是折叠存放，而是以悬挂的方式进行保管。
Peplum 腰部装饰褶襞	外衣或上衣腰线以下作为装饰的、向外展开的褶襞部分。
Petersham 彼得沙姆硬衬	用来支撑和加固衣裙或裤子腰头的硬质厚纱。
Picot 锯齿边	针织衫或者内衣上面的锯齿形缝迹。
Pile 绒织物	纺织成线圈或者通过剪绒从而形成像天鹅绒那样的表面肌理的织物，例如毛巾料或者是毛皮面料。
Pinking 锯齿剪裁	将面料或者衣服的缝边剪裁成锯齿形状以防止边缘散绺。
Pins 针	缝纫工使用纤细的、没有锈迹的不锈钢针、T型针和玻璃头针。
Piping 绲边	用面料或者编织饰带沿绕服装的边缘进行包缝以加固或美化服装。
Pivot Point 轴心基准点	(1)机针在进行嵌缝或者拼合三角布时所围绕的旋转中心点； (2)在服装样板的省道顶端用尖锐的顶角将其进一步锁缝加固。
Placket 开襟	用于服装开合处的一块面料，通常是钉缝纽扣的位置。

Plaids 格子布	用色纱进行经、纬编织从而产生出彩色格子图案的面料。
Pleats 褶裥	褶裥可以是用服装的育克部分或者镶带进行压缝的规律性的手工捏褶，也可以是通过蒸汽压制出的永久性的褶痕。褶裥的种类有很多，例如箱型褶、平褶、开衩褶、倒褶、刀形褶、放射形褶、蘑菇形褶，等等。
Presser-foot 压脚	缝纫机上用于牵引面料方向的零件。
Pressing 压烫	用蒸汽和压力将面料上的皱褶去除。
Princess Line 公主线	修长型裙装或者紧身型上衣上面的一条竖直方向的分割造型线。
Production Pattern 工业用样板	经过精心绘制和严格核对后的用于批量生产的服装样板，一般用卡纸制成。

Q

Quilting 衲缝	用柔软的纱线将两块面料缝合在一起以增添服装的保暖性和装饰性。

R

Rever 或 Revere 倒缝	在服装的颈部和袖口将面料向后倒着缝合。
Roll line 领折线	领子或翻领向后翻折所形成的边缘线。
Rouleau 盘花滚条	一种用长形的面料制成的窄条，有圆柱状和线圈状。
Ruching 或 Rusching 褶裥饰边	一种精致的褶饰，常常用细的松紧带作为绕线的基底。

S

Scissors 剪刀	缝纫工或者裁缝在工作中需要用到多把不同的剪刀，例如裁纸剪刀、面料剪刀、电动剪刀、缝纫剪刀、绣花剪刀以及线头剪刀。
Seam Ripper 拆线器	一种能够迅速拆除线迹或进行纽孔开眼的实用工具。
Self Fabric 大身面料	用于服装制作的主体面料。
Selvedge 或 Selvage 布匹的织边	布匹纬线方向的边缘收口。
Serge	(1)锁(毛边)：对面料的毛边进行锁缝； (2)哔叽呢：一种羊毛织物。
Shank 线绕小梗	将纽扣固定在面料上的布料或者金属制成的扣襻。
Shears 大剪刀	用于裁剪多层或厚重面料的长锋剪刀，面料边缘的线迹会被聚合在一起。
Shoulder Pads 垫肩	事先塑好形状的泡沫塑料或其他材料，填缝进服装以加固和塑造肩部的形状。
Slash 切口	(1)将面料剪开缺口； (2)在面料上铺上纸样以改动原来的服装板型。
Sleeve Head 袖山头	袖窿曲线在肩部的最高点，也可以称为Crown。
Smocking 刺绣装饰	用装饰性的针迹缝出美观的皱褶。
Suppression 压褶塑形	通过捏省、抽褶、折叠或者缝线的方式使平面的面料能够顺应身体的立体轮廓。
Swatch 小块布样	一块小小的面料样品，也称为Feeler。
Symmetrical 不对称式	不均衡的设计法则。

T

Tacking 粗缝	暂时性的缝合，也称作Basting。
Tailor' s Tacks 粗缝针脚	用松弛的缝线将服装的裁片组合起来形成半成品。这些缝线会被剪去线头作为指明省道方向或者平衡对位的标记。
Tape 贴边	牵条，用来巩固缝边的具有一定延展性的织带。
Tape measure 软尺	一种基本缝纫工具，是一种没有延展性却有韧性的测量尺。
Toile	用以检测板型是否合体的样衣，一般用白棉布或平纹细布制成。
Top-pressing	为一件套装或衣服进行的最后的熨烫定型。
Top-stitching 正面线迹	包缝在缝边或者服装表面的、同时具有功能性和装饰性的缝纫线迹。
TTracing-wheel 描迹轮	一种齿轮状的工具，它可以把画在纸上的服装样板拓画在另一张纸上，也可以使卡纸的背面能够显现裁片的形状。
True Bias 正斜	使面料最显柔顺的45°丝道角度。
Trueing-up 修板	修正板样上绘制得不精确的线条，圆顺曲线的弧度以及核对缝边的两侧是否能够对齐。
Tuck 塔克褶	一种装饰性的褶裥。
Turn-up 裤脚翻边	在裤管底边加出的一截面料。

U

Under-pressing 中烫	指为了能够使成品的完成度更好而将服装部件在进行缝合前进行熨烫的工艺步骤，其重要性仅次于最后的整烫。
Under-stitching 贴底车缝	在服装的贴边处或者领部进行缝制以防止这些部位的变形。

V

Vent 背衩	一种为了便于人体活动而制作的服装分衩或者交叠的褶裥。

W

Waistbanding 上裤头	一种用于裤腰部位的带状材料，也是男裤生产非常重要的原料配件。
Webbing 带状织物	一种有着扭花纹理的厚窄织物。
Welt	⑴将面料剪开缺口； ⑵在面料上铺上纸样以改动原来的服装板型。
Wing Seam 翅状缝线	环绕在人体肩胛骨或胸前位置上的弧形缝边。
Working Drawing 服装效果图	用来明示服装结构的图样，常常作为技工操作的指导依据。
Wrap 叠襟式	前开襟呈交叠式样的服装或是裹身叠合式的短裙。

Y

Yoke 育克	在衬衫或者夹克肩部用于加固的一块面料，或是一条在腰间用来将其他面料聚拢成褶裥的宽带。

Z

Zig Zag 之字形线迹	一种用来包缝服装缝边的装饰性线迹，那些要求一定延展度的缝边也适合用这种线迹。
Zippers 拉链	一种有着许多款式和用途的服装闭合件。

后记 Postscript

If you are reading this in the Chinese language edition you are likely to be among the lucky generation who are the children of hard-working parents who have generated and experienced a tremendous explosion of social changes, foreign investment and wealth in the emergent Pacific-rim area economies. China is now hailed as a huge and reliable manufacturing base for standard quality garments, accessories and underwear and a solid export base with broad sales and distribution was evidently vital to bolstering Chinese progress. At the domestic market the Chinese consumer is no longer interested in merely functional clothing. The streets of Beijing and Shanghai are teeming with stylishly dressed young people. This moment should be a wonderful opportunity for the emergence of the Chinese fashion student into a new generation of noteworthy designers.Yet in spite of apparent economic success, in its rush to fulfill the orders of foreign investors of fast-fashion and classic products, China seems unable to nurture its own home-grown designers.

Chinese entrepreneurs have been watching the success of the Hong Kong, Taiwanese, Japanese and South Korean fashion moguls in expanding their internal markets with much interest. But how is it that in recent years, with sudden access to imported goods, the Chinese consumer has also been accused of ‘luxury fever’; more interested in spending and acquiring the high-visibility of foreign status goods and luxury brands than investing in or making top of the market and mid-range home-grown products? Certainly Asia is the world's largest demand market for luxury branded goods and the luxury companies have scrambled over each other to set up stores in China's first tier cities. But even if they are prepared to spend a larger share of their income, relatively few consumers can afford or even want the superficial glitz that luxury brands bestow.

I have been working in fashion education in China for two years and in that short time I have seen and heard of exciting changes that respect traditional approaches whilst embracing the new. Many colleagues and students have alerted me to the astonishing changes that are happening in Chinese fashion and I thank them for their insights. The entire Pan-Asian area is highly competitive and alert to commercial opportunities, which are growing in subtlety. Together with the facilities afforded by new computerized technologies in fabric design, garment and footwear production these opportunities will require smart management and deployment. Now there is an arising and inspirational middle class, with different intellectual sentiments, with concerns about safeguarding the core values and traditional heritage skills, economic sustainability and the environment. Even in China the emphasis has moved from mass-production and huge factory output to one of closely monitored niche production runs and quality monitoring that take note of consumer concerns regarding sweat-shop conditions and pride in corporate responsibility. The speed and high production values enabled by recent investment in factories have meant that China can afford to experiment with fresh scenarios such local designer fashion and mass-customization, whereby the consumer will order online and get what she or he wants made-to-measure.

For a young person interested in a career in fashion the route to understanding the potential of new business and fashion industry scenarios is through the education system. Whilst many operational jobs in the fashion and textile industry remain traditional and do not require top qualifications, reinforcing your strengths and distinguishing the glamour from the reality of fashion employment is important. Strong managerial, engineering, retail and design knowledge in specialisms are in demand and are the key to your future success.

But Fashion is not just an industry and business sector – it is a manifestation of popular social culture. Fashion may seem unpredictable and bizarre to the lay-person. This book aims to introduce the aspiring student to the various processes and tasks that will demystify the matter of creative designing by explaining the creation of innovations through design thinking and methodologies taught on Western university courses. This book shows you what to look for in a well-rounded fashion course syllabus. It will help you find a route into fashion not only by researching, designing and making garments but via awareness of media and marketing, strategic business planning, promotion, and an exit point that will reveal many job opportunities in the emergent Asian market.

The word 'fashion' has evolved from the French word 'façon' which means 'way', as does the word 'mode'. It refers not only to the physical products of fashion: articles of clothing and accessories but also the intangible and non-verbal effects of combining and wearing such items. This aspect of the aesthetics of fashion is one that only the longer investment of time in university level studies can reveal.

A university degree is the competitive path to mobility and higher earnings potential. In Hong Kong and Shanghai over 80% of school leavers go on to university. The link between a university-educated workforce and industrial growth is based on the ability to invest in the time for planning and fostering innovation in industry as well as the funds needed for research and development in the sector. There are numerous internationally known fashion schools and university departments, and some Chinese students prefer to study abroad in order to also learn a foreign language. University is a transitional time between school and work for testing and maturing aspirations and ideas. Many students will have a clear goal of working in the fashion industry. But many do not realize that even if they have no intention to be on the shop floor or a machinist or presser, that these are skills that they need to experience and appreciate in order to be able to managerially improve workplace practices to specify and make the best possible competitive products.

The influence of fashion has now invaded many other fields of commerce and fast moving consumer goods and services. It is important to make sure that the educational course that you choose goes beyond basic instruction as to how to make garments and enhances the ability for newcomers to the field to look at fashion through different lenses. In China, I have been impressed by the fact that both scientific and artistic elements of the fashion and textile departments of top universities often share the same campus. Here students are aware of their interrelationship in a way that is not prevalent in Europe or the US where design is often soloed in art colleges without practical application to workplace practices. Universities frequently offer a sandwich course where introductions to employers through work placement and internship schemes are managed and rewarded. One major advantage that Asia has over the West is that there are many more such opportunities for learning in the workplace.

On the other hand, a disadvantage that the Asian student may have compared to a Western student is a lack of familiarity with or access to Fashion history. Until the last decades of the 20th Century, when Japanese designers surprised the west with the demand for their severe dystopian styles and aesthetics; most fashion design and critical texts about fashion have been concerned with fashion as a Western phenomenon and have followed

Western customs of dress.

Historians cannot pinpoint the start of fashion. It is true to say that there is evidence of elaborate clothing and jewelry in all the ancient civilizations and excavated cities of Egypt, Persia and China. It is known that there were many sumptuary laws whereby people and their rank or job occupations were legally defined or restricted to certain types of clothing and materials. These cultural expressions still help to externally define affiliation to various ethnic groups and religions. It is generally supposed that the cult of displaying new styles as fashion, rather than costume and conformity evolved as strict traditions imposed by the political state or religion declined. At first this was demonstrated through the clothing worn by nobles at the Italian and European royal courts and later amongst the growing high-status and wide-traveling mercantile societies; those people whom today we might call 'High Net-Worth Individuals'.

Chapter one of this book is perhaps the most important in remedying this deficiency, as it outlines the importance of the context of fashion history and cultural and sociologically important events on the moments when fashion suddenly changed direction and followed different movements. This is a process in constant flux, and while we can learn and be inspired by the past, often history does not repeat itself. In Europe, eye-catching and impractical garments became a way of distinguishing those with power, land, cultural expertise and funds from the peasant farmers. It was also probable that those who most indulged in fashion then, as today, were the more youthful and flamboyant members of such groups. The paintings and accounts of the past tell us that young aristocrats were confirming and displaying the wealth of their families sometimes flaunting such attributes to attract a sexual partner or good marriage and affirming their own aspirations. Within the living memory of many elderly people, recent Chinese history has telescoped similar social situations into a dramatically short time frame. It is therefore interesting to compare the desires, customs and mores of Asian people and their fashionable expression, with those of the West.

In most societies the 'way' of creating fashion has often been the intrinsic job of the high-ranking and social leaders. People with status are able to commission and afford the best and unique examples of clothing, adornments and lifestyle artifacts and to be imitated by others. Adam Smith, the 19th century economist and philosopher associated with the Age of Enlightenment, believed that the need for imitation was a natural human instinct and that we choose to imitate those people we imagine to be most happy. In 1899, the Norwegian sociologist Thorstein Veblen famously pointed out in his treatise '*Theory of the Leisure Class*' that the elite do not much like to be imitated and that thereby invent new 'fashionable' ways to stay ahead of their followers. The search for the new has been speeded up and diversified so much in our own century that we now welcome and anticipate the changes and incorporate them into the regular seasons of retailing. In *Fashion Design* you will find clear descriptions of the marketing and merchandising paths that the development of fashion goods takes between the drawing board and the store.

In the 20th Century the French sociologist Pierre Bourdieu introduced the notion of 'cultural capital' as imitation of those with whom we would like to share status in cultural beliefs. This is supported by the observation that some highly influential fashion leaders, such as Coco Chanel, Vivienne Westwood and Alexander McQueen have also been 'outsiders' and social rebels who do not necessarily dress well themselves but serve an elite and culturally active clientele. The designer has thereby been raised to a delicate position balanced between the status of independent artist and creator and yet placed at the centre of the commercial fashion process, personalizing a 'look' and creating the ethos of the brand aesthetic with which they are identified.

One of the important appeals of fashion is that it allows us to try on many different identities, according to our lifestyle, choice of profession, our sports and leisure preferences and family position. Today, you, the individual can negotiate your own fashion 'way' and validate your place in society through signifiers such as your educational qualifications, job, manners and the communication of your appearance through picking various fashion looks and leads. But imitation alone is not the route to new aesthetics and commercial success.

The 21st century is set to see the rise of Chinese fashion as an influential spectacle and commercial miracle. This is because China is also growing as a cultural market, with its own unique offers of style in art, music, cinema and graphic expression. Chinese consumers now have a larger disposable income per capita and many more high-net worth individuals than those of several of the traditional aesthetic commodity loving nations in the West. Chinese consumers today are discerning and certainly demand better than standard products. By 2020 China is predicted to become the second largest fashion market in the world. This expanding market includes over 450 second and third tier cities all priming the installation of new malls, precincts and flagship stores. For example, the Boston Consulting Group suggests that with 80% of the demand for mid-priced fashions coming from them, the revenues from these towns will surpass those of the huge coastal cities.

Today, in China I hear and see a more subtle desire for an authentic Asian expression of cultural engagement and the promotion of Asian designers than previously. Chinese fine workmanship and materials have always been celebrated and valued and today the varieties of silk, cotton, linen and cashmere types, together with intricate embroideries and jacquard weavings are augmented by complex knitted structures, new materials developed from bio-fibres such as bamboo, pearl and crab shells and new production processes. Not only do foreign companies again want to do business in China, but the growing home market needs designers and retail champions, who can understand the Chinese consumer and make for the local conditions. Success in the fashion industry and its related subsidiaries affords not only personal confidence but also the advantage of national, 'cultural capital'.

Indeed there are already a number of Chinese top-end brands and designers with international presence emerging: Shanghai Tang, NE-Tiger and Shang Xia, Liang-Zi for evening wear and Ma Ke who has been showcased by the V&A museum in London and the Palais Royale in Paris. Increasingly there are mid-level brands and names to watch, such as *Even Penniless, ZucZug*, Uma Wang, Vega Wang, Zhang Huishang and menswear designer Xander Zhou. At the lower end of the market the Chinese mainland is seeing an expansion of popular and design orientated high-street brands such as MetersBonwe which has over 3,000 stores including its *Me & City* brand for working women and the entry of Hong Kong conglomerates fielding stores such as *Ochirly* and *Forever21* aimed at the girly tastes of the petite and youthful Chinese consumer.

What is missing is local fashion expertise in the innovation of product development, styling, in-store retailing design and consumer-facing skills. The ability to predict and interpret the tastes of customers and buy the right stock lines is also critical to retail success. The Chinese consumer, like the Japanese, is of a different physical proportion to that of the average Western woman, and this too, will require some adjustment of thinking and expectations of the proportion and fit of clothing. In Chapter 3, I explain the importance of observation of the human body. Clothing and fashions are measured and made for human body forms, but also deliberately expose and contradict the body, sometimes by simultaneously concealing, constricting, amplifying and abstracting it. Fashion silhouettes transmute and change according to prevailing social needs and beliefs about the ideal body shape and diet, beauty and gender, erogenous zones, sexuality and modesty. Today's Asian fashion consumers are widely distributed and united in their style tribes by internet, syndicated magazines, TV shows, music and movies. The naturally slim oriental fashion model is seen more frequently on the international runways and in billboard and magazine beauty campaigns, and this inclusion of her features into the global campaigns of fashion houses is changing a prevailing world-view of beauty. The Asian designer is best placed to interpret this need. Fashion doesn't always fit the body, but it does always fit the feeling of the times – ‘the zeitgeist’. Today a sign of the times is that the Asian consumer wants to relate to the Asian type of model.

In conclusion, and contrary to its popular image, the fashion industry is far from superficial. In China the garment industry is a thriving and major sector. According to the International Trade Centre it services approximately 58 % of all world textile and clothing needs and is worth approximately $153.219 billion in annual export sales and 1.7 trillion RMB in the domestic market. Nevertheless, a career in the fashion industry is not without risks. The choice of a fashion, textiles or fashion business related degree may be harder to make for an Asian student, who may be the only child on whom parental hopes and pressures to succeed and support the family may reside. ‘*Fashion Design*’ sets out to reassure those who delve in and that a career in fashion and its related disciplines is not a path for the idle. Fashion takes effort, requires special skills and at the same time is a most rewarding career path, both economically and culturally.

Just as there are vogues in styles and shapes in clothing, there are also trends in places and in viewpoints. Where the Chinese home market has another distinct advantage over the European and US market is in the readiness of consumers to engage with the internet, with social media and with internet sales. Thanks to the ubiquity of international travel and web communications, it can be said that there are now very few entirely separate cultures. China has opened a window on the world and besides the online shopping portals, many galleries and museums put their fashion collections on line. In developed countries we are all cultural hybrids and now the Asian point of view is also being seen and heard clearly. Amongst other tropes it conveys fresh ideas about lifestyles, material consumption and sensitivities to the problems of labour, production and pollution that concern young people in the East. There is room for a new vision or at any rate a new combination of factors for success. In the UK there is a concept and research-based emphasis on design work initiation. In France and Italy the focus is on aesthetics of line, fit and beauty of proportion, and in Italy colour, print and texture are uppermost. It is entirely conceivable that within the near future, by finding the right formula for mixing and balancing business, manufacturing knowledge, oriental taste and creativity, Chinese designer fashions will develop into internationally celebrated brands and become a serious home and export category. The ‘made in China’ label will be worn as a symbol of pride.

作者：Susan Jenkyn–Jones

书目：服装

书名	作者	定价（元）
【国际服装丛书·设计】		
时装设计元素：面料与设计	[英] 杰妮·阿黛尔 著　朱方龙 译	49.80
时装·品牌·设计师——从服装设计到品牌运营	[英] 托比·迈德斯 著　杜冰冰 译	45.00
时装设计元素：结构与工艺	[英] 安妮特·费舍尔 著　刘莉 译	49.80
时装设计元素：拓展系列设计	[英] 艾丽诺·伦弗鲁　科林·伦弗鲁 著	
	袁燕　张雅毅 译	49.80
时装设计元素：时装画	[英] 约翰·霍普金斯 著　沈琳琳　崔荣荣 译	49.80
时装设计元素：款式与造型	[英] 西蒙·卓沃斯-斯宾塞	42.00
时装设计	[英] 琼斯　张翎 译	58.00
时装设计元素：调研与设计	[英] 西蒙·希弗瑞特	49.80
时装设计元素	[英] 索格·阿黛尔	48.00
色彩预测与服装流行	[英] 特蕾西·黛安	34.00
服装设计实务	[韩] 李好定	48.00
人体与服装	[日] 中泽愈	35.00
时装设计：过程、创新与实践	郭平建 译	30.00
时装画技法	[德] A.L.ARNOLD　陈仑	40.00
美国经典时装画技法——基础篇	徐迅 译	49.00
美国经典时装画技法——提高篇	[美] 史蒂文·斯提贝尔曼	49.00
服装·产业·设计师(第五版)	苏洁 等译	49.00
英国实用时装画（英国时装画技法）	[英] 贝珊·莫里斯 著　赵妍　麻湘萍 译	68.00
【国际服装丛书·营销】		
视觉之旅——品牌时装橱窗设计	[英] 托尼·摩根 著　陈望 译	78.00
视觉营销：零售店橱窗与店内陈列	[英] 摩根	78.00
时尚买手	[英] 海伦·格沃雷克	30.00
全球最佳店铺设计	[美] 马丁·M.派格勒	148.00
店面橱窗设计	[美] 缪维	42.00
视觉·服装：终端卖场陈列规划	[韩] 金顺九　李美荣	48.00
全程掌控服装营销	[韩] 崔彩焕	36.00
服饰零售采购：买手实务(第七版)	[美] 杰·戴孟拉	38.00
服装零售成功法则	[美] 多丽丝·普瑟	42.00
服装产业运营	[美] 伊莱恩·斯通	88.00
【服装设计】		
服装设计方法论：流程·应变·决策	刘晓刚	39.80

书名	作者	定价（元）
参赛新丝路：国际服装设计大赛全程记录	李小白	39.80
突破与掌控——服装品牌设计总监操盘手册	袁利　赵明东	68.00
设计中国·成衣篇	服装图书策划组	58.00
设计中国·礼服篇	服装图书策划组	45.00
设计中国：中国十佳时装设计师原创作品选萃	中国服装设计师协会	58.00
打破思维的界限：服装设计的创新与表现（第2版）	袁利　赵明东	68.00
一本纯粹的设计师手稿	袁利	42.00
设计的理念	陈芳	42.00
服装设计基础创意	史林	34.00
创意设计元素	杨文俐 译	78.00
服装延伸设计——从思维出发的设计训练	于国瑞编 著	39.80
服装设计：艺术美和科技美	梁军　朱剑波　编著	45.00
服装设计：美国课堂教学实录	张玲	49.80
实现设计：平面构成与服装设计应用	周少华	48.00
创意设计元素（第2版）	［英］加文·安布罗斯　保罗·哈里斯 著	
	郝娜 译	58.00
【时装画】		
实用时装画技法	郝永强	49.80
服装画技法	张宏　陆乐	28.00
解读时装画艺术	邹游	36.00
数码时装画	邹游	42.00
邹游-创意与灵感-时装画	邹游	36.00
时装画风格六人行(附盘)	王羿 等	58.00
服装画应试	宋魁友	30.00
时装画技法（第2版）	邹游	49.80
绘本：时装画手绘表现技法	刘笑妍	49.80
中国服装艺术表现	石嶙硕	58.00
【服装设计师通行职场书系】		
女装成衣设计实务	孙进辉　李军	29.00
服装色彩与材质设计	陈燕琳	32.00
服装设计师手册	陈莹	50.00
品牌服装产品规划	谭国亮	38.00
品牌鞋靴产品策划：从创意到产品	赵妍	42.00
【国际时尚设计 时装】		
当代时装大师创意速写	戴维斯	69.80

书名	作者	定价（元）
国际大师时装画	波莱利	69.80
美国时装画技法：灵感·设计	[美] 科珀 著　孙雪飞 译	49.80
经典时装画动态1000例	[西] 韦恩（Wayne.C.）著　钟敏维　赵海宇 译	49.80
人体动态与时装画技法	[英] 塔赫马斯比（Tahmasebi,S.）著	
	钟敏维　刘驰　刘方园 译	49.80
时装流行预测·设计案例	[英] 麦克威尔／[英] 曼斯洛 著　袁燕 译	49.80
英国服装款式图技法	[英] 贝莎斯库特尼卡 著　陈炜 译	48.00
时装画：17位国际大师巅峰之作	[英] 大卫·当顿 著　刘琦 译	69.80
皮革服装设计	[美] 佛朗西斯卡·斯特拉齐 著	
	弓卫平　田原 译	69.80

【服饰文化】

书名	作者	定价（元）
传承文化，创意未来:2010年“中国概念&创意产业”		
国际服饰文化暨教育研讨会（ICCEC）论文集	北京服装学院 主编	48.00
从一元到二元——近代中国服装的传承经脉	张竞琼 著	45.00
凉山彝族服饰文化与工艺	苏小燕	68.00
文明的轮回：中国服饰文化的历程	诸葛铠	58.00
中国服饰通史	黄能馥	68.00
中国少数民族服饰	钟茂兰	128.00
中国历代妆饰	李芽	38.00
中国内衣史	黄强	39.80
时尚之旅(第二版)	谢锋	36.00
布纳巧工——拼布艺术展	徐雯　刘琦	68.00
一针一线：贵州苗族服饰手工艺	(日)鸟丸知子 著　(日)鸟丸知子 摄影	
	蒋玉秋 译	98.00
羌族服饰与羌族刺绣	钟茂兰　范欣　范朴	68.00
西方服装文化解读	余玉霞	29.80
现代女装之源：1920年代中西方女装比较	李楠	45.00
中国少数民族服饰图典	韦荣慧 主编	168.00

【其他】

书名	作者	定价（元）
张肇达时装效果图	张肇达 著	68.00
美在东华——2010届艺术类毕业生作品集	东华大学成人教育学院 编	68.00
2009全国院校童装设计优秀作品集	中国服装设计师协会童装发展中心 编	298.00
毕业设计作品集		198.00
时装品牌视觉识别	陈丹　秦媛媛	48.00
时装设计表现	项敢	36.00
TTANSTREND 08 潮流报告	北京服装学院	1680.00

书名	作者	定价（元）
现代首饰工艺与设计	邹宁馨	35.00
女装设计基础	倪映疆	24.00
首饰设计	刘超 译	78.00
服装色彩设计	李莉婷	36.00
服装情感论	张海波 编著	29.80
时间与空间：亚洲知名服装品牌经典解读	刘元风 主编	36.00
广告创造：混合素材与跨界实践	彭波 赵蔚 编著	48.00
服装品牌性格塑造	罗文惠	49.80
张肇达时装大片欣赏	范学宣	198.00
美在东华：2012届艺术类毕业生作品集	东华大学继续教育学院 编	68.00
亚历山大·麦昆：鬼才时尚教父作品珍藏	[英] 诺克斯（Knox,K.）编著 蔡建梅 译	88.00
服饰新视界：武汉纺织大学服装学院学术论坛（2011）	熊兆飞 陶辉	48.00
服装实用英语：情景对话与场景模拟（附光盘1张）	柴丽芳 潘晓军	29.80
服装导论	乔洪	29.80
创意集成2012：东华大学服装·艺术设计学院服装艺术设计系2012届优秀毕业生作品集	东华大学	128.00
计算机服装智能制造系统中的智能计算与应用	王东云 欧阳玲 王永林	48.00
北京服装学院服装艺术与工程学院2012届毕业设计作品集	北京服装学院	198.00
旭化成 中国大奖	北京东方宾利文化发展中心	128.00
时尚对话2012BIFT-ITAA国际联合研讨会论文集（Proceedings of Fashion Dialogue 2012 BIFT-ITAA Joint Symposium）	刘元风 [美] 拉托尔	98.00
北京舞蹈学院艺术设计系教师作品集	韩春启 主编	198.00
北京舞蹈学院艺术设计系教师论文集	马维丽 主编	88.00
北京舞蹈学院艺术设计系毕业生作品集	韩春启 主编	198.00
十年·有声	滕菲 主编	268.00
流行色与设计	崔唯 著	49.80
美在东华2013届艺术类毕业生作品集	东华大学继续教育学院	68.00
回归自然——植物染料染色设计与工艺	王越平 等	59.80
打破地域的界限：服装产品开发项目教学实录	罗云平 主编	68.00
房莹时装作品	房莹	360.00

致谢

谨此向所有在本书中出现的设计作品、评论文章和文献资料的作者表示感谢——无论是我的学生还是同事，无论是过去的还是现在的朋友——他们都在我的写作过程中给予了我巨人的灵感。特别要感谢中央圣马丁艺术与设计学院Jane Rapley女士和Dani Salvadori女士给予的支持和指导。感谢Jo Lightfoot和此书的责任编辑——Laurence King出版社的Gina Bell，如果没有他们对我的耐心等待和悉心呵护，这本书此刻也不会出现在我的手里。至于Christopher Wilson,他把自己关在一个房间内进行了大量有关文字及图片的整合工作，那真是一件苦差事！

我还要感谢那些接受我的咨询并且慷慨地将他们宝贵的时间和经验送给我的人们，特别是来自艺术大学和圣马丁学院的同事们，他们是：Willie Walters，Howard Tanguy，Christopher New，Nathalie Gibson，Toni Tester，Caroline Evans，Lee Widdows，Carol Morgan，Garth Lewis，Leni Bjerg，Jacob Hillel，Christine Koussetari，Steven Bateman和Katherine Baird。

许多时装机构和业界人士都非常支持当前的时装设计教育事业，他们时常邀请我参与他们的各类活动，他们是：Shelley Fox，Joe Casely-Hayford，Suzanne Clements，Anne-Louise Roswald，Tim Williams，Crombie有限公司，东方中心工作室（East Central Studios）的Sandy McLennan和Hilary Scarlett，Alison Lloyd，Catherine Lover，Adel Rootstein以及Eastman Staples有限公司和英国时装协会，还有纽约帕森设计学院的副院长Timothy m. Gunn以及纽约时装学院的Gladys Marcus图书馆。

还要感谢那些慷慨为本书提供摄影图片和插画的朋友，他们是：Esther Johnson, Niall McInerney, Tim Griffiths, Yvonne Deacon, Ilaria Perra和Lynette Cook。感谢那些技术上给予我帮助以及协助我搜集图片的朋友们，由于人数众多，因此就不一一列举他们的姓名了。

仅以此书献给

我最最亲爱的家人和朋友们。他们是那么地包容和有智慧——他们总是能够妥当地安排我的作息时间——适时地让我一个人蜷缩在我的小窝里，又适时地鼓动我外出喝茶和跳上一曲探戈。